毫米波功率放大器

（南非）哈科·杜·普利兹(Jaco du Preez)
（南非）萨拉·辛哈(Saurabh Sinha)　　　著

王琦龙　魏国华　译

东南大学出版社
SOUTHEAST UNIVERSITY PRESS
·南京·

图书在版编目(CIP)数据

毫米波功率放大器 /(南非)哈科·杜·普利兹
(Jaco du Preez),(南非)萨拉·辛哈(Saurabh Sinha)
著;王琦龙,魏国华译. —— 南京:东南大学出版社,
2023.2

书名原文:Millimeter-Wave Power Amplifiers

ISBN 978-7-5766-0321-7

Ⅰ. ①毫… Ⅱ. ①哈… ②萨… ③王… ④魏… Ⅲ.
①极高频—功率放大器 Ⅳ. ①TN722.7

中国版本图书馆 CIP 数据核字(2022)第 208115 号

毫米波功率放大器

著　　者:(南非)哈科·杜·普利兹(Jaco du Preez),(南非)萨拉·辛哈(Saurabh Sinha)
译　　者:王琦龙　魏国华
责任编辑:张　烨　　**封面设计**:毕　真　　**责任印制**:周荣虎
出版发行:东南大学出版社
社　　址:南京四牌楼 2 号　　**邮编**:210096　　**电话**:025－83793330
网　　址:http://www.seupress.com
电子邮件:press@ seupress.com
经　　销:全国各地新华书店
印　　刷:常州市武进第三印刷有限公司
开　　本:787mm×1000mm 1/16
印　　张:18.25
字　　数:387 千
版　　次:2023 年 2 月第 1 版
印　　次:2023 年 2 月第 1 次印刷
书　　号:ISBN 978-7-5766-0321-7
定　　价:98.00 元

本社图书若有印装质量问题,请直接与营销部联系。电话(传真):025-83791830

译者序

毫米波段位于超高频波段和远红外波段之间，有时缩写为 MMW 或 mmWave。毫米波有多种用途，包括通信、短程雷达、传感器和安全监测等，典型的应用有 6G 通信、汽车防撞雷达、合成孔径雷达和生命探测等。但毫米波传播过程中具有高自由空间路径损耗、显著的大气衰减、漫反射和穿透深度有限等缺点，因此针对毫米波应用系统的功率放大极为关键，其核心就是功率放大器。毫米波信息系统正朝着高密度集成综合化方向发展，天线和元器件尺寸一般也更小，在相同的空间里可以容纳更多的有源/无源器件，要求具有更高的应用效能，因而毫米波功率放大器需要大的输出功率，兼顾高线性度，且易于与外围电路实现集成。化合物半导体具有宽禁带、高击穿场强、高电子饱和速度、高热导率、低噪声、性能稳定等显著特点，具有很强的自发极化和压电极化效应，表现出更优异的高频器件性能，但其集成度相对不高，实现复杂功能也较有难度；硅基毫米波集成电路集成度高、功能全面，但在噪声、功率、动态范围等方面有明显不足，难以满足毫米波通信以及毫米波雷达等应用的高要求。毫米波系统，尤其是功率放大模块和器件设计规范以及限制条件根据应用场景的不同而有所不同，这方面的挑战非常明确。国内外对于毫米波器件的研究方兴未艾，设计技术、工艺技术和功能材料等方面的研究成果层出不穷。

本书旨在为读者提供一个初步的毫米波功率放大器的学习资料和研究参考，较为详细地阐述了毫米波功率放大器研究中的各类常见的设计规范与约束条件。同时，本书较好地囊括了毫米波功率放大器理论和多个设计路线，如基于 CMOS 工艺和化合物半导体的放大器架构，这也是我们翻译这本书的初衷之一。毫米波系统以及毫米波器件技术仍在快速演进，因此本书及其中文版中所提的技术指标或已被超越，译者适当地进行了注释说明。在翻译和校对过程中，我们也尽量在忠于原文的前提下对原著中存在的部分疏漏进行了勘误。

译者对来自东南大学电子科学与工程学院的研究生张建、吴志鹏、杨文鑫、计吉焘、马祥宇、穆慧惠、邹海洋、张光曙、陶晖等同学在本书译校过程提供的协助表示衷心的感谢；对东南大学出版社张烨、史静两位编辑在文稿校对和出版流程中提供的帮助表示感谢。本译作的出版也得到国家自然科学基金的资助。

由于译者水平有限，中文译本中不妥和错误之处在所难免，恳请读者不吝指正。

王琦龙

南京

序

近十多年中,毫米波无线电系统的应用得到迅速普及。毫米波系统所具备的诸多优点(更小的元器件尺寸、高集成度、大带宽和显著提升的数据传输速率),同期得到了学术界和工业界的广泛关注,且相关的子技术还在持续改进成熟。无线广播和微波系统中的关键部件之一是功率放大器,在毫米波系统中亦是如此。高效的功率放大器能够提供大输出功率和高线性度,并且易于与外围电路实现集成。为此,研究人员正在不断提升毫米波功率放大器的综合性能。此外,功率放大器对整个系统的性能有显著的影响,不同应用场合或特殊需求下,相关放大器的设计需要仔细评估系统对能耗(亦如对电池续航能力)、线性度和频谱纯度的要求。关于功率放大器的拓扑、无源组件、性能优化的新技术仍在不断涌现,本书努力尝试向读者全面展示毫米波功率放大器相关的发展情况。

本书旨在为读者提供一个较为宽泛的毫米波功率放大器研究参考资料。本书使用较大篇幅讨论了前沿研究中通常会遇到的各类设计范畴与限制。同时,本书也详实地介绍了毫米波功率放大器理论和多个设计路线,对毫米波功率放大器的研究现状和未来发展趋势也有所涉猎。鉴于毫米波的诸多优势,本书也引述了方兴未艾的毫米波系统应用,但对系统设计和制造中存在的挑战也毫不讳言。毫米波无线系统的标准相继制定完成,高带宽通信的需求不断增长,以及日益精密的无源组件制造技术等推动了毫米波信息系统的进步。本书的目的在于明确先进毫米波信息系统中的功率放大器设计途径,并阐述其源自现有成熟的低频段(这里指低于 30 GHz)器件设计。

本书的目标读者是研究生及以上水平的工程技术人员。尽管书中有较多功率放大器理论的介绍性文字,但通常是非常简短的,主要是为了给专题讨论和案例分析做好铺垫。本书对案例分析分门别类地进行详细讨论,对在类似领域工作的研究人员会有所帮助。诚然,现有的部分教材已较详细地涵盖了基本的功率放大器理论,但本书仍然是功率放大器设计师的必备用书。实际工作中,源自学术界或工业界的各种技术方案和想法往往是标准化解决方案开发的前提。尽管本书提及了工艺实现和器件制造的难题,但因关注于相关研究文献中的最新发展,故而仍是以学术导向为主。本书可分为两个主要部分,第一部分为前三章,以介绍性内容为主,梳理出一条主线,包括功率放大器性能参数(第 1 章)、常见的毫米波系统应用领域(第2章)及构建毫米波系统的先进器件技术(第3章)。第3章着重介绍了晶体管技术和它们各自的特点,及其在毫米波功率放大器中的应用方式。此外,对硅通孔、片上电感、二极管和传输线等无源技术也有所涉及。本书的第二部分探讨了最先进的技术进展,主要集中于功率放大器电路拓扑结构。晶体管特征尺寸缩小到纳米尺度给设计者带来了难以计数的挑战,而众多功率放大器的电路拓扑结构最初正是为了应对相关限制的。此外,主要的放大器技术(线性模式、开关模式和堆叠器件)又被分为毫米波 CMOS 和 SiGe HBT 器件两个部分进行讨论。

第二部分从第4章开始,讨论了最简单的功率放大器工作模式,即线性模式以及与非线性器件的线性放大的细微差别。此外,本章还阐述了压缩导通角工作的理论基础,并延伸至若干基于导通角的功率放大器性能参数。相对于连续工作模式,第5章侧重于开关放大器,与电流源放大器相比,开关放大器的工作由电压控制。第6章着重介绍了开关放大器的主要扩展方式,涉及采用垂直堆叠多个非线性器件从而实现输出功率的增加。准戊类功率放大器非常适用于毫米波频段中的晶体管堆叠,第6章详细介绍了采用 HBT 和 FET 器件的设计技术路线。第7章整合了之前章节中讨论的一些技术路线细节,并扩展了这些概念,形成了毫米波功率放大器性能增强技术。为了满足毫米波系统设计的规范要求,设计师通常需要考虑同时保证线性度和工作效率,以及输出功率和工作带宽等功率放大器性能参数。此外,第7章试图在更宽的范围内讨论可以改进功率放大器性能指标的新技术。第8章将功率放大器性能增强提升到了更高的层次,包括在发射机架构范畴内解决性能提升问题,并对几种常用发射机的特点及其适用领域进行了比较。此外,第8章还简述了功率放大器自修复的新概念。

感谢南非约翰内斯堡大学战略规划行政部教师发展中心主任 Riëtte de Lange 博士。此外,感谢为本书做出贡献的技术评审专家以及文字和图片编辑。我们重视学术同行评审制度,以及这种制度对产出科研论文、丰富科学知识的作用。

Jaco du Preez

Saurabh Sinha

约翰内斯堡,南非

目 录

CONTENTS

第 一 部 分

第1章 毫米波系统中的功率放大器

　　射频发射机中普遍使用的功率放大器(Power Amplifier，PA)，其主要功能是实现发射信号的功率放大[1]。过去几十年里，晶体管技术的迅猛发展使得射频功率器件由行波管放大器和速调管放大器等真空电子器件显著转向固态器件[2-4]。这些技术仍然适用于雷达发射机等超高功率应用，但高频晶体管器件性能的不断提升导致它们正慢慢取代行波管和速调管。目前，在毫米波频段实现瓦级输出的功率放大器仍然是一个挑战，尤其是在采用先进深亚微米 CMOS(Complementary Metal-Oxide Semiconductor，互补金属氧化物半导体)工艺的器件中[5]。

　　随着硅锗(SiGe)双极性 CMOS 和 Si CMOS 的不断发展，高性价比的毫米波收发系统的数量也在持续增长[6-7]。本章将讨论毫米波放大器在工业、商业以及公共领域内的应用，并进一步讨论其关键的性能特征。

1.1　毫米波功率放大器的应用概述

　　毫米波无线电通信系统在近十多年来发展迅猛，这在很大程度上得益于固态功率器件在器件工艺、封装工艺、无源组件等方面的显著进步。

　　毫米波功率器件在 60 GHz 通信系统中的应用尤其令人瞩目，其 7 GHz 免授权带宽和备受关注的市场价值令相关频段的应用研究在过去十年中层出不穷。

　　典型的毫米波功率器件应用系统包括：

- 毫米波雷达发射机[8-11]
- 有源高分辨率成像[12-15]
- 60 GHz 无线通信网[5,7,16-18]

　　上面所列的系统在军工和民用领域的应用广泛。毫米波雷达(尤其是 77 GHz 和 94 GHz 频带的毫米波雷达)被大量用于汽车驾驶系统和军用平台上。车载毫米波雷达主要用于实现包括碰撞预测、智能巡航控制、辅助泊车(盲点和车道)及制动辅助等功能。

　　雷达是当前综合武器平台(如战斗机等)的关键装备，毫米波雷达能够提供高分辨率目标跟踪和导弹预警等功能。地面车辆中已实现了将可抵御反装甲武器威胁的主动防御雷达、高分辨率监视雷达和自组织通信网络集成在一起的多功能系统。

1.2 毫米波发射机中的功率放大器

功率增益是毫米波发射机设计考量中至关重要的一环,它不但保证了系统的链路预算,同时影响着设备的电源设计(以及电池供电性能)[19]。毫米波功率放大器的设计重点是线性度(不同调制方案对线性度的要求不一致)、输出功率和工作效率。

随着系统的技术指标要求越来越严格,有效的毫米波功率放大器设计变得越来越具有挑战性。例如,正交频分复用(Orthogonal Frequency Division Multiplexing,OFDM)等多进制(M-ary)调制方案要求在输出端有很大的动态范围,而这一要求对于低电平 CMOS 器件而言是很难实现的[20]。放大器的线性度要求由特定调制方案的峰值平均功率比(Peak-to-Average Power,PAPR)决定。图 1.1 为简化的毫米波发射机前端原理框图。

图 1.1 中,V_{IF} 为中频(Intermediate Frequency,IF)模拟信号,一般从数模转化器(Digital-to-Analog Converter,DAC)输出。V_{IF} 与压控振荡器(Voltage-Controlled Oscillator,VCO)产生的信号进行混频后,生成所需的射频(Radio Frequency,RF)输出,再经具有特定增益的功率放大器进行放大。图 1.1 所示结构为多数发射机前端的基本型,本书后续将讨论相对于基本型的微小差异对前端整体性能产生的影响。

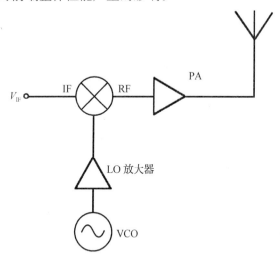

图 1.1 毫米波发射机链路简化框图

大多数现代无线电系统可分为两类:超外差式和直接变频式。它们在前端均包含四个主要的子系统,每个子系统对信号执行一定的关键功能,包括模拟(或数字)基带处理、调制与频率变换、频率发生和功率放大。

基带处理器的功能是产生待发射信号的同相(I)和正交(Q)采样数据,并进一步利用 DAC 将上述数据转换为连续的时域信号。为了减少 DAC 输出信号中不必要的高频成分,DAC 之后一般会接一级低通滤波电路。调制与频率变换电路将中频信号转换为所需的射频载波,而射频载波信号一般通过锁相环(Phase-Locked Loop,PLL)产生。功率放大器是前端中最后一级有源电路。

1.2.1　滑动中频超外差发射机架构

超外差发射机对基带信号进行调制,调制后的信号称为中频信号,中频信号的中心频率比射频载波的频率低很多。中频信号与射频载波混频后输出的信号经放大后通过天线发射出去。图 1.2 是一种名为滑动中频(sliding-IF)发射机的超外差架构[21-23]。

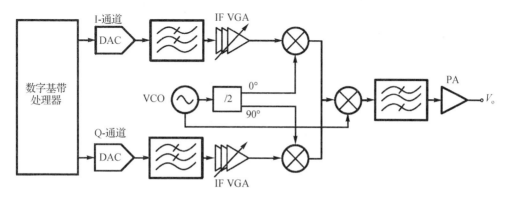

图 1.2　滑动中频超外差发射机架构

图 1.2 中的振荡频率通常由一个小数 N 分频锁相环产生,该锁相环将参考时钟信号倍频至想要的载波频率。滑动中频特性是指发射机改变中频信号频率的能力,其可以通过改变参考时钟的频率或改变锁相环的参数来实现,而实践中几乎无一例外都采用了后一种方法。这种方法具有相位噪声低、频率调谐分辨率高以及调谐范围宽的特点。

超外差结构自身就有几个显著的优势。首先,在中频对信号进行调制具有更好的电源效率,并且在较低频率下更容易实现线性。更低的频率也使得设计中校准电路的实现得以简化。此外,因为频率合成器需要产生两个较低频率的正交振荡信号,这两个振荡信号的相位和幅度平衡条件也更容易得到满足。然而,由于前面提到的混频器往往会产生与射频载波频率相距 $\pm 2 \times f_{\text{IF}}$ 的杂散频率分量,所以在最后的上变频混频器后面需要接一个带通滤波器。低中频意味着杂散频率分量在频率上离射频载波更近,这就增加了带通滤波器的设计难度。泄漏的中频分量会使得信号的功率衰减,并可能干扰工作在相近频带内的无线系统。

1.2.2 直接变频发射机架构

如图 1.3 所示的直接变频结构[24-26]可用来解决超外差发射机出现的镜像问题。直接变频发射机的本振(Local Oscillator, LO)频率就是射频载波的频率,基带信号直接对射频载波进行调制。

在这种结构中,镜像信号便是想要的信号,因此不用像超外差结构那样过滤掉镜像信号,这就减少了所需的面积和器件数量,十分有利于集成化设计。基带信号(零中频信号)与LO 信号混频后,产生的频谱是以射频载波为中心的单频带(等于 LO 频率)。这就意味着发射机电路中易出现的 IQ 增益、相位不平衡和本振泄漏问题会在射频频谱主带显现,而不是在较远的边带显现。

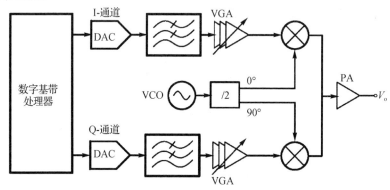

图 1.3　零中频直接变频发射机结构

实现直接变频发射机的另一个挑战是所谓的 VCO 牵引。在功率放大器输出端将会输出以射频载波为中心的宽带大功率的信号,这个输出信号的幅度一般都很大,如给一个 50 Ω的负载提供 20 dBm 的功率驱动,对应的电压摆幅为 3.3 V。这样功率放大器引入的寄生反馈就会令 VCO 输出信号的频率被"牵引"偏离所希望的工作频率。

解决上述问题的一般方法是在版图设计时将本振和功放两个模块充分隔离开,尽管如此,还是很难完全消除由电源和衬底的强耦合带来的牵引效应。VCO 工作在低频时,上述牵引效应在某种程度上可以被工作在更低频率的 PLL 校正,但是由于 PLL 的带宽通常仅为信号带宽的一小部分,这种校正效果有限。这个问题反过来可以通过使用频率为 LO 频率整数倍的参考时钟来加以解决。

1.3　功率放大器的基本参数

功率放大器的性能可以用增益、带宽、噪声系数、线性度、指向性、阻抗匹配和功耗来描述。这一小节将逐步向读者展现上述参数之间的互相影响,为了满足不同应用的需求,必须对上述参数进行综合考量。图 1.4 展示了放大器各参数之间的相互关系[27]。

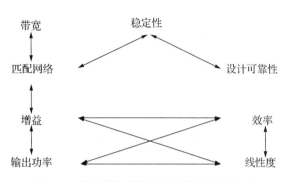

图 1.4　放大器各参数之间的相互依赖关系

1.3.1　增益

为了定义放大器的增益,一般可将放大器视为这个电路系统中的一个二端口网络,以其散射矩阵来表征。源阻抗(用 Z_S 表示)和负载阻抗(用 Z_L 表示)对放大器的性能都会有显著影响。放大器的源阻抗和负载阻抗可通过阻抗匹配网络得到精准控制。阻抗匹配将在下一小节讨论。

1)放大器增益基本关系

如图 1.5 所示的二端口网络模型,该二端口网络连接了具有任意阻抗的电源和负载。用 Z_0 表示系统的特征阻抗,Z_0 一般取 50 Ω 或者 75 Ω(50 Ω 通常更为常见)。

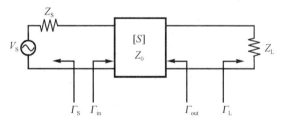

图 1.5　二端口网络模型

Γ_S 和 Γ_L 分别为从源端和负载端看进去的有效反射系数;同样 Γ_{in} 和 Γ_{out} 分别表示用散射矩阵[S]描述的二端口网络的输入和输出反射系数。因为 Γ_S 和 Γ_L 只取决于源和负载的阻抗,Γ_S 和 Γ_L 可以直接计算得出。从负载端看进去的反射系数 Γ_L 可写为

$$\Gamma_L = \frac{Z_L - Z_0}{Z_L + Z_0} \qquad (1-1)$$

从源端看进去的反射系数 Γ_S 可写为

$$\Gamma_S = \frac{Z_S - Z_0}{Z_S + Z_0} \qquad (1-2)$$

可以用很多种方式定义图 1.5 所示的二端口网络的增益,而这些定义的差异主要来自于源与负载匹配方式的不同。这些定义对理解微波和毫米波放大器的工作原理十分关键。首先,最常用的增益为功率增益 G,它为负载 Z_L 消耗的功率 P_L 与输入网络功率 P_{in} 之比,可记为

$$G = \frac{P_L}{P_{in}} \tag{1-3}$$

其次,资用功率增益 G_A 描述了放大器的资用功率 P_N 与源的资用功率 P_A 之间的关系,可记为

$$G_A = \frac{P_N}{P_A} \tag{1-4}$$

最后,转换功率增益 G_T 被定义为负载消耗的功率 P_L 与源的资用功率 P_A 之比,可记为

$$G_T = \frac{P_L}{P_A} \tag{1-5}$$

当源端阻抗与网络输入阻抗、负载阻抗与网络输出阻抗共轭匹配时,网络的增益达到最大值,此时有 $G = G_A = G_T$。

2) 二端口网络的功率增益

信号流图被普遍用于计算反射系数 Γ_{in} 和 Γ_{out}。另外,散射参数被用于描述输入信号和反射信号之间的关系[1-4],可用图 1.6 显示的参数推导。

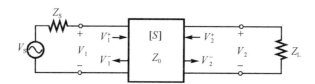

图 1.6 二端口网络中源端和负载端的入射/反射信号

根据图 1.6,输入和输出反射系数可以表示为反射波和入射波的比值:

$$\Gamma_{in} = \frac{V_1^-}{V_1^+} \tag{1-6}$$

$$\Gamma_{out} = \frac{V_2^-}{V_2^+} \tag{1-7}$$

放大器网络输入端的反射波 V_1^- 可以写为输入端的入射波 V_1^+ 和从负载反射回来向源端传输的信号 V_2^+ 的线性叠加。如果放大器在输入端和输出端之间表现出完美的反向隔离,即 $S_{12} = 0$ 时,从负载反射回来的信号不会影响输入反射系数。由此可得

$$V_1^- = S_{11}V_1^+ + S_{12}V_2^+ \tag{1-8}$$

考虑到 $V_2^+ = \Gamma_L V_2^-$,式(1-8)可改写为

$$V_1^- = S_{11}V_1^+ + S_{12}\Gamma_L V_2^- \tag{1-9}$$

同样,可将经放大器向负载传输的信号 V_2^- 写为

$$V_2^- = S_{21}V_1^+ + S_{22}V_2^+ = S_{21}V_1^+ + S_{22}\Gamma_L V_2^- \tag{1-10}$$

比值 $\Gamma_{in} = V_1^-/V_1^+$ 可以通过式(1-9)和式(1-10)两式消除 V_2^- 后获得

$$\Gamma_{in} = S_{11} + \frac{S_{12}S_{21}\Gamma_L}{1 - S_{22}\Gamma_L} \tag{1-11}$$

另外,类似于式(1-1)和式(1-2),输入反射系数 Γ_{in} 也可以写为阻抗的比值形式:

$$\Gamma_{in} = \frac{Z_{in} - Z_0}{Z_{in} + Z_0} \tag{1-12}$$

式中,Z_{in} 为从放大器网络输入端看进去的阻抗,从式(1-12)可知,可以将 Z_{in} 写为 Γ_{in} 和 Z_0 的表达式。同理得

$$\Gamma_{out} = S_{22} + \frac{S_{12}S_{21}\Gamma_S}{1 - S_{11}\Gamma_S} \tag{1-13}$$

既然已经推得 Γ_{in} 和 Γ_{out} 的表达式,接下来就是要通过求取 P_L、P_{in}、P_A,将 Γ_{in} 和 Γ_{out} 与式(1-3)～式(1-5)中各种形式的放大器增益表达式关联起来。将放大器网络和负载整体视为一个阻抗为 Z_{in} 的负载,图1.6中的电压 V_1 即为 Z_{in} 上的分压

$$V_1 = V_S \frac{Z_{in}}{Z_{in} + Z_S} \tag{1-14}$$

作为端口1(放大器网络的输入端口)处的信号,V_1 也可以写为端口1处入射波 V_1^+ 和反射波 V_1^- 之和:

$$V_1 = V_1^+ + V_1^- \tag{1-15}$$

注意 $V_1 = V_1^+(1 + \Gamma_{in})$,根据式(1-12),将 Z_{in} 用 Γ_{in} 和 Z_0 的表达式代替并结合式(1-14),可得 V_1 与源电压 V_S 的关系式:

$$V_1^+ = \frac{V_S}{2} \frac{(1 - \Gamma_S)}{(1 - \Gamma_S\Gamma_{in})} \tag{1-16}$$

因此,向放大器网络传递的平均功率为[3]

$$P_{in} = \frac{1}{2Z_0} |V_1^+|^2 (1 - |\Gamma_{in}|^2) \tag{1-17}$$

将式(1-16)替换式(1-17)中的 V_1^+,得

$$P_{in} = \frac{|V_S|^2}{8Z_0} \frac{|1 - \Gamma_S|^2}{|1 - \Gamma_{in}\Gamma_S|^2} (1 - |\Gamma_{in}|^2) \tag{1-18}$$

值得注意的是式(1-18)表示的是输入平均功率 P_{in} 与电源电压 V_S 的关系,而电源电压始终与负载的阻抗或放大器网络输入端的阻抗无关。因此,这个等式对于具有不同负载阻抗值和输入阻抗值的放大器电路均适用。

传递给负载的功率为

$$P_L = \frac{1}{2Z_0} |V_2^-|^2 (1 - |\Gamma_L|^2) \tag{1-19}$$

同样,用式(1-10)将式(1-19)中的 V_2^- 替换掉,得

$$P_L = \frac{|V_S|^2}{8Z_0} \frac{|S_{21}|^2(1-|\Gamma_L|^2)|1-\Gamma_S|^2}{|1-S_{22}\Gamma_L|^2|1-\Gamma_S\Gamma_{in}|^2} \qquad (1-20)$$

最后,式(1-3)中定义的功率增益 $G = P_L/P_{in}$ 可以写为

$$G = \frac{|S_{21}|^2(1-|\Gamma_L|^2)}{|1-S_{22}\Gamma_L|^2(1-|\Gamma_{in}|^2)} \qquad (1-21)$$

根据式(1-4),要确定资用功率增益,需要先求出源的资用功率 P_A 与二端口放大器网络的资用功率 P_N。源的资用功率即能够传递到后继网络的最大功率,这个最大功率只有在放大器输入端对应的输入阻抗与源阻抗共轭匹配时才能够得到。实际上,通常用负载线(load-line)技术和负载牵引(load-pull)技术来实现阻抗匹配。上述两个阻抗实现共轭匹配时有 $\Gamma_{in} = \Gamma_S^*$,于是,式(1-18)可写为

$$P_A = P_{in}\Big|_{\Gamma_{in}=\Gamma_S^*} = \frac{|V_S|^2}{8Z_0} \frac{|1-\Gamma_S|^2}{(1-|\Gamma_S|^2)} \qquad (1-22)$$

同样,只有当 $\Gamma_L = \Gamma_{out}^*$ 时,才能够获得传递给负载的最大功率 P_N,因此,式(1-20)可改写为

$$P_N = P_L\Big|_{\Gamma_L=\Gamma_{out}^*} = \frac{|V_S|^2}{8Z_0} \frac{|1-\Gamma_S|^2|S_{21}|^2(1-|\Gamma_{out}|^2)}{|1-S_{22}\Gamma_{out}^*|^2|1-\Gamma_S\Gamma_{in}|^2} \qquad (1-23)$$

在特定条件 $\Gamma_L = \Gamma_{out}^*$ 下,Γ_{in} 可以写为含 Γ_{out} 和 Γ_S 的表达式[2,3,28],从而进一步简化式(1-23)。将 Γ_{in} 替换掉后得

$$|1-\Gamma_S\Gamma_{in}|^2\Big|_{\Gamma_L=\Gamma_{out}^*} = \frac{|1-\Gamma_S S_{11}|^2(1-|\Gamma_{out}|^2)^2}{|1-S_{22}\Gamma_{out}^*|^2} \qquad (1-24)$$

将式(1-24)代入式(1-23)得

$$P_N = P_L\Big|_{\Gamma_S=\Gamma_{out}^*} = \frac{|V_S|^2}{8Z_0} \frac{|S_{21}|^2(1-|\Gamma_S|^2)}{|1-S_{11}\Gamma_S|^2(1-|\Gamma_{out}|^2)} \qquad (1-25)$$

在得到 P_N 和 P_A 的表达式之后,读者很容易完善式(1-4)和式(1-5)中增益的定义,资用功率增益进一步写为

$$G_A = \frac{P_N}{P_A} = \frac{|S_{21}|^2(1-|\Gamma_S|^2)}{|1-S_{11}\Gamma_S|^2(1-|\Gamma_{out}|^2)} \qquad (1-26)$$

转换功率增益可写为

$$G_T = \frac{P_L}{P_A} = \frac{|S_{21}|^2(1-|\Gamma_S|^2)(1-|\Gamma_L|^2)}{|1-\Gamma_S\Gamma_{in}|^2|1-S_{22}\Gamma_L|^2} \qquad (1-27)$$

3) 特殊的增益表达式

在一些特定条件下,与前述的复共轭匹配不同,在放大器输入和输出部分实现的阻抗匹配是为了实现零反射。

接下来将对实现这两种阻抗匹配的方法及它们对放大器性能的影响进行讨论。为了实现零反射而选择的阻抗匹配方式导致 $\Gamma_L = \Gamma_S = 0$,这可进一步将式(1-27)简化为

$$G_{\mathrm{T}} = \mid S_{21} \mid^2 \qquad\qquad (1-28)$$

第二种特殊设计中需要在相应带宽内,信号的 S_{12} 值小到可以完全忽略不计,则式(1-27)可以再被简化,简化后的转换增益被称为单向转换功率增益(Unilateral Transducer Power Gain),其表达式为

$$G_{\mathrm{TU}} = \frac{\mid S_{21} \mid^2 (1-\mid \Gamma_{\mathrm{S}} \mid^2)(1-\mid \Gamma_{\mathrm{L}} \mid^2)}{\mid 1-S_{11}\Gamma_{\mathrm{S}} \mid^2 \mid 1-S_{22}\Gamma_{\mathrm{L}} \mid^2} \qquad (1-29)$$

这个假设自然会引入误差,设计者应考虑这个误差在更大的系统内是否能够接受。单向优劣系数(unilateral figure of merit)U 可以用于分析不考虑 S_{12} 给转换增益带来的误差[3,29]。U 由下式给出:

$$U = \frac{\mid S_{12} \mid \mid S_{21} \mid \mid S_{22} \mid \mid S_{11} \mid}{(1-\mid S_{11} \mid^2)(1-\mid S_{22} \mid^2)} \qquad (1-30)$$

为了保证用单向法设计放大器足够有效,误差应尽可能小,U 应尽可能接近于零。$G_{\mathrm{T}}/G_{\mathrm{TU}}$ 可以体现误差对转换增益的影响,其取值范围可以用下面的不等式来估算:

$$\frac{1}{(1+U)^2} < \frac{G_{\mathrm{T}}}{G_{\mathrm{TU}}} < \frac{1}{(1-U)^2} \qquad (1-31)$$

4)增益平坦度

既然放大器是对一定带宽内的信号进行放大,对放大器性能的一个很重要的要求便是在指定带宽内的增益平坦度(gain flatness)。增益平坦度,一般以 dB 为单位,是指在指定带宽内的增益的变化。图1.7通过一般放大器的频率响应展示了增益平坦度这个概念。

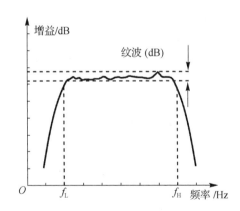

图 1.7　通频带内的频率响应,纹波(Ripple)体现了增益平坦度状况

1.3.2　阻抗匹配

通过附加的匹配网络,可以实现放大器在源侧和负载侧的输入和输出阻抗匹配。要求阻抗匹配的原因有若干,本节将做简单阐述。首先,合适的阻抗匹配能够保证在放大器和负载之间实现最大功率传输,也有利于减少在与负载相接的传输线上的功率损耗,进而减少信

噪比的劣化。根据功率放大器应具有大输出功率的要求,阻抗匹配网络成为其设计环节中非常关键的一步。

1) 匹配网络拓扑

考虑到许多系统规范,选择合适的匹配网络的过程复杂。事实上,毫米波系统(以及几乎所有的射频系统)都需要工作在特定的带宽内,因此我们希望在放大器两端对指定频率范围内的信号都能实现阻抗匹配。对于任意的匹配网络,想要针对某一频率点实现完美的阻抗匹配是非常容易的,但是要对通频带内的所有频率点都实现阻抗匹配却复杂得多。

实现阻抗匹配最简单的方法或许就是使用电抗元件,如图 1.8 所示。但在毫米波波段,符合要求的电抗元件的标称值非常小(如电感值基本就在 100 pH 范围内),因此这种方法就不适用了[6,29]。利用传输线来设计匹配网络相对分立元器件来说有很多优势,在本小节末会对传输线理论进行简述。

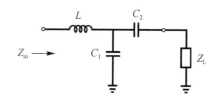

图 1.8　采用分立元件构成的 T 型匹配网络

传输线匹配可以分为单枝节(single stub)拓扑和双枝节(double stub)拓扑。顾名思义,单根传输线(一根短路或开路支线)被用于匹配负载阻抗(典型线阻抗为 50 Ω)。在实际应用中,如果使用的是微带线或者带状线,则更偏向于使用串联拓扑;而若使用的是共面线或者槽线,则更偏向于使用并联拓扑[2]。图 1.9 为 L 型传输线匹配网络。

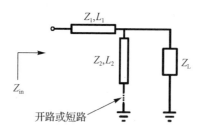

图 1.9　单枝节匹配网络

2) 恒定电压驻波比设计

在图 1.5 所示的网络中添加匹配网络后则获得图 1.10 所示的电路系统。

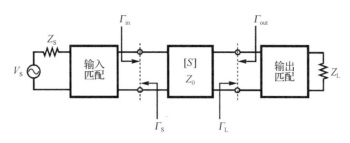

图 1.10 含阻抗匹配网络的一般放大器电路

本章前面建立的增益关系强调了阻抗匹配的重要性。此外针对所采纳阻抗匹配的差别,即复共轭匹配或零反射匹配,相应可达到的增益也不一样。

另一项由阻抗网络决定的系统参数是放大器输入端和输出端的电压驻波比(Voltage Standing Wave Ratio,VSWR)。功率放大器与系统的其他部分隔离开来工作几乎是不可能的,因此在设计与功率放大器相接的电路或天线时需要考虑电压驻波比,其变化范围通常在 1.5:1 到 2.5:1 之间。电压驻波比令系统设计过程更加复杂了,通常需要用双向共轭匹配法来设计放大器[3]。用双向共轭匹配法的原因有两个:首先,输入端电压驻波系数由输入匹配网络决定,而输入匹配网络又受到网络中有源器件的影响,此外,由于存在反馈,输入匹配网络还受到输出匹配网络的影响;其次,同样的情况也适用于输出匹配网络。因此需要考虑反馈 S_{12},也就是说需要采用双向共轭匹配设计。

根据图 1.10,用从源端向输入匹配网络看进去的反射系数 Γ_{IMN} 计算输入端电压驻波比,得

$$VSWR_{\text{IMN}} = \frac{1 + |\Gamma_{\text{IMN}}|}{1 - |\Gamma_{\text{IMN}}|} \qquad (1-32)$$

同样,用从负载端向输出匹配网络看进去的反射系数 Γ_{OMN} 计算输出端电压驻波比,得

$$VSWR_{\text{OMN}} = \frac{1 + |\Gamma_{\text{OMN}}|}{1 - |\Gamma_{\text{OMN}}|} \qquad (1-33)$$

用传统的 T 型和 π 型匹配网络一般得不到大带宽,所以当需要考虑放大器的带宽时,这两类匹配网络的应用比较有限。尽管变压器在射频和毫米波段能够提供宽带阻抗匹配,但它在毫米波放大电路设计上的应用还不是很普遍。然而,变压器仍被用于匹配网络[30]和毫米波单端-差分转换电路[31]。

3) 负载牵引测量

射频功率放大器的输出功率与输出匹配网络紧密相关。图 1.11 给出了甲类模式放大器的增益压缩特性。

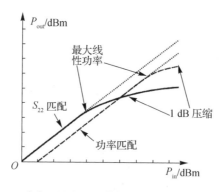

图 1.11　功率匹配和 S_{22}(共轭)匹配下的增益压缩对比

增益压缩(本节稍后讨论)首先出现在图 1.11 中两条曲线上的最大线性功率点处。从图 1.11 可以看出,信号较小时,S_{22} 匹配可以获得更大的增益,然而,功率匹配却可以获得更高的线性功率和更好的 1 dB 压缩特性。相对 S_{22} 匹配而言,功率匹配提高了大约 2 dB 的输出功率[32]。除了测量上述两个离散点之外,还需要测量更多的其他数据点。这个方法叫作负载牵引测量(load-pull measurement),这种方法最简单的配置形式就是将待测器件与校准过的负载串接。输入功率也可调,但通常只是为了获得更大的功率增益。此外,对于每个频率点,要保证输入端一侧的网络匹配,以实现将最大功率传输给待测器件。双极性晶体管的输出功率与输入负载之间表现出一种特殊的依赖性。测试过程中,要注意区分源牵引效应(source-pull effect)和由输入匹配条件变化带来的功率增益变化。当测量的频率点接近器件的最大频率 $f_{\max}$,源牵引效应比较显著,所以在此情况下,通常建议使用具有更大最大频率的器件。

通常用图 1.12 所示的功率等值线来显示负载牵引测量所获得的数据集,功率等值线是相对于特定测试频率下的最佳功率输出。

根据待测器件的类型、测量设备的复杂度及测量持续时间,数据收集的跨度从几分钟到几天不等。功率放大器设计一般比较关注 1 dB 等值线和 2 dB 等值线。值得注意的是,不管设备校准得多好,负载牵引测量值的等值线都不可能像噪声和增益环一样是圆形的。有时候,我们认为这个特性是器件的非线性行为的结果,但如果用同样的方法测量最大线性功率,等值线仍然会呈现出同样的形状。器件的封装似乎是影响这个特性的一大因素。

负载牵引测量对功率放大器设计而言是非常有用的。设计者能够很容易地从所测数据中找到一个目标阻抗点,这可以使匹配网络的设计非常高效。通过负载牵引测量,我们能够将很棘手的非线性问题近似转换为易处理的线性问题。

1.3.3　稳定性

特定频率范围内的稳定性是放大电路的一个关键属性。图 1.6 所示的结构中,如果

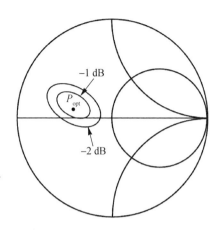

图 1.12　负载牵引测量中阻抗数据采集的基本设置

$|\Gamma_{in}|>1$ 或 $|\Gamma_{out}|>1$,将会在电路中产生振荡。这两种情况只会在相应阻抗的实部变为负数时发生。此外,由于 Γ_{in} 或 Γ_{out} 可以通过设计放大器两侧的匹配网络来控制,因此放大器的稳定性也取决于 Γ_S 或 Γ_L。想要实现稳定,输入和输出反射系数必须小于 1:

$$|\Gamma_L|<1,\ |\Gamma_S|<1 \tag{1-34}$$

$$|\Gamma_{in}|=\left|\frac{S_{11}-\Gamma_L\Delta}{1-S_{22}\Gamma_L}\right|<1 \tag{1-35}$$

$$|\Gamma_{out}|=\left|\frac{S_{22}-\Gamma_S\Delta}{1-S_{11}\Gamma_S}\right|<1 \tag{1-36}$$

其中,Δ 是散射矩阵的行列式值,即

$$\Delta=S_{11}S_{22}-S_{12}S_{21} \tag{1-37}$$

1) 有条件稳定性和无条件稳定性

因为图 1.10 中的匹配网络和晶体管的 S 参数都是由频率决定的,因此放大电路的稳定性也由频率决定。这就需要在设计中做出权衡选择,因为放大电路可能在其预期的工作带宽上是稳定的,但是在其他频率范围内是不稳定的。因此定义了两种类型的稳定性:有条件稳定性和无条件稳定性。

若只有当源一侧的阻抗和负载一侧的阻抗在一定范围内时,才有 $|\Gamma_{in}|<1$ 和 $|\Gamma_{out}|<1$,则称为有条件稳定性(有时也称潜在不稳定性);而若对于所有源一侧的阻抗和负载一侧的阻抗(这两个阻抗都是无源的),都有 $|\Gamma_{in}|<1$ 和 $|\Gamma_{out}|<1$,那么称为无条件稳定性。

2) 无条件稳定性测试

如前所述,稳定性圆用于确定源反射系数和负载反射系数的条件稳定区域。无条件稳定性测试更加简单,其中之一就是所谓的 K-Δ 测试,该测试的依据就是无条件稳定性满足 Rollet 条件:

$$K = \frac{1 - |S_{11}|^2 - |S_{22}|^2 + |\Delta|^2}{2|S_{12}S_{21}|} > 1 \qquad (1-38)$$

Δ 由下式给出：

$$|\Delta| = |S_{11}S_{22} - S_{12}S_{21}| < 1 \qquad (1-39)$$

同时满足上述条件就说明器件是无条件稳定的。第二个稳定性因子，即所谓的 B_1 因子，也可以用于确定无条件稳定性。B_1 因子可以通过下式计算：

$$B_1 = 1 + |S_{11}|^2 - |S_{22}|^2 - |\Delta|^2 \qquad (1-40)$$

其中，式(1-39)已经对 Δ 进行了定义，稳定性的要求是 $B_1 > 0$。

1.3.4 带宽

大多数微波和毫米波系统要求在较宽的频率范围内工作。尽管毫米波系统在带宽百分比方面具有优势——1%意味着在工作频率点 6 GHz 处具有 60 MHz 的带宽，60 GHz 处则具有 600 MHz 的带宽，然而增加工作带宽仍然是大有裨益的，在相当多的毫米波应用中仍有需求。

1）展宽技术

理想情况下，放大器的增益和匹配情况在指定带宽内保持恒定。随着所需带宽的增加，这一点变得越来越难实现，因此需要对放大器和匹配网络做出改进。增加带宽也会带来某些缺点，如往往会降低增益、增加系统复杂度以及其他的类似因素[2]。

有两种方法对匹配网络做出改进。首先，阻性匹配网络能够在很大的频率范围内实现匹配，因为大部分阻性元件都与频率无关。然而，正如其他的带宽增强技术一样，使用阻性匹配网络会降低增益并增大噪声系数。其次，可以设计匹配网络来弥补 S_{21} 所体现的 6 dB/八倍频衰落，但代价是更差的输入和输出匹配[33-35]。

在放大器的拓扑结构方面，对称放大器、分布式放大器和差分放大器都可被用于增加带宽。如图 1.13 所示是一个采用了 90°混合耦合器的对称放大器。

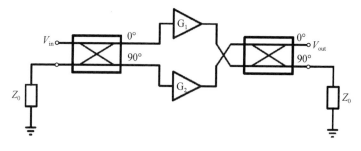

图 1.13　对称放大器

图中的两个 90°混合耦合器消除了放大器输入端的反射信号，从而获得更好的阻抗匹配效果。然而，与两个单级放大器中的任何一个放大器相比，这种拓扑结构不但不会提高增益带宽积,还增加了复杂度。另外,通过优化放大器级,我们能够获得更好的增益平坦度和噪声系数,因为不需要考虑输入和输出匹配。两个 Z_0 的引入使得系统更加稳定了,同时,这种拓扑结构也提供了故障安全(fail-safe)解决方案,因为哪怕其中一个放大器发生故障,整体增益也只会降低 6 dB。最后,整个放大器系统的带宽是由耦合器的带宽决定的,这就意味着可以单独优化每个耦合器(假设这些耦合器在各自的端口都满足匹配要求的话)。

在分布式放大器中,多个放大器被级联并分别连接在传输线上。该结构如图 1.14 所示,图中 N 个双极性晶体管由传输线实现级联,电气长度为 L_c、特征阻抗为 Z_c 的传输线与集电极相连;电气长度为 L_b、特征阻抗为 Z_b 的传输线与基极相连。

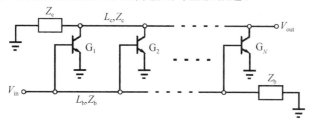

图 1.14　分布式放大器

分布式放大器在很大的带宽内有着很好的增益、阻抗匹配和噪声系数性能,但与有着相同级数并直接级联的放大器相比,分布式放大器可实现的增益更低。

最后要讨论的放大器拓扑结构是差分放大器,它能够提供很大的输出电压摆幅和优秀的共模噪声抑制,如图 1.15 所示。

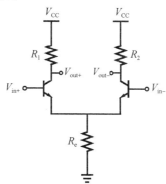

图 1.15　差分放大器电路

与单端电路相比,差分电路的输入端和输出端为对称信号。很多集成电路都利用差分信号来抑制共模干扰,进而大大提高了接收机的灵敏度[36-38]。就带宽而言,因为用极性相反的两个信号推动电路,器件的容抗为串联关系,所以可以实现几乎双倍的截止频率 f_T。

1.3.5 噪声系数

电子电路中的噪声会减弱电路探测信号的能力。由于接收机总是会接收到伴随信号一起出现的噪声(来自多个噪声源),因此降低噪声系数(noise figure)成为低噪声放大器设计过程中一项很重要的考量。在功率放大器的设计中,噪声系数并不那么重要,因为设计中通常更重视增益和输出功率,而非噪声系数。尽管如此,还是需要对噪声系数进行讨论,因为噪声往往会影响射频前端的性能。

我们经常会在接收机输入端用到噪声功率(本底噪声)这一概念。为了对冲混在接收机接收信号中的噪声功率,可探测的信号应比本底噪声大,这个关系可以用信噪比(SNR)来描述。这将有助于探测被噪声干扰的信号。

1) 最小噪声系数的放大器设计

在放大器设计过程中,噪声系数往往会跟增益和稳定性竞争,为了最小化噪声系数,我们需要在增益和稳定性两个性能中对其中一项甚至两项做出让步。任意二端口网络产生的噪声都可以用网络输入端和输出端的 SNR 劣化来衡量。因此噪声系数 F 被定义为网络输入端和输出端的 SNR 比值,即

$$F = \frac{S_i/N_i}{S_o/N_o} \geqslant 1 \tag{1-41}$$

其中,S_i 和 N_i 为输入端信号和噪声的功率水平,S_o 和 N_o 为输出端信号和噪声的功率水平。输入端的噪声功率被视作在温度 $T_0 = 290$ K 下电阻产生的噪声功率,即 $N_i = kT_0B$,其中 B 为系统的带宽,k 为玻尔兹曼常数,$k = 1.380 \times 10^{-23}$ J/K。增益为 G、噪声温度为 T_e 的有噪声二端口网络输出端的噪声系数为

$$F = \frac{S_i}{kT_0B} \frac{kG(T_0 + T_e)}{GS_i} = 1 + \frac{T_e}{T_0} \tag{1-42}$$

其中,S_i 为输入信号功率,$S_o = GS_i$ 为输出信号功率。噪声系数也可以写成导纳形式

$$F = F_{min} + \frac{R_n}{G_s} \mid Y_s - Y_{opt} \mid^2 \tag{1-43}$$

或者阻抗形式

$$F = F_{min} + \frac{G_n}{R_s} \mid Z_S - Z_{opt} \mid^2 \tag{1-44}$$

在式(1-43)和式(1-44)中,F_{min} 为最小或最优噪声系数,主要由偏置网络和工作频率决定。对于无噪声器件,$F_{min} = 1$ 或者 0 dB,此外器件的等效噪声电阻为 $R_n = 1/G_n$,$Z_{opt} = 1/Y_{opt}$ 为最优源阻抗,G_s 为源导纳($Y_s = G_s + jB_s$)的实部。对于高频设计,式(1-43)和式(1-44)的 S 参数表达式更加方便,即

$$F = F_{min} + \frac{4R_n}{Z_0} \frac{\mid \Gamma_S - \Gamma_{opt} \mid^2}{(1 - \mid \Gamma_S \mid^2) \mid 1 + \Gamma_{opt} \mid^2} \tag{1-45}$$

其中,F_{min}、Γ_{opt} 和 R_n 为器件的噪声参数,主要受工艺过程影响,一般可以通过测量确定[3]。从式(1-45)可知 $\Gamma_S = \Gamma_{opt}$ 时,式中第二项等于零,从而可获得可能的最低噪声系数。

2）放大器失配的影响

为了进一步强调阻抗匹配的重要性，考虑如图 1.16 所示的情况，即放大器增益为 G、带宽为 B、信噪比为 F，其输入信号为 S_i，相应的输出信号为 S_o。假设放大器输入端存在不匹配的阻抗，该阻抗导致的反射系数为 Γ。

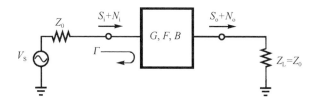

图 1.16　输入端存在阻抗失配的普通放大器

首先定义放大器的输入噪声功率为 $N_i = kT_0B$，则其输出噪声功率为

$$N_o = kT_0GB(1 - |\Gamma|^2) + kT_0GB(F-1) \tag{1-46}$$

式(1-46)中第一项是由输入噪声造成的，第二项是放大器自身的噪声引入的。第一项经输入端反射后有所减少，第二项则因为放大器的噪声系数而减少。假设输入信号的功率为 S_i，则输出信号的功率为

$$S_o = GB(1 - |\Gamma|^2)S_i \tag{1-47}$$

放大器总的噪声系数 F_m 可以通过式(1-41)求得

$$F_m = \frac{S_i/N_i}{S_o/N_o} = 1 + \frac{F-1}{1 - |\Gamma|^2} \tag{1-48}$$

在完美匹配放大器中(至少在输入端完美匹配)，Γ 将减小到零，此时总的噪声系数将达到最小值。另外，随着阻抗匹配偏离理想的反射系数，噪声系数将增加，而如果输出端阻抗不匹配，噪声系数将被进一步放大。此外，双向放大器(S_{12} 不可忽略)会恶化阻抗不匹配对噪声系数的影响。

3）级联系统的噪声系数

分析级联系统的噪声，我们会发现低噪声放大器的设计对整个系统的噪声系数的影响是非常大的。在毫米波接收机中，接收到的信号在若干子系统中传输，每经一个子系统，总的信噪比就会有所降低。为了计算图 1.17 中级联系统的噪声系数，需先计算第一级子系统输出的噪声功率为

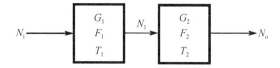

图 1.17　级联系统的噪声参数

$$N_1 = G_1 k T_0 B + G_1 k T_1 B \tag{1-49}$$

同样,第二级子系统的输出噪声功率为

$$N_o = G_2 N_1 + G_2 k T_2 B \tag{1-50}$$

将式(1-49)代入式(1-50)中可得

$$N_o = G_1 G_2 r \left(T_0 + T_1 + \frac{1}{G_1} T_2 \right) B \tag{1-51}$$

因此,这个等效系统可以用等效噪声温度和噪声系数来描述。等效噪声温度为

$$T_e = T_1 + \frac{1}{G_1} T_2 \tag{1-52}$$

可得输出噪声功率为

$$N_o = G_1 G_2 k (T_e + T_0) B \tag{1-53}$$

将式(1-52)中的噪声温度转换为噪声系数可得

$$F_e = F_1 + \frac{1}{G_1} (F_2 - 1) \tag{1-54}$$

从式(1-54)可以看出,第一项的噪声系数(第一级子系统的噪声系数)对整个系统的噪声系数的影响更大一些。

1.3.6 线性度

晶体管(以及相关的二极管)的非线性对信号检测、频率变换和信号放大等都很有用。尽管如此,非线性在一定程度上也会因为某些机制而削弱系统性能。在功率放大器设计中,与线性度相关的重要特征包括增益压缩、互调失真、三阶插入和动态范围。

1) 增益压缩

增益压缩(gain compression)通常指的是 1 dB 压缩点,如图 1.18 所示,1 dB 压缩点即输出功率比线性特性曲线上相应功率低 1 dB 的点[2]。

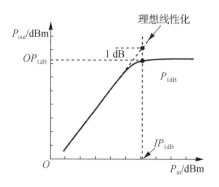

图 1.18 放大器响应曲线上的 1 dB 压缩点

因此,1 dB 压缩点即放大器偏离输入和输出线性响应特性的位置。通常,将 1 dB 压缩

点处的功率水平指定为 1 dB 输入功率值 IP_{1dB} 或 1 dB 输出功率值 OP_{1dB}。数据表经常给出输入和输出功率值中较大的一个,也就是说在放大器的数据表中经常可以找到输出功率值 OP_{1dB},当然,混频器的数据表也会给出 IP_{1dB}。1dB 压缩点处的输入功率值 IP_{1dB} 和输出功率值 OP_{1dB} 之间的关系可写为

$$OP_{1dB} = IP_{1dB} + G - 1 \text{ dB} \tag{1-55}$$

2) 互调失真和谐波失真

本小节将讨论的互调失真也会对大多数线性器件产生不利影响。与输入信号 v_i 对应的输出信号 v_o 可以写为泰勒级数展开式

$$v_o = a_0 + a_1 v_i + a_2 v_i^2 + \cdots \tag{1-56}$$

其中,a_0 为直流项,$a_1 v_i$ 为线性项,$a_2 v_i^2$ 为平方项,其他为高次项。对于放大器来说,线性项更有用一些,而整流器更关注直流项,其他高阶项则对于倍频器和混频器更为有用。单频信号 $v_i = v_o \cos(\omega t + \theta)$ 产生的谐波分量很可能在放大器频带之外,因此对输出信号的影响(如果有的话)非常小。但如果输入信号由多个频率的信号组成,并且各频率之间的差值很小的话,输入信号对输出信号的影响就很大了。如输入信号包含两个不同频率信号

$$v_i = v_o [\cos(\omega_1 t) + \cos(\omega_2 t)] \tag{1-57}$$

该信号对应的输出信号频谱包括直流项以及输入信号的谐波项,这些谐波的频率为 $m\omega_1 + n\omega_2$,其中

$$m, n = 0, \pm 1, \pm 2, \cdots \tag{1-58}$$

含有这些频率分量的信号就是所谓的互调分量,它们都是放大器电路不希望存在的信号成分。此外,不同的 m 和 n 值对应不同的信号分量,例如 $m=1$、$n=-1$ 对应的频率为 $\omega_1 - \omega_2$ 的信号被称为差分分量。互调分量中的差分分量通常是问题所在,这可以用图 1.19 来解释。

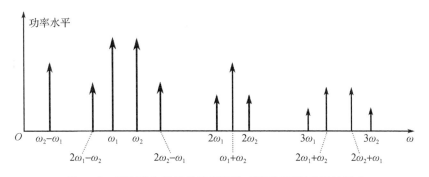

图 1.19　双频输入信号的输出频谱,说明了互调分量的形成

很明显,频率为 $2\omega_1$、$3\omega_1$ 等倍频信号落在放大器的频带之外(ω_1、ω_2 在放大器的频带内)。但差分分量 $2\omega_1 - \omega_2$、$2\omega_2 - \omega_1$ 却与输入信号频率很接近,将这些信号滤除是比较困难

的，而且这些信号会使得输出信号失真，即三阶互调失真。与三阶互调失真紧密相关是下面将要讨论的三阶截点。

从式(1-56)和(1-57)可以看出，随着输入信号电压幅度的增加，三阶分量的输出电压为 v_o^3。根据基本的功率关系，输入信号的功率与其电压幅度的平方成正比，因此三阶分量的输出功率与输入信号功率的立方成正比。这种输出功率的迅速提高意味着当信号幅度比较小时，其三阶分量可能会小到可以忽略不计，但是如果输入信号幅度增加，其三阶分量的输出功率也会迅速提高。三阶截点被定义为当一个放大器不存在增益压缩时一阶功率和三阶功率的交点，如图 1.20 所示。

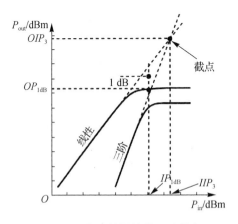

图 1.20   非线性器件的三阶截点

如图 1.18 所示，一阶分量的输出功率与输入信号功率成线性正比，因此在压缩点之前响应曲线的斜率均为 1。与图 1.18 对比，图 1.20 增加了一条曲线，该曲线为三阶分量的输出功率与输入信号功率的关系曲线，其线性区域的斜率为 3。在一个不存在增益压缩的放大器中，这两条线一定会相交于某点，因为它们有不同的斜率。这个交点（尽管是假设的）就叫作三阶截点，或 IP_3，该点对应的输入和输出功率分别为 IIP_3 和 OIP_3。与 1 dB 压缩点一样，三阶截点处的输出端功率 OIP_3 常被用作参考，然而混频器中常用 IIP_3 作为参考。实际的放大器中，相同端口处的三阶截点功率与 1 dB 压缩点功率通常相差 $10 \sim 15$ dB。

3）放大器的动态范围

本小节将讨论的是最后一个与放大器线性度相关的参数是放大器的动态范围。动态范围一般被定义为器件能够正常体现其性能的信号功率范围。对于低噪声放大器，这个功率范围下限为本底噪声功率，上限为当互调失真变得不容忽略时的功率。这种情况下，我们称该范围为无杂散动态范围（Spurious-Free Dynamic Range，SFDR）。对于功率放大器，功率范围上限为增益压缩点处的功率，这种情况下，我们称该动态范围为线性动态范围（Linear Dynamic Range，LDR）。

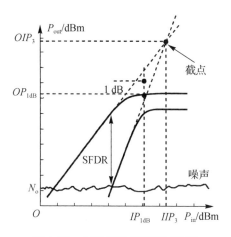

图 1.21　无杂散动态范围示意图

如图 1.21 所示，SFDR 可以由系统信噪比 SNR 和 IP_3 计算得到。如果所需的信号频率分量为 ω_1，其功率为 $P_{\omega 1}$，而三阶互调分量的输出功率为 $P_{2\omega 1-\omega 2}$，则 SFDR 可表示为

$$SFDR = \frac{P_{\omega 1}}{P_{2\omega 1-\omega 2}} \qquad (1-59)$$

其中，分母为器件的噪声功率。此外，$P_{2\omega 1-\omega 2}$ 还可以写为 $P_{\omega 1}$ 和 OIP_3 的函数，即

$$P_{2\omega 1-\omega 2} = \frac{(P_{\omega 1})^3}{(OIP_3)^2} \qquad (1-60)$$

用式(1-60)求解 $P_{\omega 1}$ 并将结果代入式(1-59)(以 dB 的形式)，可以得到 SFDR 的另一个定义

$$SFDR(\mathrm{dB}) = \frac{2}{3}(OIP_3 - N_o) \qquad (1-61)$$

线性动态范围被定义为 1 dB 增益压缩点功率与本底噪声功率的比值，以输出功率为例，则有

$$LDR(\mathrm{dB}) = OP_{1\,\mathrm{dB}} - N_o \qquad (1-62)$$

式(1-62)右侧的两项都用 dBm 的形式表示。结合上式和图 1.21 可知 SFDR 比 LDR 低得多。

1.3.7　反向隔离度

有源器件(比如放大器)的输入和输出端口之间的隔离度(isolation)被定义为在输出端输入信号的功率与该信号在输入端激发的信号功率之比。这个定义类似于无源器件(比如混合耦合器)的隔离度定义，反向隔离度的等效 S 参数是 S_{12}。测量反向隔离度的方法很简单，将信号从输出端输入，并在输入端测量输出信号，并进一步计算输入和输出信号的增益[39]。

我们经常透过有源指向性(active directivity)了解负载阻抗对源阻抗的影响(或者源阻抗对负载阻抗的影响)。有源指向性是指隔离度(输出端到输入端的增益)与输入端到输出端的增益之间的差值。有源指向性通常以 dB 为单位,其可被视为放大器输入和输出端之间反向隔离度的一个有效度量。

1.3.8 输出功率和效率

一般来说,功率放大器是现代无线发射机前端最后一个有源器件。功率放大器的非线性特征可能就是对现代无线电系统影响最大的因素。正如前面所强调的,功率放大器的功能就是将信号功率适当放大以便于信号在两点之间进行无线传输。这就要求功放工作在比其他电路更高的功率下(该功率与 ADC 消耗的功率相当)并且具有相对高的效率,如果放大过程中直流功率转换为射频功率的效率比较低,就会造成一些问题。此外功率放大器最好工作在输出功率饱和区(见图 1.18)[40]。因此,功率放大器的线性度和效率是两个互相矛盾的技术参数,且这两个参数对一个成功的功率放大器设计是尤其重要的。

随着手机硬件性能的快速提高,适配的电池长续航变得越来越难以实现。这也适用于大多数依赖有限电池供电的手持设备。例如,无线传感网和卫星通过最小化满负荷运行的能量损耗来优化。效率对于无线基站也非常重要,这关系到无线基站的碳排放(碳足迹)和商业竞争力。雷达系统也需要高效率的放大器,这会有助于减小其冷却装置尺寸,对输入信号的功率要求也会降低。

一般将放大器的输出功率简单地定义为传输给负载的射频功率[41]。想要实现最大的功率传输,就必须满足复共轭匹配。放大器的平均输出功率被定义为

$$P_{\text{out}} = \frac{1}{T} \int_{-\frac{T}{2}}^{\frac{T}{2}} v(t) \cdot i(t) \mathrm{d}t \qquad (1-63)$$

其中,$v(t)$ 和 $i(t)$ 分别为负载处的电压和流经负载的电流。在连续波(CW)工作模式下,中心频率信号传输给负载的功率为

$$P_{\text{out}} = \frac{v_{\text{o}}^2}{2R} \qquad (1-64)$$

一般用效率来描述放大器将直流输入功率转换为射频输出功率的能力,单级放大器的效率由下式给出:

$$\eta = \frac{P_{\text{RF}}}{P_{\text{DC}}} \qquad (1-65)$$

这个量也会用来描述集电极或漏极的效率。然而这个表达式并没有将输入端的射频功率考虑进去,若要将输入端的射频功率考虑进去,则用功率附加效率(Power Added Efficiency,PAE)才会比较准确,即

$$\eta_{\text{PAE}} = \left(1 - \frac{1}{G}\right) \eta \qquad (1-66)$$

一般放大器的 PAE 会随着频率的提高而迅速降低,且相关研究表明放大器的线性指标

受到功耗的间接影响[42]。本章末将会对这个权衡做进一步讨论。在不增加供应给放大器的功率的情况下就可以实现想要的 IIP_3，但是当将增益、噪声系数、带宽等更多参数考虑在内时，稍微增强放大器的线性度就会导致更多的功耗。

在毫米波通信系统内，需要在功耗和数据率之间做出权衡，因为高数据率意味着高功耗。为了分析效率，对数据探测错误率、路径损耗、所需发射功率、噪声以及干扰水平等因素都需要加以考虑[43]。

双极性晶体管的功耗是由集电极和基极的电流以及相应电压决定的。在图 1.22 所示的双极性晶体管中，由于基极电流 I_B 一般都比集电极电流 I_C 小，所以电路中消耗的功率约为 $P_{DC} \approx V_{CE}I_C$。如果将基极电流考虑进去，此时直流功耗可以写为 $P_{DC} = V_{CE}I_C \pm V_{BE}I_B$。

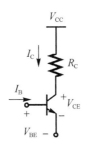

图 1.22　描述双极性晶体管功耗的电路

通常，功率放大器的效率将在输出功率达到最大值的同时达到峰值，并随着输入信号幅度的减小而降低。比如，理想情况下，电源电压为 V_D 的甲类放大器（见第 4 章）有 50% 的效率，即

$$\eta_{D,\text{classA}} = \frac{P_{\text{out}}}{P_{DC}} = \frac{V_o^2}{2V_D^2} \leqslant 0.5 \qquad (1-67)$$

从上式可见，因为甲类放大器工作在线性区，所以输出信号幅度随着输入信号幅度的减小而线性减小，也就是说功率将随着输出信号功率（或者输出电压包络的幅度的平方）的减小而线性降低。连续波（Continuous Wave，CW）模式下乙类放大器的效率也可以用相同的方法来计算

$$\eta_{D,\text{classB}} = \frac{P_{\text{out}}}{P_{DC}} = \frac{\pi V_o}{4V_D} \leqslant \frac{\pi}{4} \qquad (1-68)$$

在这种情况下，放大器的效率与输出信号的幅度线性相关，也就是与输出功率的平方根线性相关。

1.4　功率放大器设计中的电子设计自动化

跟大多数复杂电子电路一样，毫米波系统的硬件实现是非常昂贵的，经常需要用到复杂的制造技术和特殊工艺。为了加速系统设计并排查出设计中的错误,市面上有大量的仿真工具可用于完成相关工作。此外,对于一项设计,能够预测其物理版图的性能也格外重要。

这些仿真工具通常被称为电子设计自动化(Electronic Design Automation,EDA)工具,因为它们可与其他工具集成于一体,并能提供众多功能实现设计过程的自动化和加速。现代的 EDA 软件常被用于电磁仿真、系统级仿真、辅助版图布线等工作。功率放大器设计过程中能够有效融入 EDA 十分重要,当依靠直觉(基于经验和相关知识)和计算机辅助设计两者实现很好的平衡时,设计过程会非常高效。

下面简要列举一些市面上与毫米波系统设计相关的主流商用 EDA 软件包:

- Microwave Office,AWR Corporation
- Advanced Design System(ADS),Agilent Technologies Inc.
- IE3D,Zeland Software Inc.
- CST Microwave Studio,Computer Simulation Technology AG
- Ansoft HFSS,ANSYS Inc.
- Virtuoso Analog Design Environment(ADE),Cadence Design Systems,Inc.
- Sonnet,Sonnet Software
- Altium Designer,Altium Ltd.
- MATLAB,Mathworks Inc.

晶体管级电路仿真软件与电磁场求解软件有很大区别,这两类工具经常被一起使用。电磁场求解软件能够预测损耗、寄生参量、阻抗和辐射效率等系统的关键参数,其中辐射效率主要与天线有关。

EDA 是否有效取决于它们建立的物理模型是否足够贴近现实[45]。这就要求器件制造厂商和 EDA 厂商保持密切的合作,器件制造商一般都会专设部门负责生成器件库,其可被用于若干标准的 EDA 工具中。

1.5　本书内容概述

本书主要聚焦于毫米波功率放大器的研究方法及其发展趋势。第 1 章是 4 个介绍性章节之一,旨在介绍毫米波放大器的相关理论基础和实践基础及其在现代无线系统中的作用。它讨论了功率放大器在毫米波发射机中的作用以及目前现代系统中两种流行的发射机结构。此外,本章还涵盖放大器的各关键性能参数及其重要性,并介绍了它们的影响。最后,本章以介绍 EDA 工具在功率放大器以及毫米波系统设计过程中的重要性作为结束。

第 2 章主要从系统的层面讨论功率放大器的设计并介绍了过去十年毫米波发展的核心应用领域。第 3 章分析了功率放大器设计的相关技术,重点分析了毫米波范围内限制功率放大器性能的因素。相关技术包括毫米波晶体管、封装技术和无源器件等,每项技术都是功率放大器的关键部分。第 4 章的最后一节对功率放大器的类型进行了概述,详细地讨论了每一类功率放大器的应用、优势及设计中存在的挑战。

接下来的 4 章涵盖了毫米波功率放大器设计的各个方面,这包括线性模式、开关模式和堆叠式晶体管放大器等三种常见结构的功率放大器设计,并深入讨论了利用 EDA 工具设计毫米波功率放大器的技术。最后,本书分析了当下功率放大器的设计趋势,介绍了针对复杂设计过程中的大量挑战所采取的各种办法,并重点分析了当前研究现状所存在的问题。

参考文献

[1] Rogers, J. W., Plett, C.: Radio Frequency Integrated Circuit Design, 2nd edn. Artech House Inc, Hoboken, New Jersey (2010)

[2] Pozar, D. M.: Microwave Engineering, 4th edn. Wiley, Hoboken, New Jersey (2012)

[3] Ludwig, R., Gene, B.: RF Circuit Design: Theory and Applications, 2nd edn. Pearson Education, Inc., Upper Saddle River, New Jersey (2009)

[4] Gonzalez, G.: Microwave Transistor Amplifiers: Analysis and Design, 2nd edn. Prentice Hall, Upper Saddle River, New Jersey (1996)

[5] Apostolidou, M., Van Der Heijden, M. P., Leenaerts, D. M. W., Sonsky, J., Heringa, A., Volokhine, I.: A 65 nm CMOS 30 dBm class-E RF power amplifier with 60% PAE and 40% PAE at 16 dB back-off. IEEE J. Solid-State Circuits 44(5), 1372-1379 (2009)

[6] Floyd, B. A., Reynolds, S. K., Pfeiffer, U. R., Zwick, T., Beukema, T., Gaucher, B.: SiGebipolar transceiver circuits operating at 60 GHz. IEEE J. Solid-State Circuits 40(1), 156-167(2005)

[7] Reynolds, S. K., Floyd, B. A., Pfeiffer, U. R., Beukema, T., Grzyb, J., Haymes, C., Gaucher, B., Soyuer, M.: A silicon 60-GHz receiver and transmitter chipset for broadband communications. IEEE J. Solid-State Circuits 41(12), 2820-2829 (2006)

[8] Natarajan, A., Komijani, A., Guan, X., Babakhani, A., Hajimiri, A.: A 77-GHz phased-arraytransceiver with on-chip antennas in silicon: transmitter and local LO-path phase shifting. IEEE J. Solid-State Circuits 41(12), 2807-2818 (2006)

[9] Lee, J., Li, Y. A., Hung, M. H., Huang, S. J.: A fully-integrated 77-GHz FMCW radar transceiver in 65-nm CMOS technology. IEEE J. Solid-State Circuits 45(12), 2746-2756(2010)

[10] Ghazinour, A., Wennekers, P., Reuter, R., Yi, Y., Li, H., Böhm, T., Jahn, D.: An integrated SiGe-BiCMOS low noise transmitter chip with a frequency divider chain for 77 GHz applications. In: Proceedings of the 1st European Microwave Integrated Circuits Conference(EuMIC), pp. 194-197 (2006)

[11] Starzer, F., Fischer, A., Forstner, H. P., Knapp, H., Wiesinger, F., Stelzer, A.: A fully integrated 77-GHz radar transmitter based on a low phase-noise 19.25-GHz fundamental VCO. In: Proceedings of the IEEE Bipolar/BiCMOS Circuits and Technology Meeting, pp. 65-68 (2010)

[12] Watabe, K., Shimizu, K., Yoneyama, M., Member, S., Mizuno, K.: Millimeter-wave active imaging using neural networks for signal processing. IEEE Trans. Microw. Theory Tech. 51(5), 1512-1516 (2003)

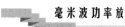
[13] Martin, C., Lovgerg, J., Clark, S., Galliano, J.: Real time passive millimeter-wave imaging from a helicopter platform. In: 19th DASC 19th Digital Avionics Systems Conference Proceedings Cat No00CH37126, vol. 1, pp. 1-8 (2000)

[14] Xiao, Z., Hu, T., Xu, J.: Research on millimeter-wave radiometric imaging for concealed contraband detection on personnel. In: 2009 IEEE International Workshop on Imaging Systems and Techniques, pp. 136-140 (2009)

[15] Sheen, D. M., McMakin, D. L., Hall, T. E.: Three-dimensional millimeter-wave imaging for concealed weapon detection. IEEE Trans. Microw. Theory Tech. 49(9), 1581-1592 (2001)

[16] Lee, J., Chen, Y., Huang, Y.: A low-power low-cost fully-integrated 60-GHz transceiver system with OOK modulation and on-board antenna assembly. IEEE J. Solid-State Circuits 45(2), 264-275 (2010)

[17] Kuang, L., Chi, B., Jia, H., Jia, W., Wang, Z.: A 60-GHz CMOS dual-mode power amplifier with efficiency enhancement at low output power. IEEE Trans. Circuits Syst. Express Briefs 62(4), 352-356 (2015)

[18] Marcu, C., Chowdhury, D., Thakkar, C., Park, J. D., Kong, L. K., Tabesh, M., Wang, Y., Afshar, B., Gupta, A., Arbabian, A., Gambini, S., Zamani, R., Alon, E., Niknejad, A. M.: A 90 nm CMOS low-power 60 GHz transceiver with integrated baseband circuitry. IEEE J. Solid-State Circuits 44(12), 3434-3447 (2009)

[19] Rappaport, T. S., Murdock, J. N., Gutierrez, F.: State of the art in 60-GHz integrated circuits and systems for wireless communications. Proc. IEEE 99(8), 1390-1436 (2011)

[20] Siligaris, A., Richard, O., Martineau, B., Mounet, C., Chaix, F., Ferragut, R., Dehos, C., Lanteri, J., Dussopt, L., Yamamoto, S. D., Pilard, R., Busson, P., Cathelin, A., Belot, D., Vincent, P.: A 65-nm CMOS fully integrated transceiver module for 60-GHz wireless HD applications. IEEE J. Solid-State Circuits 46(12), 3005-3017 (2011)

[21] Hajimiri, A., Hashemi, H., Natarajan, A., Guan, X., Komijani, A.: Integrated phased array systems in silicon. Proc. IEEE 93(9), 1637-1654 (2005)

[22] May, J. W., Rebeiz, G. M., Koh, K. -J.: A millimeter-wave (40-45 GHz) 16-element phased-array transmitter in 0. 18-um SiGe BiCMOS technology. IEEE J. Solid-State Circuits 44(5), 1498-1509 (2009)

[23] Valdes-Garcia, A., Nicolson, S. T., Lai, J. W., Natarajan, A., Chen, P. Y., Reynolds, S. K., Zhan, J. H. C., Kam, D. G., Liu, D., Floyd, B.: A fully integrated 16-element phased-array transmitter in SiGe BiCMOS for 60-GHz communications. IEEE J. Solid-State Circuits 45(12), 2757-2773 (2010)

[24] Okada, K., Li, N., Matsushita, K., Bunsen, K., Murakami, R., Musa, A., Sato, T., Asada, H., Takayama, N., Ito, S., Chaivipas, W., Minami, R., Yamaguchi, T., Takeuchi, Y., Yamagishi, H., Noda, M., Matsuzawa, A.: A 60 GHz 16QAM/8PSK/QPSK/BPSK direct-conversion transceiver for IEEE802. 15. 3c. IEEE J. Solid-State Circuits 46(12), 2988-3004 (2011)

[25] Gupta, A. K., Buckwalter, J. F.: Linearity considerations for low-EVM, millimeter-wave direct-conversion modulators. IEEE Trans. Microw. Theory Tech. 60(10), 3272-3285 (2012)

［26］ Shahramian, S., Baeyens, Y., Kaneda, N., Chen, Y. K.: A 70-100 GHz direct-conversion transmitter and receiver phased array chipset demonstrating 10 Gb/s wireless link. IEEE J. Solid-State Circuits 48 (5), 1113-1125 (2013)

［27］ Valliarampath, J. T., Member, S., Sinha, S., Member, S.: Designing Linear PAs at Millimeter-Wave Frequencies Using Volterra Series Analysis Conception de PA linéaires à fréquence d'ondes millimétriques utilisant l'analyse de la série de Volterra, vol. 38, no. 3, pp. 232-237 (2015)

［28］ Maas, S. A.: Nonlinear Microwave and RF Circuits, 2nd edn. Artech House Inc, Norwood, Mass (2003)

［29］ White, J. F.: High Frequency Techniques: An Introduction to RF and Microwave Engineering. Wiley-IEEE Press, Hoboken, New Jersey (2004)

［30］ Pfeiffer, U. R., Goren, D., Floyd, B. A., Reynolds, S. K.: SiGe transformer matched power amplifier for operation at millimeter-wave frequencies. In: 31st European Solid-State Circuits Conference, pp. 141-144 (2005)

［31］ Dickson, T. O., LaCroix, M. A., Boret, S., Gloria, D., Beerkens, R., Voinigescu, S. P.: 30-100-GHz inductors and transformers for millimeter-wave (Bi)CMOS integrated circuits. IEEE Trans. Microw. Theory Tech. 53(1), 123-132 (2005)

［32］ Cripps, S. C.: RF Power Amplifiers for Wireless Communications, 2nd edn. Artech House Inc, Dedham, Mass (2006)

［33］ Laughlin, G. J.: A new impedance-matched wide-band balun and magic tee. IEEE Trans. Microw. Theory Tech. 24(3), 135-141 (1976)

［34］ Pavio, A. M., Kikel, A.: A monolithic or hybrid broadband compensated balun. In: IEEE MTT-S International Microwave Symposium Digest, pp. 483-486 (1990)

［35］ Chiou, H. K., Lin, H. H., Chang, C. Y.: Lumped-element compensated high/low-pass balun design for MMIC double-balanced mixer. IEEE Microw. Guid. Wave Lett. 7(8), 248-250(1997)

［36］ Arsalan, M., Shamim, A., Roy, L., Shams, M.: A fully differential monolithic LNA with on-chip antenna for a short range wireless receiver. IEEE Microw. Wirel. Components Lett. 19(10), 674-676 (2009)

［37］ Liu, G., Schumacher, H.: 47-77 GHz and 70-155 GHz LNAs in SiGe BiCMOS technologies. In: Proceedings of IEEE Bipolar/BiCMOS Circuits Technologies Meeting, pp. 5-8 (2012)

［38］ Razavi, B.: Design considerations for direct-conversion receivers. IEEE Trans. Circuits Syst. II Analog Digit. Signal Process. 44(6), 428-435 (1997)

［39］ Hickman, I.: Practical RF Handbook, 4th edn. Newnes, Boston, Mass (2006)

［40］ Hashemi, H., Raman, S. (eds.): mm-Wave Silicon Power Amplifiers and Transmitters. Cambridge University Press, Cambridge, UK (2016)

［41］ Walker, J. (ed.): Handbook of RF and Microwave Power Amplifiers. Cambridge University Press, Cambridge, UK (2013)

［42］ Szczepkowski, G., Farrell, R.: Linearity vs. power consumption of CMOS LNAs in LTE systems. In: 24th IET Irish Signals and Systems Conference, pp. 1-8 (2013)

［43］Rappaport，T. S.，Murdock，J. N.：Power efficiency and consumption factor analysis for broadband millimeter-wave cellular networks. In：GLOBECOM-IEEE Global Telecommunications Conference，pp. 4518-4523 (2012)

［44］Rappaport，T. S.，Gutierrez，F.，Al-Attar，T.：Millimeter-wave and terahertz wireless RFIC and on-chip antenna design：tools and layout techniques. In：IEEE Globecom Workshops, pp. 1-7(2009)

［45］Lee，J. H.，DeJean，G.，Sarkar，S.，Pinel，S.，Lim，K.，Papapolymerou，J.，Laskar，J.，Tentzeris，M. M.：Highly integrated millimeter-wave passive components using 3-D LTCC System-on-Package (SOP) technology. IEEE Trans. Microw. Theory Tech. 53 (6 Ⅱ)，2220-2229 (2005)

第2章　毫米波功率放大器的系统参数

通常,更高频的无线系统有助于提升通信系统的带宽,也可提高成像和测距系统的分辨率。同时,更高的工作频率意味着无线系统组件和天线的外形尺寸上会更小。几十年的研究已经清楚地表明毫米波系统中存在一些基础性问题,令设计过程趋于复杂,阻碍了毫米波系统的大规模部署。

半导体器件的特性是,器件的性能随着频率的增加而降低,通常表现出低增益、高噪声系数、线性度差。这种性能的降低通常可以归因于材料在高频下的损耗增加。此外,毫米波在自由空间中的传播损耗随着频率的增加迅速上升——除了频谱中几个特定的低损窗口外(35、90、140 和 250 GHz)。通常,上述窗口是典型无线系统的主要工作波段(基本要求是最大化传输范围)。另一方面,60 GHz 是氧吸收波段,空气中传播的大部分能量将被氧分子吸收。该频带并不适用于传统的无线系统,但是考虑到传播距离显著缩短,它非常适用于高密度的网络,在相对小的区域内频率复用的优点极为突出。

近十年来,工艺和制造技术的进步促进了复合实用型无线片上系统(System-on-Chip, SoC)的发展,与之前的毫米波器件研究形成鲜明对比,但较高的制造成本和复杂的制造工艺令其应用限制在特殊应用场合和军用系统。

2.1　毫米波天线

天线是所有无线系统正常工作的关键部件之一,可以让沿传输线传播的定向电磁波与在自由空间传播的非定向平面波之间实现相互转换。原理上,天线是双向(互逆)设备,在相应的系统中,可以同时实现发射和接收两种功能。当观察者距离发射机足够远时,可以将发射机天线辐射的球面波近似成平面波,满足这一近似关系的区域称为天线的远场。在无线系统的接收端,天线截获上述平面波,将其中的部分功率(或理想条件下的所有功率)传递给负载。

2.1.1　天线参数

1) 天线辐射功率

理解天线向自由空间辐射能量(或从自由空间接收能量)的机制很有必要。在远场中,

一般认为靠近天线的局域化电磁场可以忽略不计,任意天线辐射的电场在球面坐标系中可以表示为

$$\boldsymbol{E}(r,\theta,\varphi) = \left[\hat{\theta}F_{\theta}(\theta,\varphi) + \hat{\varphi}F_{\varphi}(\theta,\varphi)\right] \frac{\mathrm{e}^{-\mathrm{j}k_0 r}}{r} \ \mathrm{V/m} \tag{2-1}$$

其中,$\boldsymbol{E}$ 表示电场向量,r 表示到原点的距离,$\hat{\theta}$ 和 $\hat{\varphi}$ 是球坐标系中的单位向量,$k_0 = 2\pi/\lambda$ 表示自由空间的传播常数,$\lambda = c/f$ 是波长[1]。式(2-1)描述的天线辐射场还包含方位角 θ 和仰角 φ 特有的方向图函数,分别用 $F_{\theta}(\theta,\varphi)$ 和 $F_{\varphi}(\theta,\varphi)$ 表示。此外,式(2-1)可以定性地描述为以径向相位变化为 $\mathrm{e}^{-\mathrm{j}k_0 r}$ 进行传输的电场,其中电场振幅以 $1/r$ 的因子衰减。由于波是横向电磁波(Transverse Electromagnetic,TEM),电场有可能在 $\hat{\theta}$ 或 $\hat{\varphi}$ 方向发生极化,但它不能径向极化。相应的坡印廷向量为

$$\boldsymbol{S} = \boldsymbol{E} \times \boldsymbol{H}^* \ \mathrm{W/m}^2 \tag{2-2}$$

其中,$\boldsymbol{E}$ 和 $\boldsymbol{H}$ 分别表示与行波相关的电场和磁场向量。电场和磁场之间的关联如下:

$$H_{\theta} = \frac{E_{\varphi}}{\eta_0} \tag{2-3}$$

$$H_{\varphi} = \frac{E_{\theta}}{-\eta_0} \tag{2-4}$$

其中,$\eta_0 = 377 \ \Omega$ 是自由空间波阻抗。本节所讨论的远场距离 R 与天线孔径及波长有关,即

$$R = \frac{2D^2}{\lambda} \ \mathrm{m} \tag{2-5}$$

其中,D 表示天线的最大尺寸。值得注意的是,对于电小天线(例如小环和短偶极子),式(2-5)可能会得到过小的远场距离 R。在此情况下,更保守的近似是 $R = 2\lambda$。

天线辐射的总功率可以通过对(2-2)式中球面(半径为 r)上的坡印廷向量进行积分得到,即对天线的辐射强度在球面上以单位半径进行积分,或者

$$P_{\mathrm{rad}} = \int_{\varphi=0}^{2\pi} \int_{\theta=0}^{\pi} \overline{S}_{\mathrm{avg}} \hat{r} r^2 \sin\theta \mathrm{d}\theta \mathrm{d}\varphi \tag{2-6}$$

辐射方向图是分析天线性能的一种重要手段。在数学层面上,辐射方向图定义为观测点的距离始终保持不变时,远场天线辐射场强对应天线视轴观测角度的幅值图。辐射方向图通常通过方向图函数来绘制,$F_{\theta}(\theta,\varphi)$ 代表方位角方向图,$F_{\varphi}(\theta,\varphi)$ 代表仰角方向图,方向图的选择取决于天线的极化。图2.1展示了一幅典型的天线辐射方向图(通常简称为天线方向图)。

天线的辐射功率显示为不同的方位角或仰角,并且通常将此图进行归一化。如图2.1所示,可以看到天线方向图中存在许多特定的波瓣,它们分别在不同的方向上达到峰值。其中最大的波瓣称为主瓣,或主束,其余的称为旁瓣。旁瓣相对于主瓣的功率水平是一个关键的性能指标。天线方向图也可以在直角坐标系中绘制,尤其适用于笔形波束天线的方向图(如单脉冲阵列)。

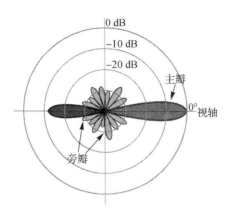

图 2.1　通用定向天线的辐射方向图

2) 天线方向性

天线的另一个基本参数是其将大部分功率集中在特定方向上的能力,即天线的 3 dB 波瓣宽度(波束宽度),指辐射功率比主瓣功率低 3 dB 的两个方向之间的夹角(单位:度)。然而,参考功率电平不必强制定为 3 dB,在一些场合会采用不同的标准来定义波束宽度。瑞利波束宽度是雷达中常用的一种波束宽度,定义为峰值到零值之间的波束宽度,也有使用 10 dB 波束宽度作为方向性的度量指标。

此外,天线方向性也可定义为最大辐射强度 $U_{\max}$ 和整个角度范围内平均辐射强度 U_{avg} 之间的比值:

$$D = \frac{U_{\max}}{U_{\mathrm{avg}}} = \frac{4\pi U_{\max}}{P_{\mathrm{rad}}} = \frac{4\pi U_{\max}}{\int_{\theta=0}^{\pi}\int_{\theta=0}^{2\pi} U(\theta,\varphi)\sin\theta\mathrm{d}\theta\mathrm{d}\varphi} \qquad (2-7)$$

方向性是无量纲的,通常用对数来表示为 $D(\mathrm{dB}) = 10\,\log(D)$。当应用于各向同性天线时,即在所有方向上发射功率是均匀的($U_{\max} = 1$),式(2-7)中的关系在物理上是有意义的。积分恒等式

$$\int_{\theta=0}^{\pi}\int_{\varphi=0}^{2\pi}\sin\theta\mathrm{d}\theta\mathrm{d}\varphi = 4\pi \qquad (2-8)$$

可以应用于(2-7)式中的分母,得到各向同性天线的方向性为 1(或 0 dB)。考虑到任何天线最低的方向性是 0 dB,通常将方向性表示为相对于各向同性天线的值,dBi。如前所述,波束宽度和方向性提供了量化两种天线聚焦能力的方法。天线的波束宽度越宽,方向性越低,反之亦然。与预期相反的是,尽管这两个量之间有直观的关系,但两者没有确切的联系。原因是,波束宽度仅取决于主瓣的形状和大小,而方向性是通过对整个辐射方向图进行积分运算得到的。因此,不同的天线具有相似波束宽度的情况很常见,然而由于主瓣或旁瓣中存在的差异,不同天线的方向性大为不同。下式给出了笔形波束天线方向性与波束宽度关系的近似公式:

$$D \approx \frac{32\,400}{\theta_1 \theta_2} \tag{2-9}$$

其中，θ_1 和 θ_2 分别表示主瓣在两个正交平面上的波束宽度。

3）辐射效率和天线增益

与功率放大器的效率相似，天线辐射效率的定义如下：

$$\eta_{\text{rad}} = \frac{P_{\text{rad}}}{P_{\text{in}}} = \frac{P_{\text{in}} - P_{\text{loss}}}{P_{\text{in}}} \tag{2-10}$$

其中，P_{rad} 表示天线的辐射功率，P_{in} 是天线输入端口的功率，P_{loss} 是天线的损耗总和。大部分的损耗是非理想介质和金属引起的电阻损耗，此外，输入端口的阻抗失配以及发射天线和接收天线之间的极化失配也会导致损耗。尽管大多数的电阻损耗是难以避免的，但可以通过改进设计方案来降低阻抗失配和极化失配引起的损耗。天线的增益与方向性和效率密切相关，

$$G = \eta_{\text{rad}} D \tag{2-11}$$

理想天线具有相等的增益和方向性值，从而其损耗为零（即 $\eta_{\text{rad}} = 1$）。因此，方向性可被视为天线可达到的最大增益值。

4）天线孔径效率

孔径天线是一种其辐射来自于明确定义的孔径（或区域）的天线，如抛物面反射器、喇叭天线、透镜天线和微带贴片。对于孔径面积为 A 的电大天线，物理可实现的最大方向性为

$$D_{\text{max}} = \frac{4\pi A}{\lambda^2} \tag{2-12}$$

由于实际孔径天线会受到诸如孔径阻塞、馈源溢出辐射、振幅或相位不匹配等不利因素的影响，因而有必要定义孔径效率。将减少的方向性定义为实际的方向性和可达到的最大方向性之比，可以写成

$$D = \eta_{\text{ap}} \frac{4\pi A}{\lambda^2} \tag{2-13}$$

其中，η_{ap} 表示孔径效率，η_{ap} 的值在任何情况下小于或等于 1。上述定义不仅针对发射天线，也同样适用于接收天线。

2.1.2　毫米波系统的天线结构

毫米波系统通常需要的天线与射频和微波系统中常用的天线存在本质区别。下面将就毫米波天线的分类做简单介绍，重点是天线平面集成技术[2]。一般而言，毫米波天线是通过对相关低频构件（透镜天线、反射器等）进行尺寸缩放来设计实现的。尺寸缩放包括先进的微加工和制造技术（如光刻和激光切割），工艺的苛刻公差要求使成本显著提高。此外，射频和微波天线主要由金属几何体构成，毫米波天线则采用复合材料和介质结构。

发展历程上，片上集成天线是与片上集成电路携手出现的。在毫米波频段，片上集成电路技术被证明是非常有效的，结合集成天线，已经实现了天线和电路有效集成的片上系统（system-on-substrate）[3-5]。下面简要介绍几种毫米波频率下使用的一些最常见的天线结构。

1）槽孔阵列

槽孔阵列结构天线通常被应用于具有易操纵的方向图和可观增益的场合,通过在波导侧壁上制备凹槽来构造,凹槽的形状由相应的当前操控确定,它能够控制波束形状,天线功率通过槽的开口辐射到自由空间中。该天线适用于传统的矩形波导,也适用于毫米波系统中的基片集成波导(Substrate-Integrated Waveguide,SIW)[6-7]。图 2.2 为具备周期性矩形槽孔的 SIW 示意图。

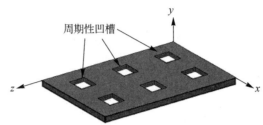

图 2.2　一种周期性凹槽型基片集成波导

2）集成喇叭天线

通常,喇叭天线具有高方向性、高增益、大功率等特性。传统的集成喇叭天线如图 2.3所示,由一个浮置在金字塔型腔体介质膜上的探针天线(通常是一个偶极子)构成,而腔体被蚀刻在介质基板中。

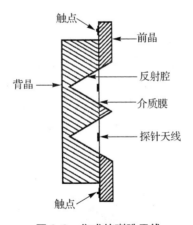

图 2.3　集成的喇叭天线

SIW 波导技术也可用于设计喇叭天线。集成喇叭天线中一个常见问题是辐射孔径和自由空间之间的不匹配,已经有了一些方案来提高 SIW 喇叭天线的效率。然而,基片厚度是一个基本问题,在特定的厚度条件下,提高频率可提高辐射效率,这在毫米波应用中很容易实现。此外,上述特性使得 SIW 喇叭天线在亚毫米波和太赫兹频率应用场合中更为普及[2,8,9]。

3) 传统印刷型天线

印刷型天线,如常见的微带贴片(图 2.4),在毫米波频段工作时,其对应尺度结构通常难以满足所要求的性能标准。这归因于贴片边缘的大电流密度引起的高导线损耗,这在馈源网络中尤为突出。此外,贴片天线对毫米波频段的表面波激励非常敏感,这将导致额外的损耗,并大幅降低辐射效率。通常需要采用特定的结构工艺以抑制所谓的表面波。

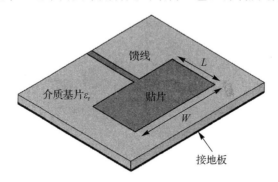

图 2.4　传统的微带馈电贴片天线

表面波抑制的技术方案之一是利用 SIW 腔,其中的贴片元件和馈源网络被蚀刻在一个基片上,该基片堆叠在第二个基片上[10-12]。SIW 腔位于下部的基片,该基片通常要厚得多,以便增加带宽。

4) 表面波和漏波天线

开路传输线的杂散辐射在贴片天线设计中相当具有挑战性,通过恰当的设计可对其进行调控。在高频结构中,漏波天线的辐射与高阶模式的第一部分相关。通过加入尖劈型槽或任意型的开口孔径,闭合波导也可以用来产生漏波。适用于毫米波系统的漏波天线有介质棒天线、非辐射介质波导天线、尖劈型槽天线、局部反射表面贴片和印刷型对数周期偶极子阵列(Printed Log-Periodic Dipole Array, LPDA)或八木(Yagi-Uda)天线[5]。印刷型八木天线如图 2.5 所示。

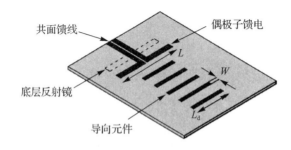

图 2.5　印刷型八木天线与一个偶极子天线作为驱动元件

5）介质谐振型天线

由于能够提供比微带天线更高的辐射效率,介质谐振型天线已经可以作为毫米波系统中的可用选择之一。大规模阵列介质谐振型天线的一个短板就是制备过程较为复杂,天线的每个元件都要严格按照整个阵列的定位要求进行放置和绑定,如需要在介质基板上制备小孔阵列。目前改进的方案不再需要定位和连接每个天线元件,而是在单片的介电材料上制备整个阵列。

典型的介质谐振型天线如图 2.6 所示,其结构与传统的微带贴片天线非常相似,谐振元件被介质材料所取代。谐振元件可以是矩形(如图 2.6 所示)、三角形、半球形或圆柱形的,天线的谐振频率由谐振元件的尺寸和介电常数决定。与微带天线相比,介质谐振型天线通常能产生更高的辐射效率。在毫米波系统设计中通常会利用半模 SIW 代替微带馈电[13]。

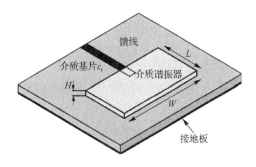

图 2.6　矩形介质谐振天线

2.2　毫米波无线通信系统

频谱拥塞和持续增长的大数据率需求一直是更高频系统发展的推手,在过去十多年中,60 GHz 系统已经取得了显著的进展。对于天线、电路和通信系统工程师来说,实现 60 GHz 频段的毫米波技术有着激动人心的前景。随着数据速率有可能超过每秒吉比特(Gb/s)、更有力的频率复用和多标准系统集成等优点的出现,产业界和学术界的巨大投入是可以预期的[14]。

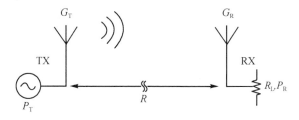

图 2.7　通用无线电链路

2.2.1　Friis 传输方程

Friis 方程是解决无线电系统中天线接收功率大小这一基本问题的一种方法。在如图 2.7 所示的无线电链路中,增益为 G_T 的天线将功率为 P_T 的信号发送到能够截获部分发射功率 P_R、增益为 G_R 的接收机系统中。

因此,在径向距离半径为 R 处的各向同性天线辐射的功率密度为

$$S_{avg} = \frac{P_T}{4\pi R^2} \text{ W/m}^2 \tag{2-14}$$

对于增益大于 0 dB 的发射天线,可以通过将(2-14)式与方向性 D 相乘获得辐射功率密度。式(2-10)和式(2-11)中的辐射效率说明了天线中的损耗来源,能够有效地将方向性参数转换为增益。所得结果是辐射功率密度的一般表达式,适用于任何天线:

$$S_{avg} = \frac{G_T P_T}{4\pi R^2} \text{ W/m}^2 \tag{2-15}$$

当式(2-15)中的功率密度入射到接收天线上时,有必要将有效接收孔径 A_e 定义为一个修正接收总功率的比例常数。有效孔径与 P_R(我们可以定义为共轭匹配负载接收到的功率)的表达式可以写为

$$P_R = A_e S_{avg} \tag{2-16}$$

物理上,式(2-16)中的关系是有意义的,因为 P_R 的单位是 W,S_{avg} 的单位是 W/m^2,m^2 作为有效孔径的单位。将有效孔径与方向性联系起来,可以得到一个称为最大有效孔径的量,即

$$A_e = \frac{D\lambda^2}{4\pi} \tag{2-17}$$

上式是式(2-12)的一个变换。然而,上述定义并未考虑天线中的损耗,这可以通过将 D 替换为天线增益 G 进行修正。一个普遍的现象是,电大天线(抛物面反射器、喇叭天线等)显示出与实际物理尺寸较接近的有效孔径值,而电小天线(如环路和短偶极子)的有效孔径 A_e 与实际物理尺寸之间的关系却没有如此简单。

定义有效孔径之后,可以用它来确定(2-15)式中所接收到的功率

$$P_R = A_e S_{avg} = A_e \frac{G_T P_T}{4\pi R^2} \text{ W} \tag{2-18}$$

考虑式(2-17),则所接收功率的最终表达式为

$$P_R = \frac{G_R G_T P_T}{(4\pi R^2)^2} \text{ W} \tag{2-19}$$

值得注意的是,与式(2-17)中的 D 不同,上式中使用的是增益,这仅仅意味着它代表接收功率的可能最大值,且如预期的那样,还有其他几个因素会降低该值。式(2-19)被称为 Friis 传输方程,是射频工程中的基本方程之一。

2.2.2　链路预算

式(2-19)中的各项可以一一分解列出,以形成所谓的链路预算,是评估射频收发机可用性的一个指标。收发机的最大覆盖范围主要由总噪声系数决定,而线性度是影响性能的最主要因素。无线接收机输入端接收到的信号功率为

$$P_R = P_T + G_T + G_R - L_0 - L_A - L_R - L_T \text{ dBm } ① \tag{2-20}$$

其中,P_T、G_T、G_R 已在前文进行定义,L 表示损耗:

- L_0 是自由空间的路径损耗。
- L_A 是由大气衰减造成的损耗。
- L_T 是发射天线中线路损耗的总和。
- L_R 是接收天线中线路损耗的总和。

路径损耗可以定义为在发射机到接收机之间,信号在自由空间中传播损失的功率,表达式如下:

$$L_0 = 20\log\left(\frac{4\pi R}{\lambda}\right) \text{ dB} \tag{2-21}$$

此外,式(2-20)可以扩展到包含由发射天线或接收天线中的阻抗不匹配所造成的损耗。本书前一章详细介绍了阻抗匹配的概念,由阻抗失配产生的非零反射系数(用 Γ 表示)将引入如下损耗:

$$L_i = -10\log(1 - |\Gamma|^2) \text{ dB} \tag{2-22}$$

实际的通信系统通常需要达到可接受服务质量的最低标准。虽然这一标准可以用几种不同的方式来表示(误码率是其中一种),但主要是用接收信号的最小阈值功率来表示。达到可接受服务质量的最小阈值功率与接收信号之间的功率比称为载波信噪比,可以将其视为最小信噪比(Signal-to-Noise Ratio, SNR)要求。这种系统设计上的裕度称为链路余量(Link Margin, LM),可以表示为

$$LM = P_R - P_{R(\min)} \text{ dB} \tag{2-23}$$

通信系统中合理的链路余量能够保证其鲁棒性,来应对突发的不利因素。非固定位置的无线用户、多路效应和由于天气原因造成的信号衰减等情况难以避免,但系统的鲁棒性可以应对上述情况。

2.2.3　数字调制

调幅、调频或调相可实现对含有信息的正弦载波信号的编码调制[1,15]。模拟调制体现为载波信号幅值、频率或相位的连续变化,而数字调制则将信号载波参数限制为两个不同的值。后者又可分为幅移键控(Amplitude Shift Keying, ASK)、频移键控(Frequency Shift

---

① 　dBm=10lg$(P/1 \text{ mW})$。——译者

Keying，FSK)或相移键控(Phase Shift Keying，PSK)。与模拟技术相比,数字技术更受欢迎,因为在有噪声的情况下,数字技术的性能更为优越,并且更适合用来纠错和加密。如图2.8所示为一个任意比特流以及对应产生的调制信号。

除了图2.8所示的数字调制方案以外,无线通信系统中还有其他的调制技术,如正交相移键控(Quadrature Phase Shift Keying，QPSK)使用两个数据位来区分4个不同的相位角:0°、90°、180°或270°。在相位调制的基础上增加振幅调制即形成一种称为正交振幅调制(Quadrature Amplitude Modulation，QAM)的技术。利用 2^M 个相位状态对 M 位数据信号进行编码,QAM 与其他高阶调制方案通常被称为多进制调制。高阶调制方案的处理过程更为复杂,但是能够在既定的信道带宽中实现更高的数据速率。

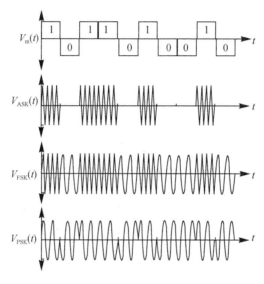

图2.8 二进制序列和产生的数字调制信号

在 60 GHz 频段,随着通信系统及其标准的发展,人们已经实施了多种调制方案,分别是正交频分复用(OFDM)、线性单载波调制和恒定包络调制(Constant-Envelope Modulation，CEM)。

1) 正交频分复用

正交频分复用(OFDM)是一种并行传输多个子载波的调制方案,其中每个子载波占用一个窄带宽[16-18]。信道的特性会影响每个子载波信号的幅度和相位,但是简单的均衡可以补偿每个子载波的增益和相位。产生这些载波信号的过程包括在发射机侧对 M 个符号块进行快速傅里叶逆变换(Inverse Fast Fourier Transform，IFFT),在接收机侧通过对上述 M 个离散样本进行快速傅里叶变换(Fast Fourier Transform，FFT)来实现信号的提取。OFDM 收发机的框图见图2.9。

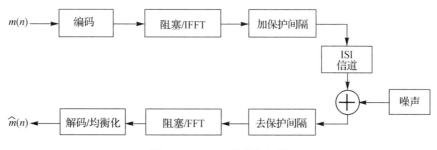

图 2.9　OFDM 收发机框图

FFT 块的长度通常选择在脉冲响应最大持续时间的 4 到 10 倍之间[17]。这使得每个块开始时所需的循环前缀引入的余量最小化,并且在接收端丢弃该前缀。循环前缀有两个用途:一是防止由于相邻块的符号间干扰(Inter-Symbol Interference,ISI)而导致特定块的退化;二是在接收到的数据块中产生周期为 M 的周期性。此外,引入的周期性模拟了循环卷积,这是 FFT 算法有效运行必需的特性之一[15]。

OFDM 的主要缺点是幅度波动往往不稳定,并且会导致较高的峰值平均功率比(PA-PR)。这使得 OFDM 对发射链中功率放大器所引起的非线性失真特别敏感。如果没有足够高的功率回退,系统将受到一些不利的影响,例如互调失真和频谱展宽,导致系统整体性能的下降。增加回退功率是解决这一问题的方法之一,但这反过来会降低放大器的效率,这在采用电池供电的移动系统中尤为突出。另外,非编码 OFDM 对多普勒失配和多径分集缺失也较为敏感[19]。

2)恒定包络调制

在恒定包络调制(CEM)方案中,信息容量完全限于发射信号的相位。从功率效率的角度来看,由于基带信号不受非线性失真的影响,恒定包络调制是一个理想的技术方案[20]。因此,恒定包络调制信号能够在发射功率放大器的饱和区工作。连续相位调制(Continuous Phase Modulation,CPM)是恒定包络调制的一种常见变化,可针对连续时间信号的相位实现调制,提高了带宽效率。

与所有的调制方案一样,上述调制方案也都存在特定缺点。对于高信噪比,上述调制系统的吞吐量相对较低。此外,由于 CPM 信号在发送端需要实现差分编码,故在接收端的均衡过程最终可能过于复杂。降低复杂度的一种方法是在频域内实现均衡化,然而系统复杂度会随尺寸的增加而激增。

3)单载波调制方案

从最早的无线系统开始,单载波(Single-Carrier,SC)调制一直是数字通信的首选方式[21],可以被认为是当今一些应用中使用的多载波方案(如 OFDM)的前身,相关收发机的框图如图 2.10 所示。

采用线性调制技术(如 QAM)的单载波调制系统提供了功率和频谱效率之间的有效折中方案,兼顾了发射机和接收机所用硬件系统的复杂性。与 OFDM 系统相比,单载波系统能够获得更好的 PAPR 值[20,22]。

从上述讨论中可以得出结论,没有一种调制方案能够完全适用于所有场景,因此标准委员会的首要关注是确保未来的系统具有能够适应各种特定方法的优点。

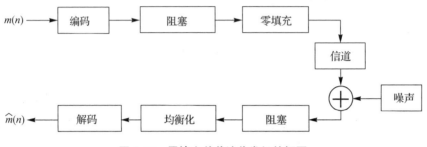

图 2.10 零填充单载波收发机的框图

2.2.4 无线通信标准

无线通信系统的创新通常会受到电磁频谱分配的刺激,以支持新的系统和新的应用。例如,联邦通信委员会在 20 世纪 80 年代中期分配了工业、科学和医疗(Industrial, Scientific and Medical, ISM)频段,允许900 MHz、2.4 GHz 和 5.7 GHz 频段的扩频和免授权开放使用,这一变化从根本上使无线局域网(WLAN)和 Wi-Fi 的广泛使用成为可能。当时,在 1~5 GHz 范围内实现无线系统所需的硬件过于昂贵。世界各地的频谱管理机构就 ISM 频段的分配达成协议,令这个频段范围内运行的无线系统产生了非常大的市场需求。此外,半导体工艺的发展为低功耗无线模块的低成本批量生产提供了可能。如果没有这两个行业的发展,今天大家所熟悉的无线网络可能会有很大的不同。

自 20 世纪 80 年代以来,无线通信系统几乎完全被设计为在 800 MHz 和 5.8 GHz 之间工作,而实现无线系统所需的技术已经有了显著的进步。因此,在过去的十年中,传统的无线网络模式已经逐渐向 60 GHz 频段及以上的宽带系统转变[23-25]。多个 60 GHz 收发模块(由工业和专门的研究机构共同开发)所展示的性能已被证明符合 IEEE 802.11ad 标准,这是 IEEE 发布的第一个与 60 GHz 频段相关的无线标准[24,25]。目前看来,市场上 60 GHz 频段的产品很可能会出现激增,类似于 21 世纪初 1~5 GHz 频段的 Wi-Fi 设备和蜂窝网络的迅速普及。在不久的将来,晶体管栅极长度的不断缩减很有可能会推动亚太赫兹无线系统的廉价实现。

世界各地的通信标准当局已经同意免授权开放使用 60 GHz 频段的无线个人区域网络,其中一些分配如图 2.11 所示。

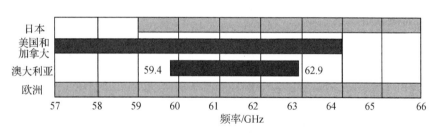

图 2.11　全球范围内部分通信机构在 60 GHz 频段的频谱分配

　　考虑到目前已实施的第四代(4G)移动系统为用户提供的带宽约为 50 Mb/s,以及具备互联网功能的智能手机得到普及,运营商正在推动亚太赫兹频谱的使用成为现实是有前景的。就无线标准和频谱分配协议达成一致是实现上述目标的必由之路。

2.2.5　毫米波蜂窝网络

　　典型的移动网络由一系列按地理位置排列的基站组成。基站的定位是为了最大限度地覆盖和提高服务质量。毫米波蜂窝网络提供了许多潜在的好处,但是它们的成功部署确实较为困难。为了实现这些系统的真正潜力,应该充分了解这些网络的可行性,以便系统设计者能够应对相关的挑战。例如,可以通过在发射链和接收链设置波束形成网络来应对毫米波无线电系统中常见的高全向路径损耗。虽然这样可以显著减少路径损耗,但波束形成系统仍然容易受到屏蔽效应的影响,导致信道质量不一致[26,27]。

　　传统上,通信系统中的毫米波技术主要用于卫星通信和蜂窝系统[28-30]。如今,60 GHz 频段被用于无线网络和个人区域网络中的高数据速率应用[3,22]。这些网络的通信距离通常很短,但是数据速率能够达到 1 Gb/s 以上[25]。毫米波频段非视距移动通信的发展是合乎逻辑的下一步,但是毫米波系统是否可行一直是有争议的。尽管毫米波频段具有大带宽,但与当前的蜂窝频带相比,毫米波频段信号传播特性要差得多。

　　毫米波移动系统的两个趋势引发了对此类系统可行性的重新思考[26]。首先是在 RF CMOS技术和数字信号处理能力方面取得的进步,这些技术为系统提供了适合商业领域移动设备的毫米波小型、低成本集成电路,极大地促进了毫米波系统的发展。功率放大器和阵列组合技术已经取得了重大进展,由于波长很短,大型天线阵列可以在不到 2 cm² 的面积内被制造出来。这使得可以在一个设备中放置多个阵列,从而提供路径多样性。

　　其次,蜂窝网络近年来正朝着小型化发展,支持所谓的毫微微蜂巢式基站(femtocell)和微微蜂巢式基站(picocell)网络,这些网络是新兴无线标准的组成部分[31-34]。在许多人口密集的城市地区,基站的半径通常为 100 m 或更小,处于毫米波信号的范围内。在缺乏新分配频谱的情况下,增加现有基站的容量(按每个基站的用户数量计算)是必要的,但是由于安装和推广成本,这可能是一个成本很高的事情。常见的(相当保守的)估计是,回程基础设施约占蜂窝网络运营成本的 30%～50%[35]。在高密度地区,毫米波系统由于其宽频带可能有助于降低成本,这为增加基站容量提供了一种有效的替代方法。

2.2.6 无线通信算法

1）多输入多输出

多入多出（Multiple Input，Multiple Output，MIMO）天线系统已经成为提高数据传输速率和增加通信系统容量的默认解决方案之一。图 2.12 为一个通用的 MIMO 配置。

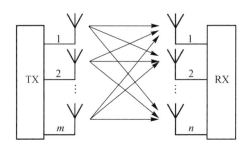

图 2.12 通用 MIMO 系统框图

多天线系统的巨大潜力使得其在许多应用领域有了对应的实现方案，包括未来蜂窝网络中的无线宽带链路、短程 WLAN 和本地数据业务覆盖[14]。多天线系统需要的一个关键属性是提供高效可靠的信道状态信息（Channel State Information，CSI）的能力，这主要是因为它对在 MIMO 系统中操作多个天线所产生的容量增益的能力有显著影响。与单天线系统相比，为了产生有用的 CSI 而必须估计的参数数量使 MIMO 信道中的处理过程复杂化。由于所需的数据速率通常比传统的无线链路高得多，因此这种复杂性更加显著。

相关研究已经报道了具有和不具有可靠 CSI 的 MIMO 系统的性能限制[36,37]，并且有许多工作尝试将这些基本限制与 CSI 估计算法的参数联系起来[38,39]。导致 MIMO 系统性能下降的因素包括反馈延迟、信道相关性和低效功率分配。除了 CSI 的实际可用性和可靠性之外，在高数据速率的应用中还需要快速、频繁地执行校正。

在扩展 MIMO 概念的基础上，近年来涌现了一些关于大规模 MIMO 系统的建议[40-42]。典型的 MIMO 配置最多使用 10 个天线，这可以适度地提高频谱效率。大规模 MIMO 是进一步提高频谱效率的一个大胆尝试，其目标是通过增加天线数量（大约 100 个，甚至更多）来实现这一目标。将 MIMO 的天线数量扩展到 $N_t \rightarrow \infty$ 范围（N_t 表示天线的总数）可以得到一些渐近的参数，削减不相关噪声的不利影响，吞吐量与基站大小无关，频谱效率与带宽无关，并且每比特所需的传输能量趋于零[43]。

与在现有系统和频段中应用的类似扩展（就 N_t 而言）相比，使用大量毫米波天线的系统将占用更大的空间。此外，可用带宽的增加也有利于多天线系统。当基站半径在 50～200 m 之间时，由雨云对电磁波的吸收和植物衰减作用所导致的高路径损耗就没有那么严重

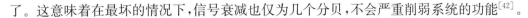

了。这意味着在最坏的情况下,信号衰减也仅为几个分贝,不会严重削弱系统的功能[42]。

2)协同通信

现代无线电系统具有高效的功率、时间和带宽管理能力,能够以更高的效率共享频谱。多种协同算法可以单独使用,也可以择优使用,使每个器件都能最大化自己的性能[14]。另外,器件(或终端)之间的协同可以看作实现系统多样性的另一种方法。协同通信包括协同编码、协同信号处理算法、转发以及中继等技术[44,45]。与独立和竞争的方法相比,协同方法有可能带来更高的性能提升。阻碍协同技术实现的一个不利因素是高成本,因为终端用户可能不愿意为了获得额外的性能而承担更大的初始成本。

3)动态频谱接入

自无线通信出现以来,频谱共享一直是有效监管的关键部分,通过更紧密的信道和更高效的频率复用来实现。诸如 WLAN 和下一代通信等不断发展的技术通常局限于最大几十兆赫左右的连续信道分配。这些技术不能灵活地动态选择频谱,而认知无线电却能实现动态频谱接入。认知无线电识别可用的系统,并相应地调整其工作频率、协议和波形,以有效地访问对应的系统。这也许是对认知无线电最简单形式的一种描述,但要有效地实现这样的无线通信并不容易。理论上,认知无线电旨在进一步扩展软件无线电(Software Defined Radio,SDR)框架,使其包括基于模型的推理和其他知识领域以及协商。知识和推理包括无线系统的各个方面,如协议、传播模型和典型的频谱分配。协商是指业内同行就频谱、波形和条款达成的协议,目标是生成支持认知无线电的标准。

2.3 毫米波雷达

雷达的概念是在第二次世界大战前被提出的,但直到战争爆发时才得到真正的发展,因为当时人们迫切需要在视距外探测敌机。此后的雷达系统变得异常复杂,这种变化很大程度上可以归因于国防项目的预算规模。2014 年全球国防支出 17 756 亿美元,具体的占比见图 2.13。

图 2.13 包含了所有与国防相关的支出,包括各类国防系统和相关人员的培训、制造、研究和部署,其中有相当一部分预算被分配给了雷达和电子战(Electronic Warfare,EW)。电子战市场最近的一项趋势分析预测,全球电子战相关系统的开支在未来十年将增至 187 亿美元以上[46]。

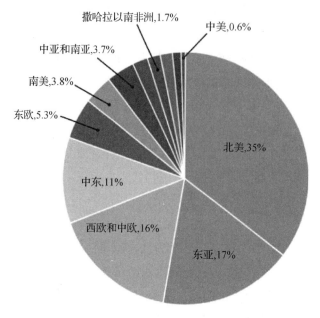

图 2.13　2014 年全球军费支出细目（数据由斯德哥尔摩国际和平研究所提供）

电子战和雷达的快速与持续增长很大程度上是因为技术可用性和普及性。例如,遥控简易爆炸装置对全球人民的生命构成了重大威胁,因此各国政府继续投资于限制这些设备发挥作用的系统。

需要指出的是,雷达在电子战领域通常被视为是独立的,但电子战技术中有很大一部分与雷达直接相关。本章其余部分不讨论电子战和毫米波技术在电子战系统中的相关性,而是将重点放在雷达上。感兴趣的读者可以参考一些经典的电子战相关文献[47-50]。

现代雷达系统由精密的传感器和计算机系统组成,能够在杂波和干扰信号等不利影响下对目标进行跟踪、识别和分类,自二战以来,由初级探测功能开始,雷达系统已经得到了巨大的发展。

在过去几十年汽车和航空工业的发展表明雷达技术在民用领域也极具价值,这也是本书讨论的重点。毫米波雷达的发展最初集中在军事应用上,在 20 世纪 70 年代,系统和组件的成本意味着探索民用应用是不可行的。几项重要的技术推动了毫米波系统的实现,包括截止频率超过 100 GHz 的晶体管、平面化电路的自动装配、可靠且低成本的毫米波单片集成电路和多层多功能电路[51]。

某车载系统采用 77 GHz 雷达作为导航传感器实现了自主导航功能,其中扩展的卡尔曼滤波器将距离/角度测量与车辆控制系统进行了优化组合[52]。该系统的改进版本能够通过反射极化来识别环境中的自然特征[53]。合成孔径雷达(Synthetic Aperture Rader,SAR)已经被用于飞机着陆辅助系统[54]。所谓的综合视觉系统由 35 GHz 扫描雷达、平视抬头显

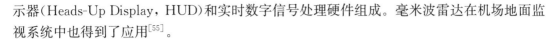

示器(Heads-Up Display，HUD)和实时数字信号处理硬件组成。毫米波雷达在机场地面监视系统中也得到了应用[55]。

2.3.1　雷达原理

雷达系统是各类电子和数字子系统的集合,它将调制后的射频信号发射到特定的空域,用于探测相关的目标[56-58]。图 2.14 为基本的雷达系统框图。

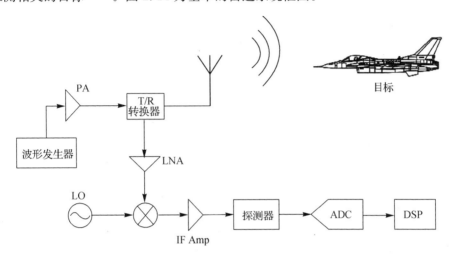

图 2.14　雷达系统框图

虽然每种雷达的细节和功能各不相同,但不同类型的雷达之间,发射机、天线、接收机和信号处理器都是通用的。雷达发射机的任务是调制脉冲信号或连续波信号(这定义了两类不同的雷达),并将其进行放大,然后通过天线将信号发射到指定区域。雷达信号能够被区域中的大多数障碍物(通常称为散射体)反射,而天线可以轻易地接收部分反射能量。

如图 2.14 所示,该雷达使用单一天线,因此需要使用 T/R 开关在发射和接收模式之间切换,在相关应用中使用单独的天线进行发射和接收操作非常普遍。接收到的信号经过目标和环境的特性调制后,被混入中频(IF)并通过检波器,检波器去除载波信号并令信号传递到信号处理器。并非所有的雷达都采用数字信号处理,但数字信号处理在现代系统中是很普遍的,信号处理器负责完成这一系列任务,其中的一些内容将在本节的后面讨论。

雷达理论中雷达距离方程是基础,它量化了从目标接收到的功率。目标被雷达天线的信号照射,入射波会向几个方向散射,但普遍认为一定会有一部分能量被反射回雷达天线的覆盖区域。雷达照射信号会使目标表面产生时变电流,这成了电磁波的来源。一部分反射信号将沿着雷达的方向返回[57]。从目标反射的实际功率是入射信号所含功率和目标的雷达散射截面(Radar Cross-Section，RCS,单位为 m^2 或 dBsm)的函数。下面的表达式可以用来确定目标的反射功率(用 P_{REFL} 表示):

$$P_{\text{REFL}} = \frac{G_{\text{T}} P_{\text{T}}}{4\pi R^2} \sigma = S_{\text{avg,i}} \sigma \text{ W} \tag{2-24}$$

注意,该方程与式(2-15)相似,只是增加了 RCS(用 σ 表示)。此外,入射功率密度和反射功率密度通过下标的变化加以区分:$S_{\text{avg,r}}$ 和 $S_{\text{avg,i}}$ 分别表示反射值和入射值。

重新排列式(2-24)以表示反射回雷达的功率密度

$$S_{\text{avg,r}} = \frac{P_{\text{REFL}}}{4\pi R^2} \text{ W} \tag{2-25}$$

用式(2-24)代替 P_{REFL} 以得到接收功率密度的表达式

$$S_{\text{avg,r}} = \frac{G_{\text{T}} P_{\text{T}} \sigma}{(4\pi)^2 R^4} \text{ W} \tag{2-26}$$

式(2-26)中分母的距离项被提高到四次方,这是因为雷达天线和目标之间的双向传播路径(单向传播会使功率以 $1/R^2$ 进行衰减)。考虑到目标范围加倍会使接收功率密度降低 12 dB[57],这是一个显著的衰减。雷达天线实际截获的反射功率大小取决于天线的孔径。考虑式(2-18)中的天线孔径,得到

$$P_{\text{R}} = A_{\text{e}} S_{\text{avg,r}} = \frac{G_{\text{T}} P_{\text{T}} \sigma}{(4\pi)^2 R^4} \text{ W} \tag{2-27}$$

求解式(2-13)中的有效孔径并将结果代入式(2-27)中,得到接收功率的表达式为

$$P_{\text{R}} = \frac{G_{\text{R}} G_{\text{T}} P_{\text{T}} \lambda^2 \sigma}{(4\pi)^3 R^4} \text{ W} \tag{2-28}$$

上述方程被称为雷达距离方程,在大多数标准雷达资料中都以这种形式出现[56-58]。为了方便起见,式(2-28)中的变量总结如下:

- G_{R} 是接收天线的增益。
- G_{T} 是发射天线的增益。
- P_{T} 是发射功率的峰值,单位:W。
- λ 是系统波长,单位:m。
- σ 是目标 RCS 的平均值,单位:m^2。
- R 是雷达和目标之间的距离,单位:m。

式(2-28)中的增益值以线性单位提供,也可以将增益、功率和 RCS 值转换为对数值以得到接收功率的分贝值。

1) 雷达测量

现代雷达能够同时测量与目标有关的几个参数。其中包括:

- 距离,R。
- 距离变化率,$\dot{R}$。
- 方位角,θ。
- 仰角,φ。

• 极化。

图 2.15 在坐标系中展示了这些参数。

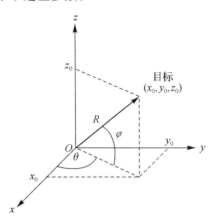

图 2.15 用于确定目标参数的坐标系

从信号离开发射机到目标回波的采样窗口,目标的范围由电磁波的往返延迟 ΔT 决定

$$R = \frac{c\Delta T}{2} \tag{2-29}$$

其中,c 表示自由空间中电磁波的传播速度,通常使用近似值 3×10^8 m/s。

雷达系统和目标之间的相对运动将使发射和接收信号之间产生频率差异。这种现象被称为多普勒效应。测量这个频率差是确定目标径向速度的第一步。测量脉冲雷达多普勒频移的一种常用方法是对接收到的信号在后续距离上的样本进行频谱分析。如果在某一特定范围内接收到的信号仅由一个样本组成,那频谱分析就毫无意义,因此会在特定的时间间隔内发送多个脉冲。接收机的设计是,从最小范围开始到最大范围,每个发送的脉冲对应于一组接收的样本。因此,接收到的样本集合允许信号处理器形成样本矩阵,其中第一个维度是距离,第二个维度是横向距离(cross-range)。由于同一横向距离维度中的样本都对应于相同的距离,因此在频谱分析过程中可使用横向距离维度。

对横向距离信号执行 N 点离散傅里叶变换(Discrete Fourier Transform,DFT),得到在每个距离间隔处产生的不同频域信号,该信号代表目标的多普勒频移信息。这种频移(Δf)可以使用下式转换为速度差(Δv):

$$\Delta f = f_\mathrm{C} \frac{\Delta v}{C} \tag{2-30}$$

其中,f_C 是发射机载波频率。多普勒频移是雷达中一种非常有用的测量方法,除了检测速度外,它还可以显著提高雷达在杂波环境中的检测能力。多普勒频移也被用于识别(以及随后分类)运动目标,如直升机、坦克和飞机。

与本节中的其他参数一样,全面的雷达角度测量需要更多的篇幅来描述,本书讨论的是基本概念。目标的角位置由方位角和仰角(分别为 θ 和 φ)组成,它们都由雷达天线的指向角决定。这两个角度都是根据校准的参考点进行测量的。由于两个维度中的波束宽度都不是无限小的,因此可以认定这是一种相当不准确的确定目标角度的方法。此外,雷达的覆盖范围(或搜索量)有限,尽管搜索雷达和跟踪雷达之间存在区别,两者都需要不同的天线参数。因此,多年来大量的角测量技术得到了发展。最常见的被称为单脉冲测角(在现代雷达中用于确定目标角度)[59]。

单脉冲测角使用了额外的天线,并提供了角度测量,其精度远远高于单天线波束。一种流行的实现是相位比较模式,如图 2.16 所示。

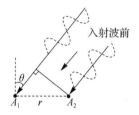

图 2.16 比相单脉冲

如前文所述,单脉冲系统使用两个天线,它们各自的相位中心分别用图 2.16 中的 A_1 和 A_2 表示。相位比较系统中的角度测量主要基于到达两个相位中心的信号之间的相对相位差。这个差异是由入射波前与天线视轴间的角度偏移造成的。换言之,垂直于系统视轴的波前将同时到达(因此具有相同的相位角)。单脉冲系统的框图如图 2.17 所示。

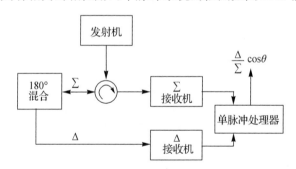

图 2.17 单脉冲雷达系统框图

需要注意的是,图 2.17 中只包含了一个维度,如果系统需要确定方位角和仰角平面的角度误差,则需要一个额外的接收通道。为了确定入射信号的角度误差,单脉冲雷达使用额外的接收通道。这两个通道专用于求和(Σ)和求差(Δ)信号,它们来自 $180°$ 混合耦合器的输出端口。角度误差由单脉冲比得到

$$r = \frac{\sum}{\Delta} \cos\theta \qquad\qquad (2-31)$$

除了提供高度可靠的单脉冲角度测量外,单脉冲雷达还具有极强的抗干扰能力,这也是该技术取代传统角度估计技术的主要原因[59-62]。

最后讨论的雷达测量参数是极化。极化与雷达天线接收和发射的电磁波的向量特性相互关联。由于现实世界中大多数目标的几何结构都相当复杂,目标大多由多个散射单元组成,RCS 随系统波长和精确视角的变化而变化。从复杂目标表面反射的电磁信号的极化信息会发生变化,这种极化变化可以用来确定目标的某些几何特性。此外,该信息可用于区分目标回波信号和杂波信号(如降雨信号),甚至可用于识别各种感兴趣的目标[57,63-65]。

最完整的极化测量是获得特定目标的极化散射矩阵的过程,该矩阵描述为

$$\overline{S} = \begin{bmatrix} \sqrt{\sigma_{11}}\ e^{j\varphi_{11}} & \sqrt{\sigma_{12}}\ e^{j\varphi_{12}} \\ \sqrt{\sigma_{21}}\ e^{j\varphi_{21}} & \sqrt{\sigma_{22}}\ e^{j\varphi_{22}} \end{bmatrix} \qquad\qquad (2-32)$$

如(2-32)式所示,每一项均由振幅和相位角组成。此外,极化 1 和极化 2 是正交的,这意味着当极化 1 为左旋圆极化时,极化 2 始终为右旋圆极化,以此类推。完成极化测量需要雷达在极化灵敏发射机的基础上,配备一个双极化接收机(其中两个通道是正交的)。测量从发射一个已知极化的波开始,随后反射信号被接收机捕获。接收机测量两个正交通道中信号的振幅和相对相位。此后,发射机发射出极化方向与原始波正交的波(例如原始波是水平极化的,则该波是垂直极化的),接收机进行同样的测量。理想情况下,两束发射波应该同时被脉冲输出,但这需要一个更复杂的结构,一般的方法是使用两个具有不同极化的密集脉冲。因此,每个脉冲的宽度和系统切换发射极化所需的时间成了限制因素。

2) 雷达功能

无论针对不同的应用和环境的雷达系统存在多大的区别,所有的雷达功能都可以大致分为三类:搜索、跟踪和成像。几乎所有的雷达都具备搜索功能,但跟踪和成像功能仅限于更专业的系统。搜索雷达的任务是通过改变天线视轴的固定方向来连续扫描大片目标空域。机械控制的天线将旋转通过多个波束位置,而相控阵将以电子方式切换波束位置。相控阵可以实现更快(通常更精确)的波束循环,但其扫描角度被限制在大约 60°[66,67]。因此,现代雷达通常采用折中的方法,机械转向装置与相控阵天线结合来扩大角度覆盖范围。然而,这给系统增加了很大的复杂性。通常情况下,搜索雷达会向第二雷达(通常是跟踪雷达)提供基本信息。通常情况下,搜索雷达的任务是缩小搜索范围内的目标区域,并将这些数据转发给跟踪雷达,然后跟踪雷达将继续跟踪优先目标。

跟踪过程从搜索雷达传递的信息开始,这些信息包括目标的位置、仰角和方位角平面上的相对角度以及径向速度等。然后,跟踪雷达继续锁定目标随时间的状态变化,并且经常将多个测量值结合起来以改进状态估计。该场景如图 2.18 所示。

图 2.18 表明,一旦雷达确定了目标被锁定,就会执行新的状态测量,以确定雷达下一步

应该"观察"的地方。从根本上说,跟踪意味着目标状态的测量精度要高于雷达本身的分辨率,这可以通过多种方式来实现。例如,前面讨论的单脉冲技术可用于获得比单个天线的波束宽度分辨率高得多的角误差信号。噪声和干扰对状态测量的影响促进了轨迹滤波算法的发展,使系统能够获得更可靠的轨迹数据。更先进的系统使用多种卡尔曼滤波器作为其跟踪算法的一部分。

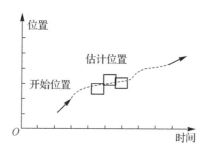

图 2.18　跟踪雷达的概念功能(虚线表示离散的测量间隔)

　　这里要讨论的雷达的最后一个主要功能是成像。在雷达术语中,成像是一个通用术语,可指用于收集场景或离散目标详细信息的多种方法之一[56-58]。生成场景的雷达图像的过程包括两个步骤:以高分辨率创建目标场景的距离轮廓和重复测量横向距离(或角度)维度。在合成孔径雷达(SAR)中,对于更复杂的系统,地形的二维图像的分辨率能够从 100 m 一直降到 1 m(图 2.19)。

图 2.19　特内里费岛泰德火山的合成孔径雷达图像(图片由美国国家航空航天局提供[83])

3)雷达分辨率

雷达分辨率通常由每个雷达测量单独定义:距离、速度和角度。虽然上述测量的质量是以其精度和准确度来表示的,但分辨率是指特定场景下雷达性能的上限。距离分辨率定义为雷达分辨两个目标所需的最小空间间隔,它主要取决于雷达波形所占用的带宽(用 B 表

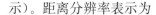

示）。距离分辨率表示为

$$\Delta R = \frac{c}{2B} \qquad (2-33)$$

角度分辨率由天线的规格决定,尤其是波束宽度(就设计符合的任何波束宽度规格而言)。在多普勒频谱中,分辨率稍微有点复杂。上文中提到,雷达经常使用多个发射脉冲来测量多普勒频移。多普勒域的理论分辨率不仅取决于发射波形中使用的脉冲数(用 K 表示),而且还取决于这些脉冲的时间间隔,称为脉冲重复间隔,用 PRI(Pulse Repetition Interval)表示。这是因为多普勒频谱在其上下边界都受限于带宽 1/PRI,称为脉冲重复频率(Pulse Repetition Frequency,PRF)。

众所周知,对离散信号进行采样的过程将导致产生的频谱以等于采样频率的间隔重复出现[68]。多普勒频谱作为一个连续的实体,它由发射波形中的每个脉冲采样(因此,采样率等于 PRF)。与时域情况类似,对多普勒频谱进行采样也会导致时域信号以等于 PRI 的间隔重复出现[57,68]。雷达可以可靠地测量位于该频谱范围内的多普勒频移信号,而位于该频谱范围之外的任何多普勒频移都将混叠为一个较低的频率。因此,如果 PRF 代表频谱覆盖范围,采样点为单个脉冲,则脉冲雷达的多普勒分辨率可表示为

$$\Delta f_{\mathrm{d}} = \frac{PRF}{K} \qquad (2-34)$$

2.3.2　汽车雷达

近年来,基于毫米波雷达传感器的驾驶辅助系统市场增长迅速。在过去三十年中推出的新一代汽车都承诺要提高驾驶安全性,实现方便的驾驶体验。驾驶辅助系统的功能是使驾驶员从复杂场景中的瞬间决策和基本驾驶等单调任务中解脱出来[69]。驾驶辅助系统可以分为四类:主动舒适型(如自适应巡航控制)、被动舒适型(如停车辅助)、主动安全型(如自动制动)和被动安全型(如安全气囊)。被动系统只对某些场景做出反应,不能影响车辆的运动,而主动系统的确可以影响车辆动力学,如制动和加速。为了实现这些概念并将其应用到实际系统中,需要使用一系列不同的雷达传感器来使车辆感知其周围的环境。

1)频率分配

雷达系统可以测量径向距离、速度和角度,是驾驶辅助系统中的关键部件。雷达在恶劣的天气条件和较差的照明条件下通常相当可靠,这使它们对于这些系统来说更具吸引力。使用毫米波雷达技术的系统最早出现在 20 世纪 70 年代[69]。国际电信联盟在 1979 年世界无线电管理会议上决定支持 40 GHz 以上毫米波波段的传感器应用,这是关键驱动因素之一[70]。

来自地面、建筑物、相邻车辆和护栏的杂波构成了汽车雷达传感器捕获的大部分回波信号。虽然复杂的信号处理有助于减少杂波的影响,或将目标与杂波分离,但使用更高的频率也是有益的。天线在毫米波波段产生极窄波束的能力可以对背景杂波进行有效的空间滤波,大大提高雷达的角度分辨能力。此外,由于汽车雷达的工作距离很短,工作在毫米波波

段可能会带来最佳的性能。

用于汽车雷达的两个频段主要集中在 77 GHz 和 24 GHz。相关人员已经研究了上述频段以外的频率范围,即低于 10 GHz 和高于 100 GHz,但实际意义并不大。77 GHz 频段为实现高性能传感器提供了更大的可能性,但从工程角度来看,它在系统设计中面临更大的困难。尽管如此,仍有几个因素促使人们继续使用这个频段。雷达传感器的尺寸由天线孔径决定。当雷达工作在 77 GHz 时,可以使用小尺寸的天线来实现非常窄的波束宽度。在利用瑞利准则来确定角度分辨率时,对于相同的天线孔径,在 77 GHz 时可以获得 5.4°的分辨率,而在 24 GHz 时仅能获得 17.5°的分辨率[69]。传感器尺寸的减小有助于集成,因为它允许设计应对更大的尺寸和重量限制。在过去的二十年中,制造技术的显著改进使得 24 GHz 和 77 GHz 系统的制造成本相对接近。

提高距离分辨率需要更大的带宽波形,就带宽百分比而言,77 GHz 系统是更好的选择。此外,排放法规不允许在 24 GHz 下的大功率(大于 −40 dBm)、高带宽(大于 250～300 MHz)辐射,而这种组合在 77 GHz 时不受限制。对于工作在 77 GHz 频段的传感器而言,唯一关注的是保险杠后的集成技术,具有高介电常数的金属漆可能会在天线罩上引起显著的反射。Pfeiffer 和 Biebl 提出了使用感应带的窄带解决方案,并证明了该技术的有效性[71]。

梅赛德斯-奔驰是第一家推出基于雷达的自动巡航控制(Autonomous Cruise Control, ACC)的汽车制造商(在 1999 年)[72]。此后,77 GHz 雷达传感器被广泛用于防碰撞和碰撞预感知系统。新一代传感器致力于提高视场、距离和角度分辨率,以及最短和最长工作距离。尽管如此,除了技术上的进步,频率分配将继续在毫米波雷达的发展中发挥关键作用。现在面临的困境是各国通常有自己的频谱使用条例,且在极少数情况下,分配方案会与邻国相冲突。在毫米波频段,主要的两种分配方案是 76～77 GHz 和 77～81 GHz 频段,后者已经取代了欧洲 24 GHz 频段的超宽带汽车雷达[69]。此外,76～77 GHz 频带允许更高的最大发射机功率水平[55 dBm EIRP(Effective Isotropically Radiated Power,等效全向辐射功率)],而 77～81 GHz 频带则提供了更高的带宽和更低的允许功率水平[73]。

上述 77～81 GHz 频段的最大允许功率谱密度为 −3 dBm/MHz,峰值限制为 55 dBm EIRP[73]。此外,车辆外部的平均功率密度被限制在 −9 dBm/MHz,这是由安装在喷漆保险杠后面的传感器而导致的衰减。在美国,排放限制根据车辆的参数而有所不同,但预计这些法规很快将调整为与欧洲类似的数值。

2)汽车雷达系统的分类

汽车雷达主要有三大类,其区别在于测量目标参数的距离:

• 接近车辆的短程雷达感应,如停车辅助和障碍物探测系统。

• 中等距离和中等速度的中程雷达感应,如会车报警系统。

• 较远距离的远程雷达感应,在前视方向需要较窄的天线波束,如 ACC 系统。

如前文所述,分辨率是雷达分辨目标能力的一个指标,无论是在距离、角度还是多普勒频移(径向速度)方面。在可达到的分辨率之上,测量精度仍存在一定程度的不确定性,这通常比分辨率本身小得多。在汽车雷达系统的设计中,一个关键挑战是分辨 RCS 值相差很大的近距离目标(如公共汽车和摩托车),这些目标可能相对于雷达具有相同的距离和移动速度。这种分辨可以通过设计一个在任何测量参数下都具有高动态范围和小分辨率的系统来实现。

2.3.3　军用雷达

雷达最初是为军事用途而研制的,这使得现代战斗车辆和固定平台上出现了大量各种类型的雷达系统。多用途雷达在更复杂的系统中非常常见,例如搜索和跟踪雷达,在单一平台上能够同时保持对多个目标的跟踪[74]。战斗机通常装备有所谓的综合防御系统,在一系列自我保护干扰系统的基础上集成多种雷达功能。相比之下,陆地车辆(特别是在战斗环境中工作的车辆)中用于各种任务的毫米波传感器的增长非常有限[75]。一个示例系统集成了主动防护(Active Protection,AP)雷达、针对地面和空中目标的监视雷达、高数据速率的自组网通信系统和敌我识别单元[75]。

首先,AP 雷达系统具有三个功能:利用光学传感器探测反坦克武器的发射闪光,跟踪威胁弹并发射拦截弹摧毁来袭导弹。最常见的反坦克武器是手持发射的火箭推进榴弹(RPG),还有从主战坦克发射的动能弹等。除了增加战斗车辆的外部装甲厚度外,几乎没有对抗这类武器的对策。由于外部装甲过于昂贵且会影响车辆机动性,装甲不能无限地增厚。此外,装甲也不可能覆盖车辆的每个区域。坦克履带就是一个典型的例子,它是车辆外部最薄弱的地方之一,是肩扛式 RPG 的主要目标。毫米波波段所需的小孔径意味着在这些频率下运行 AP 系统是有利的。

其次,监视雷达是大多数防御平台的主要组成部分,因为它们提供了超视界的详细周边环境图像。如上文所述,这些雷达经常向二级系统提供信息,可能需要额外的雷达覆盖范围来探测垂直入射的导弹(例如由 FGM-148 标枪单兵便携式反坦克导弹)。

再次,利用毫米波通信网络提供更高的带宽和数据速率,可能是取代传统无线硬件(几乎只在 2 GHz 以下运行)的重要一步。高分辨率图像和类似的大文件需要在尽可能短的时间内转发到多个移动平台,而传统系统中可用的数据速率非常有限,无法满足这一要求。

最后,敌我识别功能最初是为了减少友军火力误伤而设置的。在开火开始之前,编码信号在友军车辆之间交换,充当友军单位之间的握手机制。至关重要的是,识别系统必须对干扰信号具有极强的抵抗力,因为敌方车辆可以通过模仿来自友方车辆的编码信号来躲避火力打击。

2.4　成像

交通繁忙的公共场所如火车站、机场等的安全面临不断出现的新威胁,因此需要新技术来确保公众安全。诸如检查手提行李的 X 射线成像和机场金属探测器等技术已经使用了一段时间,效果显著;然而,为了提高这些系统的有效性,还需要解决一些不足之处[76,77]。例如,金属探测器实际上只能探测金属物体,其探测到的概率往往取决于无法通过系统设计直接控制的因素。另一个缺点是,金属探测器无法区分日常行李中的有害物品和无害物品,如眼镜、皮带扣等。

新开发的高分辨率成像系统是解决这一问题的方法之一。尽管 X 射线成像系统已被证明是非常有效的,但人们对这类系统的接受程度和广泛应用可能会因其对健康的不良影响而放缓。与 X 射线不同的是,毫米波是非电离的,即使在中等功率水平下工作也不会对健康造成威胁。毫米波成像系统能够穿透衣服和其他遮蔽材料,并且已经被证明能够获得极高分辨率的图像。传感器技术在改善成像系统方面发挥了很大的作用,针对毫米波应用新开发的传感器能够以非常高的数据速率生成图像[78]。

2.4.1 毫米波辐射测量

在毫米波领域,环境中的物体往往会反射和辐射,类似于在可见光和红外(IR)领域的情况。辐射率是一个与极化相关的量,用来量化反射或辐射发生的程度,在成像系统中,这通常用 ε 表示[78]。辐射率等于 1 的辐射体被认为是完美的辐射体,通常被称为黑体。相反地,完美的反射体的辐射率等于 0。表面粗糙度、被观察物体的角度以及构成材料的介电特性是决定辐射率的主要因素。物体的辐射温度(通常称为表面亮度温度)可以表示为

$$T_S = \varepsilon T_0 \tag{2-35}$$

式中,T_0 为物体的热力学温度,该值对于被观察的物体是唯一的。辐射率是一个重要的量,它在场景图像的生成中起到至关重要的作用,因为不同物体的辐射功率会因其辐射率的不同而存在差异。然而,如果辐射率是形成场景图像的唯一影响因素,那么实际过程将涉及整个场景测量到的 T_S 值。方程的第二部分在于场景照明的方法。例如,高反射金属板可能有 $\varepsilon = 0$,从而具有 $T_S = 0$,但是高反射率将使该板的表面亮度温度优先等于被该板反射的照明光线的表面亮度温度。因此,我们可以定义一个表面散射辐射温度 T_{SC} 来捕捉这种效应,它由下式给出:

$$T_{SC} = \rho T_{\text{ILLUMINATOR}} \tag{2-36}$$

式中,ρ 表示被照物体的反射率,式(2-37)右侧的第二项表示照明器的辐射温度。可以添加量 T_S 和 T_{SC} 以得到有效辐射温度,有

$$T_E = T_S + T_{SC} = \varepsilon T_0 + \rho T_{\text{ILLUMINATOR}} \tag{2-37}$$

在室外场景中,来自天空的下行辐射是主要的辐射源。当为探测热辐射而设计的辐射计对准天顶时,它将探测来自深空的残余辐射以及大气的下行辐射。这使得在 94 GHz 下产生 60 K 左右的亮度温度[78]。因此,一个 $\rho = 0$ 和 $\varepsilon = 0$ 的金属物体将具有 $T_E \approx 60$ K,使得它在热图像中看起来非常冷。但需要注意的是,这个场景被极大地简化了,没有考虑到影响成像过程的许多因素。因此,可以通过测量 T_E 作为捕获场景周围位置的函数来形成图像,生成 2D 地图。

2.4.2　毫米波成像系统

在毫米波波段工作的成像系统已经被用于解决各种各样的问题,并增强若干明显不同的系统的功能。

1)飞机导航辅助

越来越多的毫米波成像系统被设计来辅助飞行员着陆。最近开发的一个系统使用了工作在 94 GHz 下的无源相机[79]。毫米波传感器和电路技术的进步对这种系统的实现具有很大的影响。首先是高带宽、低噪声毫米波接收机的出现极大地增强了动态范围,并因此增强了图像对比度。

所用接收机设计为在 94 GHz 下工作,带宽为 8 GHz,噪声系数为 5.5 dB。最坏情况下,每个像素的积分时间为 2 ms,对应的温度分辨率为 0.3 K,可与商用的红外相机相媲美。影响实时图像采集的第二个技术进步是焦平面阵列接收机。利用一维或二维配置的焦平面阵列,图像显示频率可以达到 30 Hz。相对于需要对场景区域进行机械扫描才能形成完整图像的单接收机系统,这是一个巨大的进步。最后,新的增强型信号处理算法在提高场景的光学分辨率方面发挥了重要作用,它减少了与无源传感器相关联所需的光学尺寸。

在低空飞行的飞机(如搜救直升机和小型客机)上实现的系统利用有源毫米波传感器来检测电力线[80]。高压输电线及其配套的配电塔给直升机带来了极其危险的飞行环境。即使在能见度很高的情况下,电线也几乎看不见,而在恶劣的天气条件下,从驾驶舱看电线的情况会进一步恶化。

毫米波成像技术也被用于合成视觉系统,作为另一种辅助飞行方法[54,81]。这种系统一般由扫描式毫米波雷达传感器、信号处理硬件和平视显示器组成。信号处理链的目的在于增强捕获的雷达图像,并提供对图像的自动分析。这样,除了探测跑道障碍物和收集其他地形数据外,系统还可以对一台或多台机载计算机提供的飞行数据进行实时完整性检查。

2)机场安检

由于需要大物理尺寸的传感器孔径,30 GHz 以下的电磁频谱在成像系统中的应用受到了限制。在 30 GHz 以上,一些系统已经被证明能够成像场景中的对比度。在安全应用中,成像场景相对较小的物理尺寸以及穿透许多遮蔽材料的能力,使得毫米波成像在这些场景中特别有用。一些针对安全的系统已经被开发出来了,如违禁品和隐藏武器探测系统[76,77,82]。

2.5　结束语

本章介绍了几个正在蓬勃发展的重要毫米波无线系统。虽然这并不是作为我们所讨论的毫米波系统的重点,但它为感兴趣的读者提供了一个良好的着眼点,以便进一步探索无线系统的密集频谱。本章重点介绍了几本重要的文献,让读者了解毫米波系统过去十几年的发展背景，以期描绘出这些系统未来的发展前景。我们强烈鼓励读者阅读本章所讨论概念的基础书籍，尽管本章提供的信息对于后面的章节来说已经足够了。

参考文献

[1] Pozar, D. M.: Microwave Engineering, 4th edn. Wiley, Hoboken (2012)

[2] Wu, K., Cheng, Y. J., Djerafi, T., Hong, W.: Substrate-integrated millimeter-wave and terahertz antenna technology. Proc. IEEE 100(7), 2219-2232 (2012)

[3] Gutierrez, F., Agarwal, S., Parrish, K., Rappaport, T. S.: On-chip integrated antenna structures in CMOS for 60 GHz WPAN systems. IEEE J. Sel. Areas Commun. 27(8), 1367-1378 (2009)

[4] Varonen, M., Kärkkäinen, M., Kantanen, M., Halonen, K. A. I.: Millimeter-wave integrated circuits in 65-nm CMOS. IEEE J. Solid-State Circuits 43(9), 1991-2002 (2008)

[5] Rebeiz, G. M.: Millimeter-wave and terahertz integrated circuit antennas. Proc. IEEE 80(11) (1992)

[6] Mallahzadeh, A., Mohammad-ali-nezhad, S.: Long slot ridged SIW leaky wave antenna design using transverse equivalent technique. IEEE Trans. Antennas Propag. 62(11), 5445-5452 (2014)

[7] Xu, F., Wu, K., Zhang, X.: Periodic leaky-wave antenna for millimeter wave applications based on substrate integrated waveguide. IEEE Trans. Antennas Propag. 58(2), 340-347 (2010)

[8] Ettorre, M., Sauleau, R., Le Coq, L.: Multi-beam multi-layer leaky-wave SIW pillbox antenna for millimeter-wave applications. IEEE Trans. Antennas Propag. 59(4), 1093-1100 (2011)

[9] Ghassemi, N., Wu, K.: Millimeter-wave integrated pyramidal horn antenna made of multilayer printed circuit board (PCB) process. IEEE Trans. Antennas Propag. 60(9), 4432- 4435 (2012)

[10] Lukic, M. V., Filipovic, D. S.: Surface-micromachined dual Ka-band cavity backed patch antenna. IEEE Trans. Antennas Propag. 55(7), 2107-2110 (2007)

[11] Lamminen, A. E. I., Säily, J., Vimpari, A. R.: 60-GHz patch antennas and arrays on LTCC with embedded-cavity substrates. IEEE Trans. Antennas Propag. 56(9), 2865-2874 (2008)

[12] Papapolymerou, L., Drayton, R. F., Katehi, L. P. B.: Micromachined patch antennas. IEEE Trans. Antennas Propag. 46(2), 275-283 (1998)

[13] Lai, Q., Fumeaux, C., Hong, W., Vahldieck, R.: 60 Ghz aperture-coupled dielectric resonator antennas fed by a half-mode substrate integrated waveguide. IEEE Trans. Antennas Propag. 58(6), 1856-1864 (2010)

[14] Raychaudhuri, B. D., Mandayam, N. B.: Frontiers of wireless and mobile communications. Proc. IEEE 100(4), 824-840 (2012)

[15] Proakis, J., Salehi, M.: Digital Communications, 4th edn. McGraw-Hill, New York City (2000)

[16] Thompson, S. C., Ahmed, A. U., Proakis, J. G., Zeidler, J. R., Geile, M. J.: Constant envelope OFDM. IEEE Trans. Commun. 56(8), 1300-1312 (2008)

[17] Ariyavisitakul, S. L., Edison, B., Benyamin-Seeyar, A., Falconer, D.: Frequency domain equalization for single-carrier broadband wireless systems. IEEE Commun. Mag. 40(4), 58- 66 (2002)

[18] Cimini, L. J.: Analysis and simulation of a digital mobile channel using orthogonal frequency division multiplexing. IEEE Trans. Commun COM-33(7) 665-675 (1985)

[19] Wang, Z., Ma, X., Giannakis, G. B.: OFDM or single-carrier block transmissions? IEEE Trans. Commun. 52(3), 380-394 (2004)

[20] Daniels, R. C., Heath, R. W.: 60 GHz wireless communications: emerging requirements and design recommendations. IEEE Veh. Technol. Mag. 2(3), 41-50 (2007)

[21] Benvenuto, N., Dinis, R., Falconer, D., Tomasin, S.: Single carrier modulation with nonlinear frequency domain equalization: an idea whose time has come-again. Proc. IEEE 98(1), 69-96 (2010)

[22] Daniels, R. C., Murdock, J. N., Rappaport, T. S., Heath, R. W.: 60 GHz wireless: up close and personal. IEEE Microw. Mag. 11(7 SUPPL.) (2010)

[23] Rappaport, T. S., Murdock, J. N., Gutierrez, F.: State of the art in 60-GHz integrated circuits and systems for wireless communications. Proc. IEEE 99(8), 1390-1436 (2011)

[24] Perahia, E., Cordeiro, C., Park, M., Yang, L. L.: IEEE 802. 11ad: defining the next generation. In: 7th IEEE Consumer Communications and Networking Conference, pp. 1-5 (2010)

[25] Baykas, T., Sum, C. S., Lan, Z., Wang, J., Rahman, M. A., Harada, H., Kato, S.: IEEE 802. 15. 3c: the first IEEE wireless standard for data rates over 1 Gb/s. IEEE Commun. Mag. 49(7), 114-121 (2011)

[26] Rangan, S., Rappaport, T. S., Erkip, E.: Millimeter-wave cellular wireless networks: potentials and challenges. Proc. IEEE 102(3), 366-385 (2014)

[27] Rappaport, T. S., Mayzus, R., Azar, Y., Wang, K., Wong, G. N., Schulz, J. K., Samimi, M., Gutierrez, F.: Millimeter wave mobile communications for 5G cellular: it will work! IEEE Access 1, 335-349 (2013)

[28] Rao, K. S., Morin, G. A., Tang, M. Q., Richard, S., Chan, K. K.: Development of a 45 GHz multiple-beam antenna for military satellite communications. IEEE Trans. Antennas Propag. 43(10), 1036-1047 (1995)

[29] Crane, R. K.: Propagation Phenomena affecting satellite communication systems operating in the centimeter and millimeter wavelength bands. Proc. IEEE 59(2) (1971)

[30] Copeland, W. O., Ashwell, J. R., Kefalas, G. P., Wiltse, J. C.: Millimeter-wave systems applications. In: 1969 G-MTT International Microwave Symposium, pp. 485-488 (1969)

[31] Ortiz, S.: The wireless industry begins to embrace femtocells. Computer (Long. Beach. Calif) 41(7), 14-17 (2008)

[32] Chandrasekhar, V., Andrews, J. G., Gatherer, A.: Femtocell networks: a survey. IEEE Commun. Mag. 46(9), 59-67 (2008)

[33] Yeh, S. Y. S., Talwar, S., Lee, S. L. S., Kim, H. K. H.: WiMAX femtocells: a perspective on network architecture, capacity, and coverage. IEEE Commun. Mag. 46(10), 58-65 (2008)

[34] Andrews, J. G., Claussen, H., Dohler, M., Rangan, S., Reed, M. C.: Femtocells: past, present, and future. IEEE J. Sel. Areas Commun. 30(3), 497-508 (2012)

[35] Claussen, H., Ho, L. T. W., Samuel, L. G.: Financial analysis of a pico-cellular home network deployment. In: IEEE International Conference on Communications, pp. 5604-5609 (2007)

[36] Lapidoth, A., Shamai, S.: Fading channels: how perfect need 'perfect side information' be? IEEE Trans. Inf. Theory 48(5), 1118-1134 (2002)

[37] Shitz, S. S., Marzetta, T. L.: Multiuser capacity in block fading with no channel state information. IEEE Trans. Inf. Theory 48(4), 938-942 (2002)

[38] Samardzija, D., Mandayam, N.: Pilot-assisted estimation of MIMO fading channel response and achievable data rates. IEEE Trans. Signal Process. 51(11), 2882-2890 (2003)

[39] Baltersee, J., Fock, G., Meyr, H.: Achievable rate of MIMO channels with data-aided channel estimation and perfect interleaving. IEEE J. Sel. Areas Commun. 19(12), 2358-2368 (2001)

[40] Gustavsson, U., Sanchez-Perez, C., Eriksson, T., Athley, F., Durisi, G., Landin, P., Hausmair, K., Fager, C., Svensson, L.: On the impact of hardware impairments on massive MIMO. In: IEEE Globecom Workshop-Massive MIMO: From Theory to Practice, pp. 294-300 (2014)

[41] Larsson, E. G., Edfors, O., Tufvesson, F., Marzetta, T. L.: Massive MIMO for next generation wireless systems. IEEE Commun. Mag. 52(2), 186-195 (2014)

[42] Swindlehurst, A. L., Ayanoglu, E., Heydari, P., Capolino, F.: Millimeter-wave massive MIMO: the next wireless revolution? IEEE Commun. Mag. 52(9), 56-62 (2014)

[43] Bai, T., Heath, R. W. J.: Asymptotic SINR for millimeter wave massive MIMO cellular networks. In: IEEE International Workshop on Signal Processing Advances in Wireless Communications (SPAWC), pp. 620-624 (2015)

[44] Bletsas, A., Shin, H., Win, M. Z.: Cooperative communications with outage-optimal opportunistic relaying. IEEE Trans. Wirel. Commun. 6(9), 3450-3460 (2007)

[45] Letaief, K., Zhang, W.: Cooperative communications for cognitive radio networks. Proc. IEEE 97(5), 878-893 (2009)

[46] Anwar, A.: Global electronic warfare market forecast: 2014-2024 (2015)

[47] Chrzanowski, E. J.: Active Radar Electronic Countermeasures. Artech House, Inc., Norwood (1990)

[48] Schleher, C. D.: Electronic Warfare in the Information Age. Artech House, Inc., Norwood (1999)

[49] De Martino, A.: Introduction to Modern EW Systems. Artech House, Inc., Norwood (2012)

[50] van Brunt, L. B.: Applied ECM. EW Engineering, Inc., Dunn Loring (1978)

[51] Menzel, W.: Millimeter-wave radar for civil applications. In: European Radar Conference (EuRAD), pp. 89-92 (2010)

[52] Clark, S., Durrant-Whyte, H. F.: Autonomous land vehicle navigation using millimeter wave radar. In: IEEE International Conference on Robotics and Automation, pp. 3697-3702 (1998)

[53] Clark, S., Dissanayake, G.: Simultaneous localisation and map building using millimeter wave radar to extract natural features. In: IEEE International Conference on Robotics and Automation, pp. 1316-1321, May 1999

[54] Sadjadi, F., Helgeson, M., Radke, J., Stein, G.: Radar synthetic vision system for adverse weather aircraft landing. IEEE Trans. Aerosp. Electron. Syst. 35(1), 2-14 (1999)

[55] Jain, A.: Applications of millimeter-wave radars to airport surface surveillance. In: 13th AIAA/IEEE Digital Avionics Systems Conference (DASC), pp. 528-533 (2000)

[56] Skolnik, M.: Radar Handbook, 3rd edn. McGraw-Hill, New York City (2008)

[57] Richards, M. A., Scheer, J. A., Holm, W. A.: Principles of Modern Radar-Basic Principles. Scitech Publishing, Edison (2010)

[58] Stimson, G. W.: Introduction to Airborne Radar, 2nd edn. Scitech Publishing, Raleigh (1998)

[59] Sherman, S. M.: Monopulse Principles and Techniques, 2nd edn. Artech House, Inc., Dedham (2011)

[60] Bullock, L. G., Oeh, G. R., Sparanga, J. J.: An analysis of wide-band microwave monopulse direction-finding techniques. IEEE Trans. Aerosp. Electron. Syst. AES-7(1), 188-203 (1971)

[61] Blair, W. D., Brandt-Pearce, M.: Monopulse DOA estimation of two unresolved Rayleigh targets. IEEE Trans. Aerosp. Electron. Syst. 37(2), 452-469 (2001)

[62] du Plessis, W. P., Odendaal, J. W., Joubert, J.: Extended analysis of retrodirective cross-eye jamming. IEEE Trans. Antennas Propag. 57(9), 2803-2806 (2009)

[63] Cloude, S. R., Papathanassiou, K. P.: Polarimetric SAR interferometry. IEEE Trans. Geosci. Remote Sens. 36(5), 1551-1565 (1998)

[64] Papathanassiou, K. P., Cloude, S. R.: Single-baseline polarimetric SAR interferometry. IEEE Trans. Geosci. Remote Sens. 39(11), 2352-2363 (2001)

[65] Durden, S. L., van Zyl, J. J., Zebker, H. A.: Modeling and observation of the radar polarization signature of forested areas. IEEE Trans. Geosci. Remote Sens. 27(3), 290-301 (1989)

[66] Balanis, C. A.: Antenna Theory: Analysis and Design, 3rd edn. Wiley, Hoboken (2005)

[67] Mailloux, R.: Phased Array Antenna Handbook, 2nd edn. Artech House, Inc., Norwood (2005)

[68] Oppenheim, A. V., Schafer, R. W.: Discrete-Time Signal Processing, 3rd edn. Prentice Hall, Upper Saddle River (2009)

[69] Hasch, J., Topak, E., Schnabel, R., Zwick, T., Weigel, R., Waldschmidt, C.: Millimeter-wave technology for automotive radar sensors in the 77 GHz frequency band. IEEE Trans. Microw. Theory Tech. 60(3), 845-860 (2012)

[70] Takehana, T., Iwamoto, H., Sakamoto, T., Nogami, T.: Millimeter-wave radars for automotive use. In: International Congress on Transportation Electronics, pp. 131-145 (1988)

[71] Pfeiffer, F., Biebl, E. M.: Inductive compensation of high-permittivity coatings on automobile long-range radar radomes. IEEE Trans. Microw. Theory Tech. 57(11), 2627-2632 (2009)

[72] Wenger, J.: Automotive radar-status and perspectives. In: IEEE Compound Semiconductor Integrated Circuit Symposium, pp. 21-24 (2005)

[73] European Telecommunications Standards Institute: Electromagnetic compatibility and Radio spectrum Matters (ERM); Electromagnetic Compatibility (EMC) Standard for Radio Equipment and Services; Part 1: Common Technical Requirements. Intellect. Prop. 1, 1-35 (2002)

[74] Reid, D. B.: An algorithm for tracking multiple targets. IEEE Trans. Autom. Control 24(6), 843-854 (1979)

[75] Wehling, J. H.: Multifunction millimeter-wave systems for armored vehicle application. IEEE Trans. Microw. Theory Tech. 53(3), 1021-1025 (2005)

[76] Kapilevich, B., Litvak, B., Shulzinger, A., Einat, M.: Portable passive millimeter-wave sensor for detecting concealed weapons and explosives hidden on a human body. IEEE Sens. J. 13 (11), 4224-4228 (2013)

[77] Xiao, Z., Hu, T., Xu, J.: Research on millimeter-wave radiometric imaging for concealed contraband detection on personnel. In: 2009 IEEE International Workshop on Imaging Systems and Techniques, pp. 136-140 (2009)

[78] Yujiri, L., Shoucri, M.: Passive millimeter-wave imaging. Microw. Mag. IEEE 4(3), 39-50 (2003)

[79] Shoucri, M., Davidheiser, R., Hauss, B., Lee, P., Mussetto, M., Young, S., Yujiri, L.: A passive millimeter wave camera for aircraft landing in low visibility conditions. IEEE Aerosp. Electron. Syst. Mag. 10(5), 37-42 (1994)

[80] Ma, Q., Goshi, D. S., Shih, Y. -C., Sun, M. -T.: An Algorithm for power line detection and warning based on a millimeter-wave radar video. IEEE Trans. Image Process. 20(12), 3534- 3543 (2011)

[81] Korn, B., Hecker, P.: Enhanced and synthetic vision: increasing pilot's situation awareness under adverse weather conditions. In: The 21st Digital Avionics Systems Conference (DASC), pp. 11C2-1-11C2-10 (2002)

[82] Sheen, D. M., McMakin, D. L., Hall, T. E.: Three-dimensional millimeter-wave imaging for concealed weapon detection. IEEE Trans. Microw. Theory Tech. 49(9), 1581-1592 (2001)

[83] Commons. wikimedia. org. (2017). File: TEIDE. JPG - Wikimedia Commons. [online] Available at: https://commons. wikimedia. org/wiki/File: TEIDE. JPG [Accessed 21 Aug. 2017].

第 3 章　毫米波功率放大器技术

近几十年,半导体技术稳步成熟,硅晶体管能够达到越来越高的单位增益频率(f_{max}),基于 CMOS 和 SiGe BiCMOS 工艺的技术也证实了这一点。更高的 f_{max} 值反过来又使得晶体管适用于在毫米波波段工作的高度复杂的集成电路。硅基信号处理和相关数字电路所体现的巨大性能提升是该类技术(尤其是 CMOS)持续发展的强大动力。此外,数字电路的性能指标(如功耗和计算速度)随着技术的发展也随之提高。硅基片上系统(System-on-Chip,SoC)解决方案的迅猛发展,使得采用相同数字 CMOS 工艺的无线集成电路(Integrated Circuit,IC)能够实现无线系统中的各类射频应用。片上系统通过降低互连和布局的复杂性削减了成本、降低了总体功耗,并通过自诊断功能和片上校准提高了鲁棒性,对于大规模集成电路是非常有利的。

3.1　硅对集成电路的重要性

现代半导体市场主要由硅主导,这种支配地位是硅材料所体现的众多应用优势的结果。高品质介电材料可相对容易地在硅上生长,用作有源层(如用于栅极氧化层)、隔离层以及各种无源应用[1]。大型单晶结构的硅几乎没有缺陷,因此大量廉价 IC 可以制备在硅单晶圆上。硅的热性质优异,散热非常容易,且机械应力特性也较强,因此对其进行处理非常容易,制造效率较高[2]。硅也适用于具有极大动态范围的 N 型或 P 型可控掺杂,范围在 $10^{14}/\text{cm}^3$ 至 $10^{22}/\text{cm}^3$ 之间[3]。此外,通过引入极低阻值的欧姆接触(金属化),可以有效地减少器件寄生参数。总之,硅在自然界的储量巨大,从制造的角度来看,上述这些特性都使硅成为一种极有应用价值的材料。

任何事情都有两面性,硅的应用中也存在一些棘手的问题。正常工作条件下,硅的载流子迁移率相对较低,饱和值约为 $1 \times 10^7 \text{ cm/s}$。众所周知,器件的速度取决于载流子的迁移率,因此硅被认为是一种"慢"半导体。Ⅲ-Ⅳ化合物半导体[例如砷化镓(GaAs)和磷酸铟(InP)]的直接带隙性质使其载流子迁移率水平明显更高。与硅的间接带隙性质(硅的光发射效率非常低)相比,化合物半导体更适用于光学器件。此外,通过化合物半导体的生长工艺,通常可以针对特定应用量身定制其成分(这通常被称为带隙工程或带结构工程)。这本身就是Ⅲ-Ⅳ器件的一项特别有利的特性,因为它可以带来不错的性能提升。

化合物半导体当然也有其自身的缺陷和困难,且其性能上的改善并不能弥补与Ⅲ-Ⅳ器件相关的短板。与硅相比,Ⅲ-Ⅳ器件的热导率较低,机械强度较低,且多是由易产生缺陷的更小尺寸晶圆生长而成。这些特性使得整体成品率较低、制造难度增加且难于集成,导致总体成本增加。

3.2 双极结型晶体管

双极结型晶体管(Bipolar Junction Transistor,BJT)和 CMOS 器件对毫米波晶体管的开发具有重要意义,本节将对双极结型晶体管进行介绍。双极结型晶体管由三个单独掺杂的区域(因此其为三端口器件)和两个 PN 结组成,每个 PN 结可在正向或反向偏置下工作[4,5]。因此,根据偏置条件的不同,双极结型晶体管可以在四种不同模式下工作,如图 3.1 所示。双极结型晶体管的多功能性大部分可以归因于偏置电压的组合变化。如图 3.2 所示为双极结型晶体管的剖面示意图。

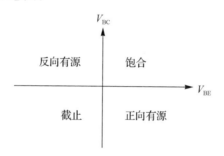

图 3.1 双极结型晶体管的工作区域与偏置电压的关系

图 3.2 可以为经典硅(Si)双极结型晶体管的制造过程提供简要参考。该工艺中使用的原料是 P 型硅衬底,然后在硅表面形成一个重掺杂的 N 型区域,通常被称为掩埋集电极。掩埋集电极的功能是在位于器件表面的集电极触点和位于有源区下面的轻掺杂集电极层之间提供低阻抗通路。使用 P 型衬底意味着由于 PN 结反向偏置,单个芯片上的多个相邻晶体管被电绝缘,然后通过外延生长形成 N 型硅的单晶层。二氧化硅化合物(SiO₂)被用在连续的双极结型晶体管之间提供横向隔离,并且通过扩散 N 型层将掩埋的集电极连接到表面。在此之后,通过 N 型掺杂形成发射极和 P 型掺杂形成基极来构成晶体管的有源区。

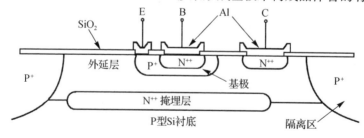

图 3.2 NPN 双极结型晶体管的剖面图

3.2.1　正向有源模式的工作原理

双极结型晶体管的典型应用是实现电流增益。一个 NPN 双极结型晶体管由一个重掺杂的 N 型材料发射极、一个 P 型基极和一个 N 型集电极构成,如图 3.3 所示(双极结型晶体管工作的一个重要方面是发射极比基极重掺杂)。相反,一个 PNP 双极结型晶体管由一个重掺杂的 P 型材料发射极、一个 N 型基极和一个 P 型集电极组成。

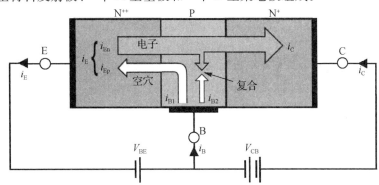

图 3.3　NPN 双极结型晶体管电路中的偏压

与 PNP 器件相比,由于电子的迁移率大于空穴的迁移率,NPN 双极结型晶体管具有更好的跨导和开关速度。与 PN 结二极管类似,少子的扩散在双极结晶体管的工作中起着重要作用,而"双极"一词也源于双极结型晶体管工作中电子和空穴的参与。

双极结型晶体管的工作取决于载流子从发射极注入基极,进而注入集电极,形成从发射极开始到集电极结束的电流的有效流动。通过向发射极-基极结(图 3.3 中的 V_{BE})引入正向偏置来实现这种载流子注入,被注入的载流子能够通过扩散过程穿过基极。与基极-发射极结相反,基极-集电极结通常处于反向偏置状态,这样会在基极-集电极结的耗尽区中产生相对较大的电场,反过来导致注入的载流子穿过耗尽区向集电极移动,从而形成集电极电流(用 J_C 表示)。上述过程通常借助于如图 3.4 所示的带隙图来分析。

基极区的总掺杂水平以及基极的宽度(用 W_B 表示)决定了器件的速度和集电极电流的大小。定义一个基区的 Gummel 数,由公式(3-1)给出

$$Q_B = \int_{x=0}^{x=W_B} p(x) \mathrm{d}x \tag{3-1}$$

特殊情况下,基极被均匀掺杂并且带隙收缩至较小的尺度,则式(3-1)简化为

$$Q_B = \frac{N_B W_B}{D_B} \tag{3-2}$$

由于 NPN 双极结型晶体管中注入的载流子是电子,因此可以通过基极-发射极电压(V_{BE})的变化来控制正向偏置电流。对应的集电极电流随 V_{BE} 呈指数变化

$$I_C = I_{C0}(\mathrm{e}^{qV_{BE}/kT} - 1) \tag{3-3}$$

式（3-3）中的 I_{C0} 随基极材料性质以及掺杂水平和厚度而变化。如图 3.4 所示，从基极向发射极的空穴注入与电子反向注入是同时发生的。为了获得至少为一个单位的电流增益（电流增益被定义为 $\beta=I_C/I_B$），相对于电子注入过程，空穴注入过程应该受到抑制。实现这种目标的方法之一是相对于发射极降低基极掺杂的浓度水平，也可以通过在基极-发射极区域中引入界面氧化物部分实现。从发射极注入的多子（NPN 双极结型晶体管的电子）与基极区域中的多子（NPN 双极结型晶体管的空穴）的复合会产生基极电流。基极电流的另一个来源是半导体-电介质界面处空穴和势阱的复合，总基极电流即这些分量的总和。

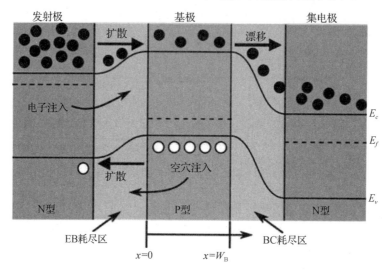

图 3.4　NPN 双极结型晶体管的带隙图

3.2.2　频率限制

高频性能是毫米波功率放大器的一个重要参考因素，它往往是为针对不同需求选择晶体管的决定性因素。本节简要概述了双极结型晶体管中存在的频率限制。

1）小信号模型

为了给后续的频率响应讨论奠定基础，本节将对双极结型晶体管的混合 π 小信号模型进行分析。包含该模型的电路图如图 3.5 所示。

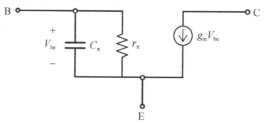

图 3.5　双极结型晶体管的混合 π 小信号模型

一旦 V_{BE} 接近或超过零,式(3-3)就会变为

$$I_C = I_{C0}(e^{qV_{BE}/kT}) \tag{3-4}$$

正如前文所述,在基极-发射极结上施加电压 V_{BE} 会激发一个与器件跨导($g_m V_{BE}$)成正比的集电极电流。跨导定义为

$$g_m = \frac{\mathrm{d}I_C}{\mathrm{d}V_{BE}} \tag{3-5}$$

$$= \frac{\mathrm{d}}{\mathrm{d}V_{BE}}(I_{C0}e^{qV_{BE}/kT}) \tag{3-6}$$

$$= \frac{q}{kT}I_{C0}e^{qV_{BE}/kT} \tag{3-7}$$

$$= I_C / \frac{kT}{q} \tag{3-8}$$

式(3-8)中的分母(q)在室温下等于 26 mV。将图 3.5 中的基极作为输入端口,对于产生输入信号的电路,该端口可视为并行 RC 电路。等效电阻 r_π 定义为

$$r_\pi = \frac{\beta_F}{g_m} \tag{3-9}$$

存储在器件中的过剩电荷为 Q_F。例如,在 $Q_F = 1$ pC 的情况下,将有 ±1 pC 的额外空穴和 ±1 pC 的额外电子。额外电子与渡越时间 τ_F 通过的集电极电流有关,该时间等于 Q_F/I_C(后面会详细介绍)。器件中所有额外的空穴均由基极电流产生,这意味着输入驱动电路可视为一个电容 C_π,其中:

$$C_\pi = g_m \tau_F \tag{3-10}$$

C_π 的更完整和准确的模型包括基极-发射极结处的耗尽层电容。这是因为耗尽层电荷与 I_C 不成比例,不能成为 Q_F 方程的一部分。因此,完整的电容方程会增加一项耗尽电容,公式如下:

$$C_\pi = g_m \tau_F + C_{dBE} \tag{3-11}$$

现在已经对图 3.5 的参数进行了逐一分析,由于小信号模型可用于分析具有任意输入和负载配置的电路,所以该模型将用于后文中晶体管截止频率的分析。

2)渡越时间

双极晶体管是渡越时间类型器件,这意味着 V_{BE} 的增加将导致额外的载流子从发射极注入基极,然后扩散到基极区域并最终到达集电极。频率增加最终会产生类似于输入信号周期的渡越时间。如果在特定的频率点发生这种情况,输出信号将不再与输入同相,从而导致电流增益 β 下降。发射极和集电极之间的总延迟时间由四个独立的时间常数[6]组成,它们的关系为

$$\tau_F = \tau_e + \tau_b + \tau_d + \tau_c \tag{3-12}$$

其中各项含义分别为:

• τ_F 是发射极和集电极之间的时间延迟。

- τ_e 是发射极-基极结电容的充电时间。
- τ_b 是基极渡越时间。
- τ_d 是跨集电极耗尽区的渡越时间。
- τ_c 是集电极上电容的充电时间。

借助混合 π 模型，可以通过图 3.6 中的电路来确定发射极-基极结电容的充电时间（该电路表示正向偏置情况[4,6]）。

如果忽略图 3.6 中的串联电阻，充电时间将会由下式表示：

$$\tau_e = r'_e(C_{je} + C_p) \tag{3-13}$$

其中，r'_e 表示扩散电阻，C_p 包含基极和发射极区域之间存在的所有寄生电容。扩散电阻 r'_e 由 I-V 曲线取斜率的倒数求得。

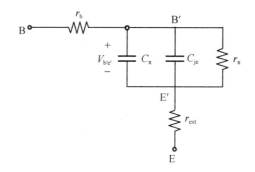

图 3.6　双极晶体管的发射极和基极之间的结电容模型

式(3-12)中的第二项是基极渡越时间，其被定义为少子完全扩散到基极所花费的时间，取决于基极-发射极结处的扩散电容(在图 3.6 中用 C_π 表示)。对于典型的 NPN 双极晶体管，基极电子电流密度由下式给出：

$$J_n = -en_B(x)v(x) \tag{3-14}$$

其中，$v(x)$ 表示平均速度，$n_B(x)$ 表示基极中的电子(少数载流子)浓度。$v(x)$ 表示为

$$v(x) = \frac{\mathrm{d}x}{\mathrm{d}t} \tag{3-15}$$

结合

$$\mathrm{d}t = \frac{\mathrm{d}x}{v(x)} \tag{3-16}$$

得出基极渡越时间的表达式为

$$\tau_b = \int_0^{x_B} \mathrm{d}t = \int_0^{x_B} \frac{1}{v(x)} \mathrm{d}x = \int_0^{x_B} \frac{en_{B(x)}}{-J_n} \mathrm{d}x \tag{3-17}$$

注意到电子的浓度 $n_{B(x)}$ 在整个基极区域近似成线性，可估算为

$$n_B(x) \approx n_{B0}\left[\exp\left(\frac{eV_{BE}}{kT}\right)\right]\left(1 - \frac{x}{x_B}\right) \tag{3-18}$$

此外,电子电流密度 J_n 为

$$J_n = eD_n \frac{\mathrm{d}n_B(x)}{\mathrm{d}x} \tag{3-19}$$

其中,D_n 是电子扩散系数,它与电子浓度的密度梯度成正比[6]。最后,将式(3-18)和式(3-19)的结果合并为式(3-17)会得出

$$\tau_b = \frac{x_B^2}{2D_n} \tag{3-20}$$

式(3-12)中的下一个时间常数是 τ_d,即穿过耗尽区的渡越时间。假设穿过基极-集电极空间电荷区域的电子的饱和速度为 v_s,则 τ_d 可写为

$$\tau_d = \frac{x_{dc}}{v_s} \tag{3-21}$$

其中,空间电荷区域的宽度为 x_{dc}。式(3-12)中最后一个时间常数为 τ_c,它是集电极电容的充电时间。基极-集电极结处于反向偏置状态,这意味着有一个扩散电阻与结电容并联。该时间常数在很大程度上取决于集电极串联电阻 r_c:

$$\tau_c = r_c(C_\mu + C_s) \tag{3-22}$$

其中,基极-集电极结处的电容用 C_μ 表示,集电极和衬底之间的电容用 C_s 表示。

3) 截止频率

截止频率是晶体管的关键属性,它是定义器件高频性能的关键一步。一般来说,共基极结构中的电流增益为

$$\alpha = \frac{\alpha_0}{1 + j\frac{f}{f_\alpha}} \tag{3-23}$$

其中,f 是工作频率,f_α 是 α 截止频率(与 τ_{ec} 相关),α_0 是低频电流增益。τ_c 和 f_α 之间的关系为

$$f_\alpha = \frac{1}{2\pi\tau_{ec}} \tag{3-24}$$

如果工作频率等同于 α 频率($f = f_\alpha$)会产生一个共基极电流,该电流等于低频值的 $1/\sqrt{2}$ 倍。由于共发射极电流增益为

$$\beta = \frac{\alpha}{1-\alpha} \tag{3-25}$$

当 f 的值近似于 f_α 时,可以将式(3-25)简化为

$$|\beta| = \left|\frac{\alpha}{1-\alpha}\right| \approx \frac{f_\alpha}{f} \tag{3-26}$$

式(3-26)中的化简也假设 α_0 接近于1。从式(3-26)可以得到一个重要结论:当 $f = f_\alpha$ 时,共发射极模式下的电流增益幅度等于1。因此,截止频率可以定义为

$$f_T = \frac{1}{2\pi\tau_F} \tag{3-27}$$

与式(3-23)类似,共发射极电流增益可写为

$$\beta = \frac{\beta_0}{1+\mathrm{j}\dfrac{f}{f_\beta}} \qquad (3-28)$$

这种情况下,f_β 表示 β 截止频率,它被定义为共发射极电流增益减小到其低频值的 $1/\sqrt{2}$ 时的频率点。合并式(3-23) 和式(3-25) 并简化可得出

$$\beta = \frac{\alpha_0}{(1-\alpha_0)\left[1+\mathrm{j}\dfrac{f}{(1-\alpha_0)f_\mathrm{T}}\right]} \approx \frac{\beta_0}{1+\mathrm{j}\dfrac{\beta_0 f}{f_\mathrm{T}}} \qquad (3-29)$$

式中

$$\beta_0 \approx \frac{1}{1-\alpha_0} \qquad (3-30)$$

式(3-29)可用于绘制共发射极电流增益的波德(Bode)图,它类似于低通响应,可以有效地表示特定晶体管的频率响应。该响应的一个例子已在图 3.7 中给出。

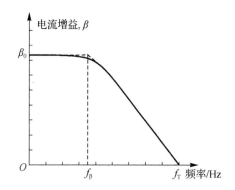

图 3.7　共发射极电流增益与频率的波德图

更完整的截止频率模型可以结合图 3.5 中的小信号模型来分析[3,4,6]。由于我们能够将具有任意阻抗值的电路附加到电路上,因此用短路代替负载(如图 3.8 所示)会产生一些有趣的结果。

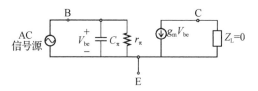

图 3.8　用于高频分析的短路负载配置网络

首先,注意:

$$v_{be} = \frac{i_b}{1/r_\pi + j\omega C_\pi} \tag{3-31}$$

其中,分母仅表示在基极-发射极结处呈现给源极的输入导纳。由式(3-5)知 $i_c = g_m v_{be}$,结合 i_c 以及式(3-8)、式(3-11) 和式(3-31) 可得

$$\beta(\omega) = \left| \frac{i_c}{i_b} \right| = \frac{1}{\left| 1/g_m r_\pi + j\omega \tau_F + j\omega C_{dBE}/g_m \right|} \tag{3-32}$$

$$= \frac{1}{\left| 1/\beta_F + j\omega \tau_F + j\omega C_{dBE} kT/qI_C \right|} \tag{3-33}$$

当直流情况($\omega = 0$)下,式(3-33)减小到 β_F,并且 β 随着 ω 的增加而持续减小。在 $1/\beta_F$ 可以忽略不计的情况下(即 $\beta_F \gg 1$ 时),根据式(3.33)可知 $\beta = 1$ 并且 $\beta(\omega)$ 与频率成反比。我们将截止频率点 f_T 定义为

$$f_T = \frac{1}{2\pi(\tau_F + C_{dBE}kT/qI_C)} \tag{3-34}$$

截止频率通常用于比较晶体管器件间的速度。在极高的 I_C 值下,由于基极加宽,τ_F 变大,使得 f_T 减小[6,7]。为了获得最佳的高频性能,经常偏置双极晶体管来产生合适的集电极电流,从而获得较高的 f_T。此外,最大可达到的振荡频率由下式给出:

$$f_{max} = \left(\frac{f_T}{8\pi r_b C_{dBC}} \right)^{\frac{1}{2}} \tag{3-35}$$

式(3-35)表明,改善高频性能(f_{max} 增加的结果)需要降低基极电阻 r_b[7],这一部分将在后文进行详细讨论。

3.3 异质结双极晶体管

硅在电子工业中的主导地位掩盖了元素周期表中相邻元素及其化合物(如 SiC 和 SiGe)的重要性。此外,Ⅲ-Ⅴ族元素可以构成多种半导体(如 GaAs 和 InP)。由两种不同半导体合成的 PN 结称为异质结。异质结最典型的特征一般认为是 P 区和 N 区具有不同的能带隙。相比之下,经典的硅 PN 结被认为是同质结。

虽然纯硅集成电路是廉价、大容量应用(如数字存储器和微处理器)的理想解决方案,但射频、微波和毫米波电路中更高的工作频率对晶体管的性能提出了更严格的要求。结果是,即使硅集成电路可以被廉价制造,但它们的性能需要在高频率下足够好。如果不是这样,更昂贵(但更快)的Ⅲ-Ⅳ技术将继续被优先考虑和使用。那么问题来了,硅基器件的性能是否可以提高,直到它能在更高的频率下与Ⅲ-Ⅳ器件竞争,同时仍然保留着巨大的硅基工艺制造优势。

使用 SiGe 对现有的 Si 器件进行带隙设计是自 20 世纪 60 年代以来就存在的一个想法[2,8-10]。正如本章前面提到的,合成没有缺陷的 SiGe 薄膜在早期被证明是相当困难的,直

到 20 世纪 80 年代才生产出高质量的 SiGe 薄膜。通过 Si 和 Ge 的结合(具体地说,形成 $Si_{1-x}Ge_x$)可以获得化学性质稳定的合金,这两种元素的晶格常数相差约 4%。因此生长在 Si 衬底上的 SiGe 合金会受到压缩应变,这一过程被称为 SiGe 在 Si 上的赝晶(pseudomorphic)现象。换言之,SiGe 薄膜倾向于采用 Si 衬底的晶格常数。具有应力的 SiGe 薄膜的厚度与 Ge 的浓度相关,故而遵循基本的稳定性准则。一般而言,SiGe 薄膜工艺中需要严格保证它的稳定性。

提高 Si BJT 的速度可以通过许多方式来实现[11]。通常情况下都是使用减小基极中性区宽度的办法。不幸的是,减小基极中性区的宽度会导致射频性能下降,因为它会导致基极电阻的增加。此外,它还会导致输出电导的增加,这与器件的厄利电压(Early voltage)的降低有关。另一方面,将 Ge 引入 Si 衬底中会导致许多后果。与 Si 相比,Ge 具有更大的晶格常数,带隙能量也相对较小(Ge 为 0.66 eV,Si 为 1.12 eV)。因此,可以预见的是 SiGe 的带隙将小于 Si,从而使其成为适合于 Si 带隙改造的合金。

SiGe 异质结双极晶体管(Heterojunction Bipolar Transistor,HBT)实际上是第一个采用硅工艺设计的带隙器件,相对每一代新技术而言,它都表现出了卓越的射频性能。HBT 最初是为了克服常规双极晶体管存在的某些局限性而开发的,它可以改善渡越时间、基极电阻和电流增益。由于压缩应变会导致带隙收缩,估计每增加 1% 的锗,带隙能量就会减少 7.5 meV[8]。这种带隙收缩效应几乎完全发生在价带中,因此成为 NPN 双极晶体管的理想选择。此外,压缩应变效应减轻了在价带和导带极值处观察到的一些退化现象,降低了态密度,进而增加了载流子迁移率。SiGe 薄膜需要非常薄才能保持其稳定性(从而保持无缺陷),它已经非常适合双极晶体管的基极区域,因为很薄的基极才能改善高频性能。因此这样就可以获得具有 N 型 Si/P 型 SiGe 发射极-基极异质结以及 P 型 SiGe/N 型 Si 基极-集电极异质结的器件。从技术上讲,这种器件应该被称为 SiGe 双异质结双极晶体管,但为了简洁起见,我们将其称为 SiGe HBT。

将 Ge 引入 Si 晶格的最重要的后续效应是,可以简单地将 SiGe HBT 与高性能 Si CMOS 集成在一起,构成最为流行的单片 SiGe HBT BiCMOS 技术[2,12,13]。这对 SiGe 的长期成功是非常关键的,代表着 SiGe 与其他 Ⅲ-Ⅳ 技术之间的根本差别。因此,SiGe BiCMOS 技术的持续成功发展依赖于 SiGe HBT 卓越的模拟和射频性能,同时兼具 Si CMOS 的可集成度、低功耗和存储器密度。可以预见,能否将这些特性结合到一个单片低成本集成电路中,从而实现片上系统(SoC)集成,将成为判断 SiGe BiCMOS 的基准[3,8]。

3.3.1 SiGe 的外延生长

SiGe 层的高质量外延生长的困难性延缓了 HBT 的批量化制备。尽管如此,外延工艺仍然是 HBT 制备的关键技术之一,对器件的鲁棒性和电气性能影响巨大。直到 1980 年左右,在 N^+ 次集电极区附近生长轻掺杂层(一种称为集电极-外延的工艺)成为 Si 外延的主要工艺技术。为了在整个过程中实现均匀性并提高批量生产能力,需要将晶圆放置在感应加热的基座上,整个过程在约 1 100 ℃下进行。为了去除所有界面氧化物,最终生产出高质量的 Si 并降低次集电极掺杂浓度,需要长时间的高温预烘烤。因此,集电极外延生长被认为是一个高温过程,而当时的外延系统实际上是高温批处理系统。这不可避免地削弱了快速改变工艺温度的能力,导致内部基极(intrinsic base)存在明显掺杂扩散,使得该工艺对于制备阶梯型基极 SiGe-BiCMOS 不太有效。因此急需开发一种能够在低温下生长任意轮廓的外延技术。

无氧化物表面的打磨和维护工艺是低温 Si 外延技术的重要挑战之一。初始生长层中氧含量和缺陷密度是两个高度相关的参数。无论采用何种外延生长技术调控原子构成,薄膜界面层的氧含量都必须精确控制。超高真空化学气相沉积(Ultra-High Vacuum Chemical Vapor Deposition,UHV/CVD)系统的应用是解决低温外延难题的一种方法。在这些系统中,晶圆的制备是在加热炉管中实现的。

3.3.2　HBT 相关指标

1)直流特性

图 3.9 所示的能带图说明了将 Ge 引入基极所带来的直流效应。

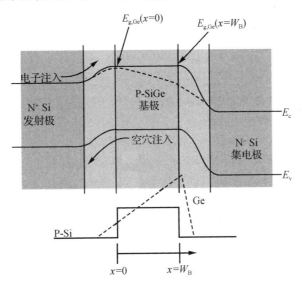

图 3.9　Si BJT 与阶梯型基极 SiGe HBT 之间的带隙图比较

如图 3.9 底部的虚线所示,基极中的 Ge 浓度从发射极-基极结处的低值逐渐变为集电极-基极结处的高值。Ge 梯度变化产生的带偏移值用 $\Delta E_{\mathrm{g,Ge}}$ 表示。基极区域内带偏移 $\Delta E_{\mathrm{g,Ge}}$ 在最低可能偏移 $E_{\mathrm{g,Ge}}(x=0)$ 和最大可能偏移 $E_{\mathrm{g,Ge}}(x=W_{\mathrm{B}})$ 之间变化。因此,沿基极位置变化的带偏移可以写成

$$\Delta E_{\mathrm{g,Ge}}(\mathrm{grade}) = E_{\mathrm{g,Ge}}(x=W_{\mathrm{B}}) - E_{\mathrm{g,Ge}}(x=0) \tag{3-36}$$

其中，x 与前文一样表示沿基极的位置[3,8,11]。这种位置依赖性的结果是基极中性区中电场的建立，促进了电子(NPN 双极晶体管中的少子)在发射极和集电极区域之间的传输效率，从而改善了频率响应。Ge 梯度变化还影响到集电极电流密度(用 J_C 表示)。Ge 的引入使阻挡电子在发射极-基极结注入的势垒减小，意味着在给定的偏压 V_{BE} 下，发射极-集电极电荷传输得到了改善[8,14]。由于 Si BJT 和 SiGe HBT 的发射极区域实际上是相同的(图 3.9)，因此可以预期，这两个器件的基极电流密度 J_B 大致是相同的，最终使晶体管具有更大的电流增益($\beta = J_C/J_B$)。

由 Ge 梯度变化引起的能带偏移会以指数形式减小基极区域中本征载流子的密度，从而降低基极 Gummel 数并可增加 J_C。SiGe HBT 的 β 与传统 Si BJT 的 β 的比值由下式给出：

$$\frac{\beta_{SiGe}}{\beta_{Si}} = \gamma\eta \frac{\Delta E_{g,Ge}(grade)/kT e^{\Delta E_{g,Ge}(0)/kT}}{1 - e^{-\Delta E_{g,Ge}(grade)/kT}} \tag{3-37}$$

式中，γ 表示 SiGe 和 Si 的态密度积之比，η 用于补偿基极中电子迁移率和空穴迁移率的差异[3,8]。

2) 频率响应

原则上，晶体管的截止频率仅从纵向分布讨论，使其成为比较器件工艺时的首选参数。如 3.2.2 节所述，f_T 的主要限制因素是基本渡越时间 τ_b。Ge 梯度的引入使 τ_b 提高，SiGe BJT 与标准 Si BJT 的 τ_b 的比值为

$$\frac{\tau_{b,SiGe}}{\tau_{b,Si}} = \frac{2}{\eta}\left(\frac{kT}{\Delta E_{g,Ge}(grade)}\right)\left[1 - \frac{1 - e^{-\Delta E_{g,Ge}(grade)/kT}}{\Delta E_{g,Ge}(grade)/kT}\right] \tag{3-38}$$

早在 2002 年就有截止频率达到 300 GHz 以上的 SiGe HBT[15]，并且这一趋势一直得到持续稳定的发展[10,16,17]。

3) 噪声性能

HBT 中固有的噪声不可避免地会降低信噪比，并对数据传输速率和灵敏度产生不利影响。庆幸的是，每一代新的 SiGe BiCMOS 技术在高频噪声性能上都有了改进[18]。

双极晶体管受到多种噪声源的影响。例如，散粒噪声是由跨势垒的直流电流的变化引起的。从发射极进入基极区域的电子在接近 PN 结时具有由概率模型描述的方向性和能级特性。此外，电子穿过势垒具有一定概率。这两种情况都会在集电极电流中产生散粒噪声分量。同样，沿相反方向(从基极到发射极)移动的空穴也会将散粒噪声分量引入基极电流。一个相关系数将这两种噪声电流联系起来，它与基极和空间电荷区域的传输延迟成正比。

HBT 的噪声系数可以估算为

$$NF_{min} = 1 + \frac{1}{\beta} + \sqrt{\frac{2g_m R_n}{\beta} + \frac{2R_n(\omega C_i)^2}{g_m}\left(1 - \frac{2}{2g_m R_n}\right)} \tag{3-39}$$

其中，g_m 是器件的跨导，$C_i = C_{be} + C_{bc}$[19,20]。电容 C_{be} 由发射极-基极的耗尽电容和扩散电容以及在发射极-基极结处存在的其他寄生电容组成。此外，C_{bc} 是所有集电极-基极结电容值的总和。C_i 与 f_T 相关，即

$$f_T = \frac{g_m}{2\pi C_i} \tag{3-40}$$

等效噪声电阻 R_n 由下式给出:

$$R_n = r_b + \frac{1}{2g_m} \tag{3-41}$$

它与频率无关,与基极电阻成正比。可以通过实验测得基极电阻,以改进对 R_n 的估计[21]。在 $g_m r_b \gg 0.5$ 的电路中,可以简化式(3-39)得出

$$NF_{min} = 1 + \frac{1}{\beta} + \sqrt{2 g_m r_b \left[\frac{1}{\beta} + \left(\frac{f}{f_T} \right)^2 \right]} \tag{3-42}$$

值得注意的是,当 $f = f_T / \sqrt{\beta}$ 时,$1/\beta$ 和 $(f/f_T)^2$ 的值相等。我们称其为 NF_{min} 的一个过渡点,即从与频率无关的白噪声过渡到与频率相关的噪声系数上升 10 dB/decade[20]。

闪烁噪声或低频 $1/f$ 噪声(该名称来源于闪烁噪声的功率谱密度与 $1/f$ 成正比)是射频半导体器件的另一个关注点。准直流情况下,闪烁噪声对总噪声系数的贡献是比较显著的。这在低频电路中尤其令人困扰,例如零中频直接转换接收机中使用的放大器。此外,低频噪声会泄漏到上转换的信号中,从而降低发射机链的性能,导致频谱纯度劣化和信号完整性恶化。SiGe HBT 的低频噪声性能与 Si BJT 相似,总体上低于 Ⅲ-Ⅳ 型 HBT[22,23]。一般来说,基极电流中的 $1/f$ 分量将主导整个 $1/f$ 噪声,但集电极电流也确实占了一个微小分量。测量基极电流中的 $1/f$ 噪声包括间接测量集电极噪声电压和直接在基极测量。有研究表明,这两个分量也可以同时测量[24,25]。

$1/f$ 转角频率(用 $f_{c,1/f}$ 表示)是用来表示特定设备的 $1/f$ 噪声的常用品质因子,它定义为 $1/f$ 噪声等于 $2qI_B$ 散粒噪声的频率点。超过这一点(I_B 值较大),$2qI_B$ 散粒噪声就无法做到可直接测量。转角频率由下式给出:

$$f_{c,1/f} = \frac{KJ_C}{2q\beta} = \frac{KI_B}{2qA_E} \tag{3-43}$$

其中,$J_C = I_C/A_E$,J_C 是集电极电流密度,A_E 与 $1/f$ 噪声因子(用 K_F 表示)成反比,$\beta = I_C/I_B$。

3.3.3　纵向和横向尺度

减小 HBT 中的集电极和基极外延层的厚度有助于减少载流子通过时间,但是这也会增加基极-集电极电容和基极电阻。这些量的减少可以通过减小发射极-基极结和集电极-基极结的宽度来实现,这些宽度可由光刻工艺实现。为了同时获得比较高的 f_T 和 f_{max},必须同时缩放器件的光刻尺寸和外延尺寸[26]。

无论以何种方式,提高器件的性能都需要减少 3.2.2 节中讨论的延迟分量,一般可通过降低垂直梯度型器件的厚度来实现(尽管还有其他减少载流子延迟的方法)。物理上减小空间电荷区域的宽度是减少跨基极-集电极间渡越时间的一种方法。然而这可能导致基极-集电极寄生电容增加,从而增大了 RC 充电延迟并降低了器件的性能。因此,提高器件性能需

要仔细平衡基极-集电极电容和跨空间电荷区域的渡越时间。

减少基极渡越时间 τ_b 可通过缩小基极中性区的尺寸实现。外延基极 SiGe 晶体管有助于极窄基极区域的精确生长[14,27]。然而,由于掺杂物的热扩散效应,热处理工艺会不可避免地加宽基极,因此需要相应技术来减小这种扩展效应(如将碳引入梯度基极层,减少硼的掺杂含量,或者降低基极沉积后工艺步骤的整体热预算)[11]。

设计良好的 HBT 的最大振荡频率 f_{max} 往往大于其截止频率 f_T。过大的 f_{max} 会导致器件变得完全无源,即器件的功耗会超过器件的输出功率,这是不实用的。式(3-35)表明,f_{max} 与 $r_b C_{dBC}$ 高度相关,可以将其视为基极-集电极间的时间常数。垂直方向的尺寸调控可获得更高的 f_T 会导致更高的 C_{dBC} 和 r_b 分量,因此还需要横向调控以减少上述分量。基极电阻很大程度上取决于器件的布局和工艺。HBT 的外部基极(extrinsic base)是 Si 和多晶硅的混合物。总的 r_b 涉及若干组成部分[11]:

- 硅/多晶硅区域的电阻。
- 外部基极电阻。
- 发射极衬垫下 SiGe 基极片电阻。
- 夹持基极片电阻。

工艺过程特别具有挑战性,因为需要在保持薄型内部基极和降低基极电阻之间仔细权衡。基极-集电极间的总电容也是下述分量的总和[11,28,29]:

- 跨浅沟隔离区的电容。
- 器件边界处的电容。
- 选择性注入的集电极电容。
- 次集电极和基极区域之间的电容。

因此,SiGe 技术的持续性能提升在很大程度上依赖于降低基极电阻和基极-集电极间电容的技术。

3.4 场效应晶体管

场效应晶体管(Field-Effect Transistor,FET)充当两个阻性触点(称为源极和漏极)之间的导电通道,其中电荷载流子的数量由第三个触点(称为栅极)控制。在垂直方向上,基本上由栅极-沟道-衬底区域组成的栅极结可以被视为正交的双端器件。因此,该器件可以是金属氧化物半导体(Metal-Oxide-Semiconductor,MOS)结构,也可以是反向偏置工作的整流器件,可通过电容耦合效应控制沟道中的电荷水平。基于这些工作原理的 FET 有 MOS-FET、异质结 FET(HFET)和结型 FET(JFET)。在标准工作条件下,所有这些 FET 的栅极通道阻抗都特别大。最常见的 FET 是 MOSFET,剩下的讨论中有很大一部分将只涉及 MOSFET 的操作。硅基 MOSFET 使用二氧化硅(SiO_2)层将栅极触点与沟道隔离。在 N

沟道器件中,电子在 N^+ 漏极和源极触点(P 沟道器件中为 P^+ 触点)处进入和离开沟道。

众多数字和模拟集成电路都依赖于 MOSFET 器件。在过去的几十年中,CMOS 工艺一直在不断缩小特征尺寸规格,从 1974 年首次采用的 $10\ \mu m$ 工艺发展到用于制造现代移动处理器的 14 nm[①] 及以下工艺。

3.4.1　MOSFET 基本特性

图 3.10 为一款 MOSFET 器件的结构,该器件由两个 PN 结(源极和漏极)组成,它们在晶体管中供给或释放电子或空穴。这种晶体管的命名根据栅极电压实现器件开关的效应而定。浅沟槽区域由氧化物层组成,该隔离氧化物下方的表面具有较大的阈值电压。这样可以防止在 N^+ 扩散区域之间不必要的电流流动[4,7]。

关于 MOSFET 工作特点的许多讨论都源于 MOS 电容[4,6,30]。MOS 电容构成了栅极-沟道-衬底结构,如图 3.10 所示。MOSFET 中的导通和截止状态取决于栅极电压。在导通状态期间存在较大的传导电流 I_{on},而在截止状态期间仅存在较小的泄漏电流 I_{off},如图 3.11 所示。

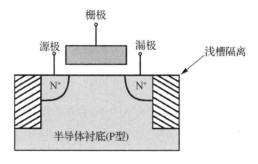

图 3.10　MOSFET 的剖视图

如图 3.11 所示,栅极电压 V_g 控制着漏极和源极之间的电流流动,这一般被认为是 MOSFET 工作过程的典型描述。MOSFET 中的导电通道是反型层,该反型层位于半导体和氧化物之间的界面区域。一个 N 沟道 MOSFET 由一个 P 型硅衬底(如图 3.10 所示)组成,电荷的反转是由电子在 N^+ 漏极和源极触点之间形成导电沟道而引起的[4]。更强的电荷反转通常会发生在当源漏栅中的栅极上施加所谓阈值电压 V_T 时。为了确保电荷反转充分延伸到源极和漏极之间的分离处,栅极的结构应与其他触点的边缘略微重叠。一般来说,自对准可令栅极触点与源极和漏极触点的边缘精确对准,并且该方法还将寄生栅极-漏极电容和栅极-源极电容都减至最小。在直流工作条件下,在同一衬底上制备的器件通过中性衬底和耗尽区实现隔离。

3.4.2　高频性能

MOSFET 高频性能的限制因素是栅极端口输入电容电阻(RC) 的时间常数。随着工作

---

① 原书中为 7 nm,但鉴于现代工艺的发展,在翻译时修改为 14 nm。——译者

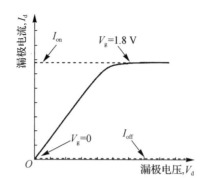

图 3.11　MOSFET 的电压-电流（*IV*）曲线

频率的增加,栅极处的电容性阻抗 $1/2\pi fC_{ox}WL_g$ 减小,流入栅极的交流电流增加。V_g 的很大一部分被 R_{in} 分压,结果使得输出电流下降。在特定频率下,输出电流会变得等于输入电流,该频率被定义为单位增益截止频率 f_T(类似于双极晶体管)。窄带电路可以使用片上电感器来补偿高频下的大栅极电容,以减轻 f_T 的限制。但是 R_{in} 仍然会消耗功率,在高于 f_T 的频率下功率增益会下降到 1。我们将该频率定义为最大振荡频率 f_{max}。尽管如此,限制 R_{in} 仍然是改善高频性能的优先办法。R_{in} 由两个电阻分量组成:内部阻抗(intrinsic impedance)R_{ii} 和栅极电阻 $R_{g\text{-}electrode}$[7]。我们有

$$R_{in} = R_{ii} + R_{g\text{-}electrode} \tag{3-44}$$

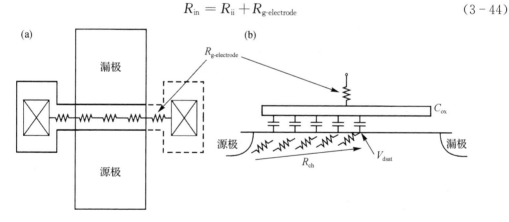

图 3.12　构成输入电阻的两个电阻分量的图示

　　如图 3.12 所示,$R_{g\text{-}electrode}$ 的描述较为简洁,最重要的组成部分是内部输入电阻,由图 3.12(b) 中的通道电阻 R_{ch} 确定。即使当图 3.12(b) 中的 $R_{g\text{-}electrode} = 0$ 时,栅极电容仍与电阻串联。电流从栅极电容流过 R_{ch},一直流到源极,再返回到栅极,从而完成环路。内部电阻定义为该电流通过所述路径时的电阻,由下式给出:

$$R_{ii} = \kappa \int dR_{ch} = \kappa \frac{V_{ds}}{I_{ds}} \tag{3-45}$$

其中,κ 是一个常数,并且由于电流没有流过整个 R_{ch},所以 $\kappa < 1^{[7]}$;漏极-源极电压 V_{ds} 调控在 V_{dsat} 处出现电流饱和。每一代 MOSFET 的革新技术都涉及减小栅极长度 $L_g^{[7,31,32]}$。栅极长度的减小可以带来较低的 V_{dsat} 以及较大的 I_{ds},从而使得 R_{ii} 较小。另外,C_{ox} 的增加可以抵消因 L_g 减小而导致的输入电容的减小。最终结果是栅极长度的减小,f_{max} 和 f_T 近似呈线性增加。现有器件的 f_{max} 和 f_T 值超过 100 GHz 非常普遍$^{[33-36]}$。

1) 小信号建模

图 3.13 中所示的电路网络是 N 沟道 MOS 晶体管的典型模型。除了源极、漏极和栅极端(以及它们各自的寄生电容)之外,还考虑了器件中的主体层$^{[11,30]}$。跨导 g_{mb} 体现了体效应模型,其中的体效应起到了控制电子穿过沟道的一个第二栅极的作用。

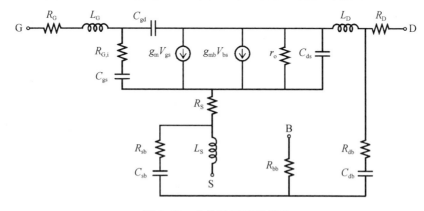

图 3.13　小信号 NMOS 模型

与双极晶体管一样,高频性能的主要指标是 f_T 和 f_{max}。对于图 3.13 中的 N 沟道 MOS,可以通过简化表达式确定这两个值

$$f_T = \frac{g_m}{2\pi(C_{gs} + C_{gd} + C_{gb})} \tag{3-46}$$

$$f_{max} = \frac{f_T}{2}\left(\frac{1 + g_m R_S}{R_S + R_G g_o}\right)^{1/2} \tag{3-47}$$

其中,g_o 是输出电导,电阻和寄生电容的定义如图 3.13 所示。通过考虑栅极-漏极和栅极-源极边缘电容,重叠寄生效应以及内部栅极-源极电阻 $R_{G,i}^{[37,38]}$,可以获得 f_T 和 f_{max} 的更完整表达式。假设饱和下的二次行为,f_T 可以用栅极长度 L 表示为

$$f_T = 1.5\frac{\mu}{2\pi L^2}(V_{GS} - V_T) \tag{3-48}$$

随着沟道尺寸的减小,电场对沟道电子的速度饱和有很大的影响。在特定场强(相对较大)下 $v_{sat} \approx \mu E_{cr} = \mu V_{ds}/L$,其中 V_{ds} 表示内部漏极-源极电压。对此方程进行操作可以得到 f_T 的二次尺度关系

$$f_T \approx \frac{v_{sat}}{L} \tag{3-49}$$

3.4.3　毫米波 CMOS 电路

到目前为止,我们已经讨论了Ⅲ-Ⅳ型半导体技术和异质结晶体管在高频系统中提供的性能优势。然而由于 CMOS 工艺优化的集成特性,器件的成本有望进一步降低,因此业界从未忽视毫米波 CMOS 应用的可能性。毫米波 CMOS 系统缺位的最主要原因之一是缺乏毫米波波段中有效的有源和无源器件构型[1]。近年来,CMOS 电路性能已经被证明随着工艺精度的不断提升而提升,每一代设计人员都能够在越来越小的芯片上实现数字电路性能的提升[31,32]。为了延续这种优势,实现无线模块的全面集成,必须将相同工艺精度的技术运用到毫米波模拟电路上。同时,集成基带处理,自校准和诊断电路以及单片射频前端的实现可极大地降低高速数据系统的成本,有望实现大规模制造[35],有着很大的应用前景。

CMOS 工艺在毫米波领域中是相对较新的技术。随着时间的推移,工艺精度的提升使得毫米波 CMOS 系统的成功成为可能,f_T 和 f_{max} 不断提升而击穿电压没有降低[11,39]。较低的电源电压在小信号射频电路中并不是问题,因为主要关注点是减小电压摆幅。功率放大器很大程度上依赖于最小电压摆幅,因为这影响其整体的功率性能。例如,正弦信号向 50 Ω的负载传输 1 W 功率则要求其幅度至少为 10 V,对应的摆幅为 20 V_{pp}。但在击穿电压较低的亚微米 CMOS 器件中大的电压摆幅是不适当的,因此需要采用某种形式的阻抗变换来降低相关的电压摆幅。

CMOS 功率放大器性能的另一个限制因素是由源端内部的 f_{max} 限制和感性寄生参数而导致的增益下降。此外,工艺精度的提升有利于 f_T 和 f_{max} 参数的增加,不过也增强了阻性寄生参数,降低了放大器的效率。CMOS 器件在线性区和饱和区之间的过渡电压(称为拐点电压)、氧化层陷阱和非线性寄生参数都会对器件的线性度产生负面影响,而这些都是通信系统中需要关注的要点。

CMOS 技术的真正优势在于能够以最小的成本实现高度复杂的集成系统,这源于大量器件广泛而丰富的适用性[40-42]。正如本章一直所强调的,化合物半导体对于毫米波晶体管的制造非常关键。表 3.1 对几种常用材料进行了比较[11]。

表 3.1　几种材料的高频特性比较

材料	带隙/ eV	迁移率/ $[cm^2/(V \cdot s)]$	v_{sat}/(cm/s)	击穿场强/ (V/cm)	热导率/ $[W/(cm \cdot K)]$
Si	1.12	1300	0.7×10^{-7}	2.5×10^5	1.5
Ge	0.66	3900	0.6×10^{-7}	2×10^5	0.58
GaAs	1.42	5000	1×10^{-7}	3×10^5	0.49
GaN	3.39	1500	2.5×10^{-7}	30×10^5	2.2
InP	1.35	4500	1×10^{-7}	3×10^5	0.68

用于比较不同材料性能的两个流行的性能指标是功率-频率平方积和 J 品质因子 (Johnson Figure of Merit，JFoM)[43]，即

$$Pf^2 \approx \frac{E_{cr}v_{sat}}{2\pi X_c} \qquad (3-50)$$

$$JFoM = (E_{cr}v_{sat})^2 \qquad (3-51)$$

其中，E_{cr} 是击穿场强，X_c 表示器件阻抗，v_{sat} 表示饱和漂移速度[11,43]。v_{sat} 和 E_{cr} 的值越高，对应的功率性能越好，而更高的迁移率则意味着可获得更高的增益。

3.5 高电子迁移率晶体管

高电子迁移率晶体管(High Electron Mobility Transistor，HEMT)于 1980 年首次出现[44]。当时，HEMT 代表了带隙工艺和分子束外延技术的最新突破，并衍生出了 HBT 以及其他器件。分子束外延生长是获得 HEMT 器件的标准工艺，这是因为 HEMT 结构中所需的超薄层及界面分明。另外，HEMT 采用调制掺杂，在带隙不同的半导体界面层会产生二维电子气。GaAs/AlGaAs HEMT 的能带图如图 3.14 所示。

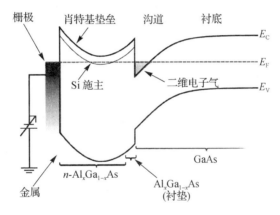

图 3.14 带有 GaAs/AlGaAs 异质结的 HEMT 的能带图

近年来，基于 GaN 的 HEMT 器件已被证明是宽带通信、微波成像和测量仪器中非常有效的放大器组件[45-47]。现在已经有 f_T/f_{max} 值超过 300/400 GHz 的 HEMT 器件面世[46,48-50]。近年来，金属-有机化学气相沉积(Metal-Organic Chemical Vapor Deposition，MOCVD)技术得到显著改进，甚至可以替代分子束外延，即在初始外延生长阶段，生长具有与衬底相同的晶格常数的新层，从而形成赝晶结构。与 FET 工作原理类似，电子在赝晶 HEMT(pHEMT)中沿平行于晶圆表面的路径传播，pHEMT 主要用于低噪放大器[51,52]，也可用于 30~40 GHz 范围内的功率放大器[45,53]。另一方面，HEMT 在许多毫米波功率放大器中也有着出色的表现[47,54,55]。

3.6 无源元件

电容器、电感器和传输线是毫米波电路的标准元件[1,56-58]。随着不断减小晶体管尺寸从而提高其高频性能,设计开发应用于高频电路的无源元件变得越来越具有挑战性。本节介绍了无源元件技术的一些重要发展,这对实现高性能毫米波功率放大器至关重要。

3.6.1 片上电感

螺旋线电感器是微波和毫米波集成电路中主要无源元件的重要组成部分。这些元件的精准表征是毫米波电路设计的关键。传输线通常被认为是无源元件,因为其特性,也因为它们通常是实现容性和感性元件的最佳选择。当传统的集总元件存在较大损耗而无法用特定工艺制造时尤其如此,这通常是元件引线中存在大寄生电感的结果。[42]

针对准 TEM 传输模式,传输线天生适合更小的尺度,因此设计中可以实现精度极高的微调电抗[59]。另外,传输线有助于信号和接地间的强耦合,能减少与相邻结构的电场和磁场耦合。

在匹配网络中,传输线通常会与晶体管的内部电容构成谐振网络。准 TEM 传输线可以建模为分布式组件网络,如图 3.15 所示。

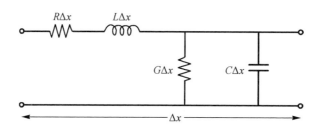

图 3.15 准 TEM 传输线集总元件模型

我们可以采用无源元件的阻抗、波长和品质因子对传输线参数进行表征

$$Z = \sqrt{\frac{L}{C}} \tag{3-52}$$

$$\lambda = \frac{2\pi}{\omega_0 \sqrt{LC}} \tag{3-53}$$

$$Q_C = \omega_0 \frac{C}{G} \tag{3-54}$$

$$Q_L = \omega_0 \frac{L}{R} \tag{3-55}$$

其中，Q_C 和 Q_L 分别表示容性品质因子和感性品质因子，ω_0 是谐振频率。由于强衬底耦合作用，在低阻硅中实现的传输线通常具有较低的 Q_C 值[1]。因此可以通过分析传输线中的净无功能量来准确测量传输线中的损耗[60]。净无功能量可以表示为净储能与传输线中平均预期功率损耗的比值

$$Q_{net} = 2\omega_0 \frac{(W_m - W_e)}{P_R + P_G} \tag{3-56}$$

其中，W_m 是平均存储的磁能，W_e 是平均存储的电能，P_R 和 P_G 分别表示在电阻 R 和电导元件 G 中耗散的平均功率。品质因子 Q_L 和 Q_C 可以写成

$$Q_L = 2\omega_0 \frac{W_m}{P_R} \tag{3-57}$$

$$Q_C = 2\omega_0 \frac{W_e}{P_G} \tag{3-58}$$

同时定义两个新的变量

$$\eta_L = 1 - \frac{W_e}{W_m} \tag{3-59}$$

$$\eta_C = \frac{W_m}{W_e} - 1 \tag{3-60}$$

由此式(3-56)中的关系可以重写为

$$\frac{1}{Q_{net}} = \frac{1}{\eta_L Q_L} + \frac{1}{\eta_C Q_C} \tag{3-61}$$

在 $W_m \gg W_e$ 时 $\eta_C \gg \eta_L$，等同于式(3-56)和式(3-61)将简化为 $Q_{net} \approx \eta_L Q_L$。因此，传输线上的功率损耗主要由 Q_L 决定。

在毫米波波段中，微带线和共面波导传输线非常常见，都能提供电路上的独特优点。一方面，使用微带线的设计通常是为了提供更大的 Q_C 值，而共面线可以获得更高的 Q_L 值，并且感性元件对设计的显著影响使得共面线优于微带线。

近年来，三维无源元件在毫米波无线前端中的应用日益广泛。低温共烧陶瓷(Low-Temperature Co-Fired Ceramic，LTCC)工艺和无线模块系统封装(System-On-Package，SOP)方法的出现，使制造低成本、高性能组件成为可能，并且这些组件提供了极好的可集成潜力[61-63]，因此可以说三维无源元件是多层高密度设计的重要组成部分[64]。图 3.16 显示了毫米波封装中常用的两种多层电感结构。

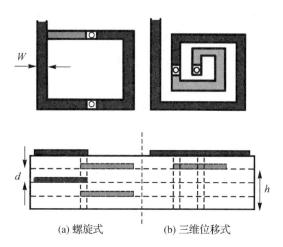

(a) 螺旋式　　　　(b) 三维位移式

图 3.16　多层电感结构

典型的单层螺旋电感器中的电感是通过更改结构中的横向匝数来控制的,匝数越多,电感就越大。此外,随着元件面积与匝数成正比增加,等效串联电阻 R_S、并联电容 C_S 和串联电感 L 也会增加(参见图 3.17 中的高频电感器模型)。

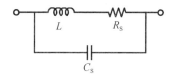

图 3.17　高频电感模型

因此,平面螺旋电感一般体现出相对较低的自谐振频率和较低的 Q_L。图 3.16(b)中的三维位移式结构通过防止上下匝垂直重叠而改进了这一点,增加了自谐振频率。不过这种结构需要更长的传输线(因此需要更大的面积)来提供与普通三维电感器相同的等效电感。三维位移式结构的改进版是图 3.16(a)所示的螺旋电感。在这种结构中,每层仅有一半的匝数,这意味着重叠层之间的间隙将更大。

3.6.2　肖特基势垒二极管

HBT 的功率处理能力随着工作频率的增加而降低,高频下我们可以观察到击穿电压降低,但反过来这又影响了高功率信号的处理。将 p-i-n(PIN)二极管和肖特基势垒二极管与 SiGe BiCMOS 集成,为基于现有 BiCMOS 工艺实现大功率器件提供了一种经济有效的方法,这主要是因为制造上述二极管不需要额外的掩膜和工艺步骤,从而降低了总体成本。BiCMOS 肖特基二极管的截止频率通常超过 1 THz,具有相当低的附加噪声和失真水平,还有很大的功率容量范围。

肖特基二极管通常出现在功率检测电路、压控振荡器(VCO)、倍频器和次谐波混频模块中。肖特基二极管中存在两个至关重要的影响性能的寄生元件,分别是关态电容 C_o 和开态串联电阻 R_s。它们的存在会降低可实现的截止频率 f_c,因此减少这两个元件的影响对于获得尽可能大的 f_c 至关重要。R_s 和 C_o 分别定义为

$$R_s = \Re\left(\frac{-1}{Y_{12}}\right) \tag{3-62}$$

$$C_o = \frac{-1}{\Im\left(\dfrac{1}{2\pi f Y_{11}}\right)} \tag{3-63}$$

电阻值 R_s 是通过实验测量的,而电容则是通过对器件 S 参数的反向偏置测量来确定的。将这两个量组合起来即可得出截止频率

$$f_c = \frac{1}{2\pi C_o R_S} \tag{3-64}$$

因此品质因子 Q 表示为

$$Q = \frac{\Im(-Y_{11})}{\Re(Y_{11})} \tag{3-65}$$

除了这里讨论的 BiCMOS 肖特基势垒二极管外,通过 CMOS 工艺实现的截止频率超过 1 THz 的类似器件也已被实现[65]。

3.6.3 PIN 二极管

除了 P$^+$ 层上为电阻接触,而不是肖特基接触,PIN 二极管的横截面(如图 3.18 所示)与肖特基二极管的横截面非常相似。掩埋的 N$^+$ 层在这一过程中自然产生,而 N$^+$ 阴极层则是通过将高剂量电子注入 P 型衬底材料中形成的。此外,通过外延生长添加本征层,然后通过二次外延生长在本征层上形成 P$^+$ 阳极。深沟槽(图 3.18 中用 DT 表示)隔离区域提供了与衬底其他部分的局部隔离。

PIN 二极管在寄生电阻和寄生电容方面表现出相似的特性。图 3.18 中所示的寄生元件是接触电阻和布线电阻(均用 R_C 表示)、本征层中的下电阻 R_i、掩埋层中的横向电阻 R_L 和贯通电阻 R_{RT}。

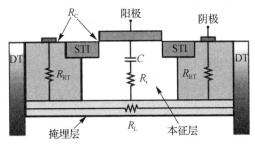

图 3.18 具有寄生元件的 PIN 二极管

寄生电阻的大小由本征层的 R_i 确定。寄生电容存在于阴极和阳极之间,以及阳极和贯通注入的延伸区之间。此外,阳极和阴极触点处的布线也产生了寄生电容。

PIN 二极管的两个重要性能指标是隔离损耗和插入损耗,分别作用于肖特基二极管的截止电容和导通串联电阻。隔离损耗表示在截止状态下二极管限制泄漏电流的能力,而插入损耗表示在导通状态下信号损耗水平的度量,这两个参数是相关的。例如,对于固定阳极表面积($3\ \mu m \times 3\ \mu m$),采用 130 nm BiCMOS 工艺制造的 PIN 二极管可实现约 0.7 dB 的插入损耗和 11 dB 的隔离损耗[66]。因此,器件布局的改变可以实现隔离损耗和插入损耗之间所需的平衡。

PIN 二极管和肖特基二极管具有相似的用途,可根据特定的场合来选择相应的二极管。例如,PIN 二极管通常比肖特基二极管具有更好的隔离特性,这使其更适用于解决反向泄漏问题;另一方面,肖特基二极管可以提供更高的开关速度(源于跨肖特基势垒的电子注入),是高速开关应用的绝佳选择[4,6]。

3.6.4 硅通孔技术

在过去的二三十年中,半导体集成的改进技术主要关注扁平化二维应用,例如军用系统、生物电子和医疗系统、光电以及其他一些行业[67]。集成了某种半导体技术的应用范围已经覆盖了从高技术军用系统到廉价初级消费品,主要原因之一是 MOS 器件具有良好的尺寸缩放,但最近开发的器件已经偏离了先前建立的理想尺寸缩放理论[67,68],这主要是因为难以调整工作电压。降低 MOS 器件的阈值电压通常不能避免阈值漏电流的增加,即 kT/q 值不会同步减小。在不能调整阈值电压的情况下,大多数设计都需要在功率和性能之间取得平衡,牺牲一项性能以提高另一项的性能,反之亦然。

为了在限制大规模集成电路功耗的同时最大限度地提高其性能,通常采用两种方法。第一种方法可能被认为是一种保守的(而且可能是低效的)方法,就是重新考虑系统的架构,其中主要关注的问题是功耗;另一种方法是重构系统的大规模集成(Large-Scale Integration,LSI),而三维 LSI 是在不牺牲功耗的情况下改进性能的方法之一。现在已经有几种实现芯片互连的方法:边缘连接、耦合(感性或容性)、引线绑定和硅通孔(Through-Silicon Via,TSV)。

相当多的文献报道了采用 TSV 技术开发的无源元件和传输线,特别是三维集成技术的应用。可以预见,上述技术在高性能毫米波太赫兹器件中会有更广阔的应用前景[69-71]。

3.6.5 电容元件

无源元件可以决定毫米波设计的成败。集成 CMOS 工艺中常用的无源器件包括金属-氧化物-金属(Metal-Oxide-Metal,MOM)电容器和金属-绝缘体-金属(Metal-Insulator-Metal,MIM)电容器。MIM 电容器在结构和原理上类似于平行板电容器。极薄的电介质将两个金属板分开,制造这种电容器需要额外的步骤,在两个金属板之间附加绝缘层。这种绝缘是为了提高电容精度和增加单位面积可获得的电容(在 $fF/\mu m^2$ 范围内)。

MOM 电容器采用叉指结构,从而利用金属端子之间的边缘电容。层状结构通常用于提高单位面积的电容密度,金属层与通孔相连。对于深亚微米工艺,由于金属端子之间存在最小水平间距,叉指矩阵电容器能够在不需要额外工艺步骤的情况下,获得与 MIM 电容器相似的面积效率。

3.6.6　片上传输线

在毫米波电路中,分立式无源元件、集总元件和互连导线都是用来连接电路功能块和子系统的。虽然某些片上技术确实对毫米波频率下的集总元件有一定效果,但实现电长连接,匹配网络和其他无源元件技术仍然存在问题[57]。集成平面传输线由接地层顶部的金属条组成,两条金属条之间由介质基板和可能的附加介质层隔开。硅电阻率和信号频率是对传输线性能影响最大的两个特性,它们也会影响传输模式(见图 3.19)。此外,应通过限制结构的厚度(即从接地层到顶层导体的厚度)来防止表面波不受控制地激发[42,72,73]。

准 TEM 传播模式对于共面和微带传输线至关重要。如图 3.19 所示,在 Si 电路中有明显的慢波模式和趋肤效应。我们通过平行板波导分析来预测特定模式占主导的每个频率-电阻率区域。这里举两个例子:代表典型 CMOS 技术的金属间介电(Intermetal Dielectric,IMD)层的厚度为 3.5 μm,BiCMOS 的则为 10 μm。

对于毫米波电路来说,数字 CMOS 的局限性是显而易见的,即使用低 ρ_{Si} 衬底($\rho_{Si} <$ 10 $\Omega \cdot cm$,为了减少闩锁效应)。如此低的电阻率意味着毫米波电路会受到趋肤效应模式的影响,呈现出色散特性并导致严重的信号衰减。为了解决这个问题,射频技术使用 1~100 $\Omega \cdot cm$ 范围内的衬底(图 3.19 中的着色区域)。该区域主要被准 TEM 模式和慢波模式占据。这两种模式之间的混合出现在它们的边界处(例如在示例的 BiCMOS 工艺中),对于 $\rho_{Si} <$ 10 $\Omega \cdot cm$ 的衬底,频率范围为 700 MHz 至 20 GHz。

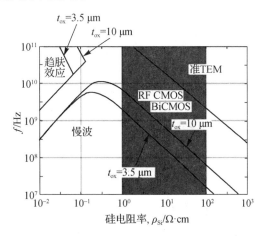

图 3.19　频率和硅电阻率对 250 μm 衬底传播模式的影响

慢波模式出现的频率范围中硅衬底内部的自由电子会屏蔽源自顶层导体和接地层之间的电场[57],大部分电场能量被限制在 IMD 层内,同时磁场占据了导体间的全部空间,这与准TEM 模式一样。发生上述情况的原因是因为衬底中的磁感应电流对整体场强没有重大影响,结果导致行波速度与其在自由空间的值相比有所降低(因此称为慢波),且该波能够以最小的衰减传播。随着电场继续突破硅层(其发生的程度随频率增加而增加),准 TEM 和慢波模式的混合模式开始出现。准 TEM 模式的频率裕量由下式表示:

$$f_{\text{q-TEM}} = \frac{3}{4\pi\rho_{\text{Si}}\varepsilon_{\text{Si}}\varepsilon_0} \tag{3-66}$$

其中,ε_{Si} 和 ε_0 分别表示硅的相对介电常数和自由空间的介电常数。在高于 $f_{\text{q-TEM}}$ 的频率下,电场能量连续分散在硅层和氧化层之间,从而消除了波速的频率依赖性。

在毫米波波段上,由于共面波导(Coplanar Waveguide,CPW)传输线与接地层的强耦合可减少串扰并提高隔离度[59,74],使其比微带线更受青睐。现在许多深亚微米范围内的硅技术能够实现多达 10 种金属的互连,并且这些金属层也可以实现附加屏蔽。

3.7 系统封装技术

自从晶体管发明以来,微电子技术在许多方面对电子产品世界产生了革命性的影响。虽然片上系统(SoC)技术已经出现了一段时间,但不可否认的是作为一种集成技术,它仍然存在一些缺点[61]。典型毫米波前端模块的要求包括:

- 大量的高性能无源元件。
- 在大带宽上具有足够的性能,且载波频率超过 60 GHz。
- 低功耗。
- 可重构性(软件定义)。
- 低制造成本。

这些要求很难做到,在过去的 10～15 年里,技术人员努力寻求解决方案。系统封装(SOP)方法由于使用低成本和高性能的材料,已被证明是可实现集成的有效解决方案。

当然,Globalfoundries 实现的 28 nm 超低功耗(Super-Low Power,SLP)体硅 CMOS 制造工艺等技术也面临着高度集成化设计的挑战。首先,诸如此类的技术既不是为高性能模拟电路量身定做的,也不是为高性能模拟电路优化的。因此,射频晶体管及其伴随的行为模型并不容易获得,所以需要投入大量的财力物力进行开发。其次,Globalfoundries 的工艺在一个铝层下总共使用了 9 个铜层,与其他专用 RF-CMOS 技术相比,这种金属叠层的高度非常低,会损害 RF 性能,其由以下两个因素造成:电路寄生更大和高质量平面电感器制造困难。再次,电路中需要电容器时通常使用 FET 或垂直自然电容器来实现。没有专用的金属-绝缘体-金属层意味着无法轻易添加具有高自谐振频率的高 Q 电容器。最后,技术扩展的结果是降低了 FET 击穿电压,在某些器件中,其击穿电压甚至低至 1.1 V。这直接影响了众多的设计选择,并引入了较大的工艺变化、模型不一致性和日益严格的金属密度规则。

3.8 结束语

本章介绍的这些概念提供了与毫米波功率放大器相关的晶体管技术和无源元件的相关技术背景。通过改进电路设计的方式可实现功率放大器性能和效率的不断提高。同时，具备较高的 f_T 和 f_{max} 值以及出色功率处理能力的晶体管的商业化正在成熟，而且随着系统不断向小规模集成发展，这种趋势很可能持续下去且极具发展潜力。

参考文献

[1] Doan，C. H.，Emami，S.，Niknejad，A. M.，Brodersen，R. W.：Millimeter-wave CMOS design. IEEE J. Solid-State Circuits 40(1)，144-154 (2005)

[2] Harame，D. L.，Member，S.，Ahlgren，D. C.：Current status and future trends of SiGe BiCMOS technology. IEEE Trans. Electron Devices 48(11)，2575-2594 (2001)

[3] Cressler，J. D.，Niu，G.：Silicon-Germanium heterojunction bipolar transistors. Artech House，Inc.，Norwood (2003)

[4] Neamen，D. A.：Microelectronics：Circuit Analysis and Design，4th ed. McGraw-Hill，New York (2010)

[5] Gonzalez，G.：Microwave Transistor Amplifiers：Analysis and Design，2nd ed. Prentice Hall，Upper Saddle River (1996)

[6] Neamen，D. A.：Semiconductor Physics and Devices：Basic Principles. McGraw-Hill，New York (2003)

[7] Hu，C. C.：Modern Semiconductor Devices for Integrated Circuits. Pearson Education，Inc.，Upper Saddle River (2009)

[8] Cressler，J. D.：SiGe HBT technology：a new contender for Si-Based RF and microwave circuit applications. IEEE Trans. Microw. Theory Tech. 46(5)，572-589 (1998)

[9] Harame，D.，Larson，L.，Case，M.：SiGe HBT technology：device and application issues. IEEE Trans. Electron Devices 914，731-734 (1995)

[10] Pawlak，A.，Lehmann，S.，Sakalas，P.，Krause，J.，Aufinger，K.，Ardouin，B.，Schroter，M.：SiGe HBT modeling for mm-wave circuit design. In：Proceedings of IEEE Bipolar/BiCMOS Circuits Technology Meeting，vol. 2015-Nov，pp. 149-156 (2015)

[11] Hashemi，H.，Raman，S. (eds.)：mm-Wave Silicon Power Amplifiers and Transmitters. Cambridge University Press，Cambridge，United Kingdom (2016)

[12] Ghazinour，A.，Wennekers，P.，Reuter，R.，Yi，Y.，Li，H.，Böhm，T.，Jahn，D.：An integrated SiGe-BiCMOS low noise transmitter chip with a frequency divider chain for 77 GHz applications. In：Proceedings of the 1st European Microwave Integrated Circuits Conference (EuMIC)，pp. 194-197 (2006)

[13] Winkler, W., Borngraber, J., Gustat, H., Korndorfer, F.: 60 GHz transceiver circuits in SiGe: C BiCMOS technology. In: Proceedings of the 30th European Solid-State Circuits Conference, pp. 83-86 (2004)

[14] Harame, D. L., Comfort, J. H., Crabb, E. F., Sun, J. Y. C., Meyerson, B. S., Cressler, J. D., Tice, T.: Si/SiGe epitaxial-base transistors-part i: materials, physics, and circuits. IEEE Trans. Electron Devices 42(3), 455-468 (1995)

[15] Rieh, J. S., Jagannathan, B., Chen, H., Schonenberg, K. T., Angell, D., Chinthakindi, A., Florkey, J., Golan, F., Greenberg, D., Jeng, S. J., Khater, M., Pagette, F., Schnabel, C., Smith, P., Stricker, A., Vaed, K., Volant, R., Ahlgren, D., Freeman, G., Stein, K., Subbanna, S.: SiGe HBTs with cut-off frequency of 350 GHz. In: International Electron Devices Meeting, pp. 771-774 (2002)

[16] Sarmah, N., Grzyb, J., Statnikov, K., Malz, S., Rodriguez Vazquez, P., Föerster, W., Heinemann, B., Pfeiffer, U. R.: A fully integrated 240-GHz direct-conversion quadrature transmitter and receiver chipset in SiGe technology. IEEE Trans. Microw. Theory Tech. 64(2), 562-574 (2016)

[17] Statnikov, K., Grzyb, J., Heinemann, B., Pfeiffer, U. R.: 160-GHz to 1-THz multi-color active imaging with a lens-coupled SiGe HBT chip-set. IEEE Trans. Microw. Theory Tech. 63(2), 520-532 (2015)

[18] Chai, F. K., Reuter, R., Baker, T., Zupac, D., Kirchgessner, J.: Outstanding noise characteristics of SiGe: C HBT allow flexibility in high-frequency RF designs. In: IEEE Radio Frequency Integrated Circuits (RFIC) Symposium, pp. 151-154 (2003)

[19] Niu, G., Cressler, J. D., Zhang, S., Joseph, A., Harame, D.: Noise-gain tradeoff in RF SiGe HBTs. In: Topical Meeting on Silicon Monolithic Integrated Circuits in RF Systems (SiRF), vol. 2, no. 6, pp. 187-191 (2001)

[20] Niu, G.: Noise in SiGe HBT RF technology: physics, modeling, and circuit implications. Proc. IEEE 93(9), 1583-1597 (2005)

[21] d'Alessandro, V., Sasso, G., Rinaldi, N., Aufinger, K.: Experimental DC extraction of the base resistance of bipolar transistors: application to SiGe: C HBTs. IEEE Trans. Electron Devices 63(7), 1-9 (2016)

[22] Van Haaren, B., Régis, M., Llopis, O., Escotte, L., Grüble, A., Mähner, C., Plana, R., Graffeuil, J.: Low-frequency noise properties of SiGe HBT's and application to ultra-low phase-noise oscillators. IEEE Trans. Microw. Theory Tech., 46(5)PART 2, 647-652 (1998)

[23] Vempati, L. S., Cressler, J. D., Babcock, J. A., Jaeger, R. C., Harame, D. L.: Low-frequency noise in UHV/CVD epitaxial Si and SiGe bipolar transistors. IEEE J. Solid-State Circuits 31(10), 1458-1466 (1996)

[24] Borgarino, M., Bary, L., Vescovi, D., Menozzi, R., Monroy, A., Laurens, M., Plana, R., Fantini, F., Graffeuil, J., Member, S.: The correlation resistance for low-frequency noise compact modeling of

Si/SiGe HBTs. IEEE Trans. Electron Devices 49(5), 863-870 (2002)

[25] Bruce, S. P. O.: Measurement of low-frequency base and collector current noise and coherence in SiGe heterojunction bipolar transistors using transimpedance amplifiers. IEEE Trans. Electron Devices 46 (5), 993-1000 (1999)

[26] Rodwell, M. J. W., Urteaga, M., Mathew, T., Scott, D., Mensa, D., Lee, Q., Guthrie, J., Betser, Y., Martin, S. C., Smith, R. P., Jaganathan, S., Krishnan, S., Long, S. I., Pullela, R., Agarwal, B., Bhattacharya, U., Samoska, L., Dahlstrom, M.: Submicron scaling of HBTs. IEEE Trans. Electron Devices 48(11), 2606-2624 (2001)

[27] Harame, D. L., Comfort, J. H., Crabb, E. F., Sun, J. Y. C., Meyerson, B. S., Cressler, J. D., Tice, T.: Si/SiGe epitaxial-base transistors part Ⅱ: process integration and analog applications. IEEE Trans. Electron Devices 42(3), 469-482 (1995)

[28] Cheng, P., Liu, Q., Camillo-Castillo, R., Liedy, B., Adkisson, J., Pekarik, J., Gray, P., Kaszuba, P., Moszkowicz, L., Zetterlund, B., MacHa, K., Tallman, K., Khater, M., Harame, D., A novel Ccb and Rb reduction technique for high-speed SiGe HBTs. In: Proceedings of the IEEE Bipolar/BiCMOS Circuits and Technology Meeting, pp. 8-11 (2012)

[29] Camillo-Castillo, R. A., Liu, Q. Z., Adkisson, J. W., Khater, M. H., Gray, P. B., Jain, V., Leidy, R. K., Pekarik, J. J., Gambino, J. P., Zetterlund, B., Willets, C., Parrish, C., Engelmann, S. U., Pyzyna, A. M., Cheng, P., Harame, D. L.: SiGe HBTs in 90 nm BiCMOS technology demonstrating 300/420 GHz fT/fMAX through reduced Rb and Ccb parasitic. In: IEEE Bipolar/BiCMOS Circuits and Technology Meeting (BCTM), pp. 227-230 (2013)

[30] Enz, C.: A MOS transistor model for RF IC design valid in all regions of operation. IEEE Trans. Microw. Theory Tech. 50(1), 342-359 (2002)

[31] Frank, D. J., Dennard, R. H., Nowak, E., Solomon, P. M., Taur, Y., Wong, H. S. P.: Device scaling limits of Si MOSFETs and their application dependencies. Proc. IEEE 89(3), 259-287 (2001)

[32] Taur, Y., Buchanan, D. A., Chen, W., Frank, D. J., Ismail, K. E., Shih-Hsien, L. O., Sai-Halasz, G. A., Viswanathan, R. G., Wann, H. J. C., Wind, S. J., Wong, H. S.: CMOS scaling into the nanometer regime. Proc. IEEE 85(4), 486-503 (1997)

[33] Wicks, B. N., Skafidas, E., Evans, R. J.: A 75-95 GHz wideband CMOS power amplifier. European Microwave Integrated Circuits Conference, pp. 554-557, Oct 2008

[34] Mitomo, T., Ono, N., Hoshino, H., Yoshihara, Y., Watanabe, O., Seto, I.: A 77 GHz 90 nm CMOS transceiver for FMCW radar applications. IEEE J. Solid-State Circuits 45(4), 928-937 (2010)

[35] Fritsche, D., Tretter, G., Carta, C., Ellinger, F.: Millimeter-wave low-noise amplifier design in 28-nm low-power digital CMOS. IEEE Trans. Microw. Theory Tech. 63(6), 1910-1922 (2015)

[36] Heydari, B., Bohsali, M., Adabi, E., Niknejad, A. M.: A 60 GHz power amplifier in 90 nm CMOS technology. In: IEEE Custom Integrated Circuits Conference, no. Cicc, pp. 769-772 (2007)

[37] Makunda, B. D.: Millimeter-wave performance of ultrasubmicrometer-gate field-effect transistors: a

comparison of MODFET, MESFET and PBT structures. IEEE Trans. Electron Devices, ED-34(7), 1429-1440 (1987)

[38] Tasker, P. J., Hughes, B.: Importance of source and drain resistance to the maximum fT of millimeter-wave MODFET's. IEEE Electron Device Lett. 10(7), 291-293 (1989)

[39] Niknejad, A. M., Hashemi, H.: Mm-Wave Silicon Technology: 60 GHz and Beyond. Springer, US, New York (2008)

[40] Shigematsu, H., Hirose, T., Brewer, F., Rodwell, M.: Millimeter-wave CMOS circuit design. IEEE Trans. Microw. Theory Tech. 53(2), 472-477 (2005)

[41] Razavi, B.: Design of millimeter-wave CMOS radios: a tutorial. IEEE Trans. Circuits Syst. I Regul. Pap. 56(1), 4-16 (2009)

[42] Rappaport, T. S., Murdock, J. N., Gutierrez, F.: State of the art in 60-GHz integrated circuits and systems for wireless communications. Proc. IEEE 99(8), 1390-1436 (2011)

[43] Johnson, E.: Physical limitations on frequency and power parameters of transistors. IRE Int. Conv. Rec. 13, 27-34 (1965)

[44] Mimura, T.: The early history of the high electron mobility transistor (HEMT). IEEE Trans. Microw. Theory Tech. 50(3), 780-782 (2002)

[45] Brehm, G. E.: Trends in microwave/millimeter-wave front-end technology. In: 1st European Microwave Integrated Circuits Conference (IEEE Cat. No. 06EX1410), no. Sep, 4 pp. |CD-pp. ROM (2006)

[46] Tang, Y., Shinohara, K., Regan, D., Corrion, A., Brown, D., Wong, J., Schmitz, A., Fung, H., Kim, S., Micovic, M.: Ultrahigh-speed GaN high-electron-mobility transistors with fT/fmax of 454/444 GHz. IEEE Electron Device Lett. 36(6), 549-551 (2015)

[47] Mishra, B. U. K., Shen, L., Kazior, T. E., Wu, Y.: GaN-based RF power devices and amplifiers. Proc. IEEE 96(2), 287-305 (2008)

[48] Shinohara, K., Regan, D., Corrion, A., Brown, D., Burnham, S., Willadsen, P. J., Alvarado-Rodriguez, I., Cunningham, M., Butler, C., Schmitz, A., Kim, S., Holden, B., Chang, D., Lee, V., Ohoka, A., Asbeck, P. M., Micovic, M.: Deeply-scaled self-aligned-gate GaN DH-HEMTs with ultrahigh cutoff frequency. In: International Electron Devices Meeting (IEDM), vol. 2, pp. 453-456 (2011)

[49] Shinohara, K., Regan, D. C., Tang, Y., Corrion, A. L., Brown, D. F., Wong, J. C., Robinson, J. F., Fung, H. H., Schmitz, A., Oh, T. C., Kim, S. J., Chen, P. S., Nagele, R. G., Margomenos, A. D., Micovic, M.: Scaling of GaN HEMTs and schottky diodes for submillimeter-wave MMIC applications. IEEE Trans. Electron Devices 60(10), 2982-2996 (2013)

[50] Corrion, A. L., Shinohara, K., Regan, D., Milosavljevic, I., Hashimoto, P., Willadsen, P. J., Schmitz, A., Wheeler, D. C., Butler, C. M., Brown, D., Burnham, S. D., Micovic, M.: Enhancement-mode AlN/GaN/AlGaN DHFET with 700-mS/mm gm and 112-GHz fT. IEEE Electron Device

Lett. 31(10), 1116-1118 (2010)

[51] Gunnarsson, S. E., Kärnfelt, C., Zirath, H., Kozhuharov, R., Kuylenstierna, D., Fager, C., Alping, A.: Single-chip 60 GHz transmitter and receiver MMICs in a GaAs mHEMT technology. In: IEEE MTT-S International Microwave Symposium Digest, vol. 40, no. 11, pp. 801-804 (2006)

[52] Curtis, J., Pham, A.-V., Chirala, M., Aryanfar, F., Pi, Z.: A Ka-Band doherty power amplifier with 25.1 dBm output power, 38% peak PAE and 27% back-off PAE. In: IEEE Radio Frequency Integrated Circuits Symposium (RFIC), pp. 349-352 (2013)

[53] Alizadeh, A., Frounchi, M., Medi, A.: On design of wideband compact-size Ka/Q-band high-power amplifier. IEEE Trans. Microw. Theory Tech. 64(6), 1831-1842 (2016)

[54] Chen, Y. C., Ingram, D. L., Lai, R., Barsky, M., Grunbacher, R., Block, T., Yen, H. C., Streit, D. C.: A 95-GHz InP HEMT MMIC amplifier with 427-mW power output. IEEE Microw. Guid. Wave Lett. 8(11), 399-401 (1998)

[55] Haydl, W. H., Verweyen, L., Jakobus, T., Neumann, M., Tessmann, A., Krems, T., Schlechtweg, M., Reinert, W., Massier, H., Rudiger, J., Bronner, W., Hulsmann, A., Fink, T.: Compact monolithic coplanar 94 GHz front ends. In: IEEE MTT-S International Microwave Symposium Digest, vol. 3, pp. 1281-1284 (1997)

[56] Chirala, M. K., Nguyen, C.: Multilayer design techniques for extremely miniaturized CMOS microwave and millimeter-wave distributed passive circuits. IEEE Trans. Microw. Theory Tech. 54(12), 4218-4224 (2006)

[57] Long, J. R., Zhao, Y., Wu, W., Spirito, M., Vera, L., Gordon, E.: Passive circuit technologies for mm-wave wireless systems on silicon. In: IEEE Trans. Circuits Syst. I Regul. Pap., 59(8), 1680-1693 (2012)

[58] Shi, J., Kang, K., Xiong, Y. Z., Brinkhoff, J., Lin, F., Yuan, X. J.: Millimeter-wave passives in 45-nm digital CMOS. IEEE Electron Device Lett. 31(10), 1080-1082 (2010)

[59] Pozar, D. M.: Microwave Engineering, 4th edn. Wiley, Inc., Hoboken (2012)

[60] Yue, C. P., Wong, S. S.: On-chip spiral inductors with patterned ground shields for Si-based RF IC's. IEEE J. Solid-State Circuits 33(5), 743-752 (1998)

[61] Lim, K., Pinel, S., Davis, M., Sutono, A., Lee, C. H., Heo, D., Obatoyinbo, A., Laskar, J., Tantzeris, E. M., Tummala, R.: RF-System-On-Package (SOP) for wireless communications. IEEE Microw. Mag. 3(1), 88-99 (2002)

[62] Kondratyev, V., Lahti, M., Jaakola, T.: On the design of LTCC filter for millimeter-waves. In: IEEE MTT-S International Microwave Symposium Digest, vol. 3, pp. 1771-1774 (2003)

[63] Rong, Y., Zaki, K. A., Hageman, M., Stevens, D., Gipprich, J.: Low-temperature cofired ceramic (LTCC) ridge waveguide bandpass chip filters. IEEE Trans. Microw. Theory Tech. 47(12), 2317-2324 (1999)

[64] Lee, J. H., DeJean, G., Sarkar, S., Pinel, S., Lim, K., Papapolymerou, J., Laskar, J., Tentzeris,

M. M.: Highly integrated millimeter-wave passive components using 3-D LTCC System-on-Package (SOP) technology. In: IEEE Trans. Microw. Theory Tech., 53(6) II,2220-2229 (2005)

[65] Sankaran, S., K. K. O.: Schottky barrier diodes for millimeter wave detection in a foundry CMOS process. IEEE Electron Device Lett., 26(7), 492-494 (2005)

[66] Orner, B. A., Liu, Q., Johnson, J., Rassell, R., Liu, X., Joseph, A., Gaucher, B., Sheridan, D.: p-i-n diodes for monolithic millimeter wave BiCMOS Applications. In: International SiGe Technology and Device Meeting, pp. 1-2 (2006)

[67] Motoyoshi, M.: Through-Silicon via (TSV). Proc. IEEE 97(1), 43-48 (2009)

[68] Katti, G., Stucchi, M., De Meyer, K., Dehaene, W.: Electrical modeling and characterization of through silicon via for three-dimensional ICs. IEEE Trans. Electron Devices 57(1), 256-262 (2010)

[69] Bleiker, S. J., Fischer, A. C., Shah, U., Somjit, N., Haraldsson, T., Roxhed, N., Oberhammer, J., Stemme, G., Niklaus, F.: High-aspect-ratio through silicon vias for high-frequency application fabricated by magnetic assembly of gold-coated nickel wires. IEEE Trans. Compon. Packag. Manuf. Technol., 5(1), 21-27 (2015)

[70] Hu, S., Wang, L., Xiong, Y. Z., Lim, T. G., Zhang, B., Shi, J., Yuan, X.: TSV technology for millimeter-wave and terahertz design and applications. IEEE Trans. Compon. Packag. Manuf. Technol., 1(2), 260-267 (2011)

[71] Hu, S., Wang, L., Xiong, Y. Z., Shi, J., Zhang, B., Zhao, D., Lim, T. G., Yuan, X.: Millimeter-wave/THz passive components design using through silicon via (TSV) technology. In: Electronic Components and Technology Conference, pp. 520-523 (2010)

[72] Chen, C. C., Tzuang, C. K. C.: Synthetic quasi-TEM meandered transmission lines for compacted microwave integrated circuits. IEEE Trans. Microw. Theory Tech. 52(6), 1637-1647 (2004)

[73] Gianesello, F., Gloria, D., Raynaud, C., Montusclat, S., Boret, S., Clement', C., Tinella, C., Benech, P., Fournier, J. M., Dambrine, G.: State of the art integrated millimeter wave passive components and circuits in advanced thin SOI CMOS technology on high resistivity substrate. In: Proceedings-IEEE International SOI Conference, vol. 2005, pp. 52-53 (2005)

[74] Haydl, W. H.: On the use of vias in conductor-backed coplanar circuits. IEEE Trans. Microw. Theory Tech. 50(6), 1571-1577 (2002)

第 二 部 分

第4章　线性模式毫米波功率放大器

线性模式功率放大器(PA)的设计通常涉及与小信号放大器类似的匹配原则,但实现的功率匹配输出看起来不是共轭匹配的。在某种意义上,设计过程变得非常类似于设计低噪声放大器(Low Noise Amplifier, LNA)的过程。在LNA的设计中,为了产生最好的噪声特性,输入反射系数与实际输入阻抗的共轭是有很大不同的。输出端的功率匹配是实现放大器的最大功率传输的必要条件,并且在设计过程中更高频率下的阻抗值非常重要。在放大器发展的过程中,输出功率匹配阻抗的值一直被认为只有在实验中才能测量。与设备的噪声性能类似,设计者依靠人工测量或制造商提供的信息来获得可靠的数据。在这方面,负载牵引测量技术提供了一种强大的方法来准确地预测阻抗数据。

具有线性响应的放大器在一些应用中是有利的。例如,复杂的信号处理方案在很大程度上依赖于放大器的线性度,因为放大器应该保持传输信号的增益和相位平衡,而如果放大器在线性区域工作,那么实现这一点就简单得多。这种依赖于放大器线性度的方案有正交振幅调制(QAM)、正交相移键控(QPSK)和正交频分复用(OFDM)。相反,恒定包络调制方案不需要线性放大来达到最佳的潜在性能。峰值平均功率比(PAPR)是一种常用来确定放大器线性度的指标。此外,频谱泄漏效应增强了由系统引入的带外干扰,这也会影响所需的线性度。

通信系统表现出更高的频谱利用率是有利的,这促进着线性化技术的应用,如反馈、数字预失真和前馈。在毫米波通信标准的早期草案中,对恒定包络方案如高斯最小移位键控(Gaussian Minimum Shift Keying, GMSK)或极低PAPR值的方案(如QPSK)的依赖很大程度上排斥了线性放大器。随着QAM的流行,如在4G/LTE下行链路以及未来的毫米波通信中,线性放大器相关的电路和组件的发展可能会复兴。

例如,将线性放大器与毫米波频率下的开关模式放大器进行比较,可以揭示选择这种结构带来的一些附加好处。考虑到谐波控制电路带来的复杂性,在毫米波频率下保持开关模式放大器的宽带性能是相当具有挑战性的。此外,线性放大器有潜力通过Doherty架构在相当大的功率水平范围内高效工作。

最后,本章分析的放大器种类分为甲类、甲乙类、丙类和丁类,均被粗糙地定义为线性的。正如后面的章节所显示的,放大器的分类可能是非常模糊并且具有歧义的。但是,无论采用何种分类方法,本章都将详细讨论工作在甲类、甲乙类、丙类和丁类模式下的毫米波功率放大器的设计和实现。

4.1 压缩导通角波形分析

本章的其余部分内容将揭示放大器性能指标与导通角之间的关系。利用这种关系可以对增益、输出功率、负载线电阻等参数进行广泛的分析，并且它也可以根据器件技术和各种电路规格进行优化。另外，通常可以通过减小导通角来提高效率。为了讨论本章中不同模式放大器的性能与导通角的关系，我们先将一些定义罗列出来。

4.1.1 漏极电流

1) 恒定输入功率

导致导通角减小的偏置条件如图 4.1 所示。施加到器件上的偏置电压位于阈值电压 V_T 之上[1-6]，器件处于截止区。从图 4.1 可以得出结论，一个足够大的驱动信号会导致器件在射频信号周期的负方向超出其截止点。此外，要想让电流信号一直上升到最大值 I_{max}，输入驱动电平需要增加一个合理的幅度。

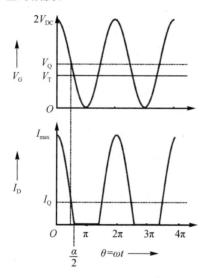

图 4.1　减小的导通角波形

将此需求定量表示为驱动信号所需的振幅

$$V_{drive} = 1 - V_Q \qquad (4-1)$$

式中，V_Q 为图 4.1 的归一化偏置点。相对于一个完整的射频信号周期（例如 2π），导通角 α 被定义为晶体管传导的相位角的一部分。这也许在定义上会产生一些混淆，因为余弦波是围绕零时间轴对称的，而数学上正确的定义方法将包括零时间轴两端的电流信号，尽管通常认为负时间是不存在的。与周期性正弦波相关的电流信号也是周期性的，因此信号中的电流截止点在图 4.1 中用 $\pm\alpha/2$ 表示。

　　电流信号的直流分量随着导通角的减小而减小。此外,可以合理地假定谐波将会存在,尽管它们的确切性质不那么显著。在这方面,傅里叶分析被证明在理解这些电流谐波的本质方面是非常有用的[8-9]。

　　从 $\theta = \omega t, \omega = 2\pi f$ 可以看出,导通角也可以在不失一般性的情况下通过工作时间进行表达。当存在非零漏极电流时,晶体管被认为是导电的。对于功率放大器而言,导通角主要由直流偏置电压决定。射频漏极电流波形随导通角的变化可以表示为

$$i_D(\theta) = I_Q + I_{pk}\cos\theta, \quad -\frac{\alpha}{2} < \theta < \frac{\alpha}{2} \tag{4-2}$$

式中:

$$I_{pk} = I_{max} - I_Q \tag{4-3}$$

并且

$$\cos\left(\frac{\alpha}{2}\right) = -\frac{I_Q}{I_{pk}} \tag{4-4}$$

　　在式(4-2)中规定的限制之外,假设漏极电流为零,这对应于晶体管不导电。利用式(4-3)和式(4-2)中提供的关系展开式(4-2),可以得到

$$i_D(\theta) = \frac{I_{max}}{1 - \cos(\alpha/2)}\left[\cos\theta - \cos(\alpha/2)\right] \tag{4-5}$$

　　由傅里叶分析可知,式(4-5)中电流信号的直流分量为

$$I_{DC} = \frac{1}{2\pi}\int_{-\frac{\alpha}{2}}^{\frac{\alpha}{2}} \frac{I_{max}}{1 - \cos(\alpha/2)}\left[\cos\theta - \cos(\alpha/2)\right]d\theta \tag{4-6}$$

　　同样地,n 次谐波幅值可以表示为

$$I_n = \frac{1}{\pi}\int_{-\frac{\alpha}{2}}^{\frac{\alpha}{2}} \frac{I_{max}}{1 - \cos(\alpha/2)}\left[\cos\theta - \cos(\alpha/2)\right]\cos(n\theta)d\theta \tag{4-7}$$

　　由于射频电流信号是一个偶函数(围绕零时间轴对称),因此不存在正交分量。式(4-6)和式(4-7)引起的最值得进一步注意的情况是前两个组成部分:I_{DC} 和 I_1。首先,计算式(4-6)中的积分得到的直流分量可以表示为

$$I_{DC} = \frac{I_{max}}{2\pi}\frac{2\sin(\alpha/2) - \alpha\cos(\alpha/2)}{1 - \cos(\alpha/2)} \tag{4-8}$$

并且对于直流分量($n=1$),由式(4-7)计算可得

$$I_1 = \frac{I_{max}}{2\pi}\frac{\alpha - \sin\alpha}{1 - \cos(\alpha/2)} \tag{4-9}$$

　　通过电流谐波与导通角的关系图可以观察到电流谐波随导通角的变化,其结果如图 4.2 所示,电流谐波的振幅被归一化到器件的最大电流 I_{max}。此外,该图还指出了与本章所讨论的每一类放大器相关的导通角范围。

　　为了分析的完整性,3 次谐波也出现在图 4.2 中;作为一般规则,$n \geqslant 2$ 的谐波可以表示为

$$I_n = \frac{2I_{\max}}{\pi} \frac{2\sin(n\alpha/2)\cos(\alpha/2) - n\sin(\alpha/2)\cos(n\alpha/2)}{n(n^2-1)[1-\cos(\alpha/2)]} \qquad (4-10)$$

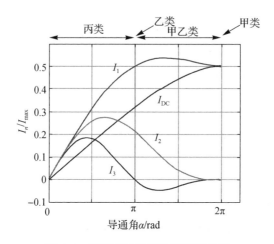

图 4.2 漏极电流分解为其谐波分量

直流分量随着导通角的减小而减小，基波分量的结果也大致相同。例如，在乙类模式下，$\alpha = \pi$ 时，直流电流是 $I_{\max}/\pi$。相较于甲类模式，$\alpha = 2\pi$ 时，我们可以得出结论，$I_{DC} = I_{\max}/2$。通过重复 $n = 1$ 时的操作，表明这些情况下甲类和乙类模式是等效的。仅考虑电流波形，似乎有可能在不改变基本射频组件的情况下将直流电源电压降低为原先的 $2/\pi$。直流电源电压的降低会导致效率的提高，但是考虑整个方程，分析输出匹配的影响以及电压波形是非常重要的。将导通角降至 π 以下定义为丙类操作，后面将进一步讨论。在这种情况下，直流分量随着基波分量的减小而减小，从而提高了效率，但同时也降低了利用率。这样，基本功率就会低于甲类评级。

电流导通角与直流偏置电流和最大输出电流 $I_{\max}$ 之比有关。首先，电流比率由式(4-11)给出：

$$\zeta = \frac{I_{DC}}{I_{\max}} \qquad (4-11)$$

式(4-11)与导通角的关系为

$$\cos\left(\frac{\alpha}{2}\right) = \frac{\zeta}{\zeta - 1} \qquad (4-12)$$

偏置晶体管栅极，使产生的漏极电流在整个射频周期内保持饱和，将导致晶体管在整个周期内导通。将栅极偏压降低到更接近晶体管阈值电压的水平会导致输入驱动信号降低栅极电压，使其在射频周期的某些区域低于阈值。因此，晶体管会在一段时间内关闭，这意味着导通角的工作时间减少。

2) 不同的输入功率

当考虑输入功率时，漏极电流的分析变得有些复杂，但它仍然很有意义，因为在许多情况下输入功率并不是恒定的。我们可以将晶体管在特定的归一化输入功率 x 处的相位间隔定义为 θ_x，如下式所示：

$$\theta_x = 2\arccos\left[\frac{1}{x}\cos\left(\frac{\alpha}{2}\right)\right] \tag{4-13}$$

基于前面解释的正弦波电流信号的对称性，我们有理由假设晶体管在 $-\dfrac{\theta_x}{2} < \theta < \dfrac{\theta_x}{2}$ 的范围内导通。根据上述关系，可将式(4-5)中漏电流随导通角的变化调整为

$$i_D(\theta) = \frac{I_{\max}}{1-\cos(\alpha/2)}\big[x\cos\theta - \cos(\alpha/2)\big] \tag{4-14}$$

从而包括随输入功率变化而观察到的漏电流的变化[1-3]。这产生了一些有用的关系，我们将在接下来的讨论中继续分析。漏极电流可以分解为直流分量和射频分量，它们除了随导通角的变化而变化外，还随输入功率的变化而变化。

漏极电流对输入功率 x 的依赖关系可以表示为

$$I_D(x) = I_{D,Q} \tag{4-15}$$

当输入功率在归一化后的电流量级范围内，或定量表示为 $x < |\cos(\alpha/2)|$ 时[1,3,6]，$I_{D,Q}$ 表示静态下的漏极电流。如果超出这个范围，意味着 $x \geqslant |\cos(\alpha/2)|$，漏极电流为

$$I_D(x) = x\frac{I_{\max}}{2\pi}\frac{2\sin(\theta_x/2) - \theta_x\cos(\theta_x/2)}{1-\cos(\alpha/2)} \tag{4-16}$$

此外，随着导通角的变化，可以预估 $I_{\max}$ 的变化，其值可以预测为

$$I_{\max} = \begin{cases} 0, & \alpha \leqslant \pi \\ I_{D,Q}[1-\sec(\alpha/2)], & \alpha > \pi \end{cases} \tag{4-17}$$

减小导通角会增大最大电流与对应直流值的比值。假设放大器工作在甲类模式(这意味着 $\alpha = 2\pi$)，漏极电流的直流值在任何导通角下可以与它的甲类等效值存在以下关系：

$$\frac{I_{D,\alpha}}{I_{D,A}} = \frac{2\sin(\alpha/2) - \alpha\cos(\alpha/2)}{\pi[1-\cos(\alpha/2)]} \tag{4-18}$$

基本漏极电流谐波的幅值变化见式(4-9)。通过类似于式(4-16)的思考过程，基波的输入功率关系式为

$$i_D(x) = \begin{cases} 0, & x < |\cos(\alpha/2)| \\ x\dfrac{I_{\max}}{2\pi}\dfrac{\theta_x - \sin\theta_x}{1-\cos(\alpha/2)}, & x \geqslant |\cos(\alpha/2)| \end{cases} \tag{4-19}$$

针对与导通角减小相关的工作模式(意味着器件仅在一定的输入驱动电平下开始传导射频电流)，DC 和 RF 电流信号之间的关系是分析放大器行为的有用工具[1,10]。例如，在甲乙类操作中，导通角的范围在 $\alpha = 2\pi/3$，放大器将在甲类模式下工作，直到达到一个特定的输入功率。这个功率是由 $x = |\cos(\alpha/2)|$ 定义的。在达到这个功率之前，DC 漏极电流将保持在一个恒定值，而 AC 电流则线性增加。当满足 $x = |\cos(\alpha/2)|$ 时，放大器将开始近似于在乙类模式下工作，在这个过程中，DC 和 RF 电流信号以大致相同的速度增加。

另一个需要研究的有用关系是峰值射频电流随导通角的变化[1-2]。考虑在式(4－19)中设置 $x=1$ 和 $\theta_x=\alpha$，简化表达式为

$$i_{\mathrm D}=\frac{I_{\max}}{2\pi}\frac{\alpha-\sin\alpha}{1-\cos(\alpha/2)} \tag{4－20}$$

继续前面的例子，假设工作在甲类模式（这意味着 $\alpha=2\pi$），式(4－20)变为

$$i_{\mathrm{D,A}}=\frac{I_{\max}}{2}=I_{\mathrm{D,Q}} \tag{4－21}$$

此外，将式(4－20)中甲乙类、乙类、丙类三种模式的导通角代入，可以发现甲乙类模式实际上与最大的射频漏极电流有关。任意导通角下的电流与甲类模式下的射频电流之比为

$$\frac{i_{\mathrm{D},\alpha}}{i_{\mathrm{D,A}}}=\frac{\alpha-\sin\alpha}{\pi[1-\cos(\alpha/2)]} \tag{4－22}$$

根据设计者的要求，可以采用与本节中介绍的类似的流程来获得与任何一种放大器工作模式相关的电流比。此外，式(4－22)中的比值在将各种放大器指标与导通角联系起来时非常有用，这也是本节的意义所在。

4.1.2　波形因子

射频漏极电流信号与直流漏极电流信号的比值被定义为波形因子，由下式表示：

$$SF=\frac{P_{\mathrm o}}{P_{\mathrm{DC}}}=\frac{0.5i_{\mathrm D}^2R_{\mathrm L}}{V_{\mathrm{DD}}I_{\mathrm D}} \tag{4－23}$$

当 $V_{\mathrm{DD}}=i_{\mathrm D}R_{\mathrm L}$，该式可以被简化，即 $SF=0.5i_{\mathrm D}/I_{\mathrm D}$[1,11,12]。直流电流的大小与直流功耗和射频功率有关，这使得波形因子成为确定最大漏极效率的重要工具。将波形因子表示为导通角的函数，得到

$$SF(\alpha)=\frac{1}{2}\frac{\alpha-\sin\alpha}{[2\sin(\alpha/2)-\alpha\cos(\alpha/2)]} \tag{4－24}$$

式(4－24)中的关系如图4.3所示，纵轴表示某一导通角的最大波形因子。此外，波形因子

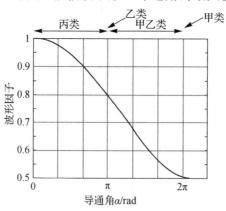

图 4.3　波形因子与导通角对应关系图

通常表示为百分比,图 4.3 中的结果可以很容易地转换为百分比值。

以乙类模式为例,导通角为 π,对应的最大波形因子为 0.8(或 80%)。波形因子与导通角成反比,这在图 4.3 中可以很明显观察到,在最小的可能导通角处可以观察到最大的波形因子,反之亦然。一般来说,增大波形因子意味着更高的效率,但重要的是要考虑到,导通角的选择也会影响放大器的增益、输出功率和负载线[13]。

4.1.3　输出功率

如前面所述,导通角减小会导致射频电流降低。虽然这可能会提高效率,但缺点是输出功率也会降低[12,14]。输出功率和导通角之间的关系[用 $P(\alpha)$ 表示]由下式给出:

$$P(\alpha) = \frac{P_{\mathrm{RF}}}{\pi} \frac{\alpha - \sin\alpha}{1 - \cos(\alpha/2)} \tag{4-25}$$

式中,P_{RF} 表示甲类输出功率[1,2]。式(4-25)包含了一些重要的结果。当导通角减小到甲乙类模式区域时,输出功率在甲类模式水平上有微小的增加,当导通角达到乙类模式的精确点时,输出功率又返回到甲类模式水平。此外,随着导通角进一步减小,在 π 以下,相对于甲类模式值,输出功率开始显著减小。应考虑到输出功率的降低是设计高效放大器的一个重要步骤。

4.1.4　负载线阻抗

峰值射频电流随导通角变化这一事实也使我们能够将负载线阻抗 R_{LL} 与导通角联系起来。结果是

$$R_{\mathrm{LL}}(\alpha) = R_{\mathrm{LL,A}} \pi \frac{1 - \cos(\alpha/2)}{\alpha - \sin\alpha} \tag{4-26}$$

该式同时给出了在任意导通角下的负载线阻抗与理想情况下的甲类模式阻抗($R_{\mathrm{LL,A}}$)。式(4-26)中的分子和分母项与式(4-25)基本相反,这仅仅是基于功率和阻抗方程的表达方式,表明相对于输出功率关系,负载线阻抗与导通角的关系是相反的。因此,负载线阻抗不仅会随着导通角的增大而减小,而且从乙类模式点到甲类模式点的值保持相当的一致性。因此,可以预期放大器的输出应保持匹配,无论它是在甲类、甲乙类或乙类模式下工作。随着放大器更深地进入丙类模式工作区,负载线阻抗迅速增加[2]。

4.1.5　功率增益

放大器的增益,正如在第一部分中所解释的,取决于输出匹配以及晶体管产生的实际功率。增益可以表示为导通角的函数,从而得到

$$G = G_{\mathrm{A}} \frac{R_{\mathrm{LL}}(\alpha)}{R_{\mathrm{LL,A}}} \frac{\alpha - \sin\alpha}{2\sin(\alpha/2) - \cos(\alpha/2)} \tag{4-27}$$

甲类模式下工作时的放大器增益用 G_{A} 表示。降低放大器工作导通角往往会以降低增益为代价,从而来获得更高的效率。因此,一旦确定了适当的工作模式,设计者就需要仔细平衡本节所讨论的放大器指标。

4.2 非线性器件建模和性能

在功放电路中不可避免地存在非线性,这种非线性一般可以用黑盒幂级数模型来解释,如图 4.4 所示。

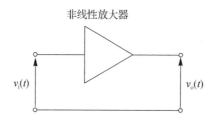

非线性放大器

$v_i(t)$ $v_o(t)$

图 4.4　应用于幂级数展开的非线性放大器模型

该放大器表示非线性放大器件(晶体管)及其偏置电路以及相关的输入和输出匹配网络。放大器的输出信号可以被建模为一个无穷级数形式的非线性电压,这些电压被加到线性增益因子(通常是第一项)中,有

$$v_o(t) = a_1 v_i(t) + a_2 v_i^2(t) + a_3 v_i^3(t) + \cdots + a_n v_i^n(t) \tag{4-28}$$

式中,$a_n v_i^n(t)$ 用于表示求和到正无穷,意味着 $n \rightarrow \infty$。虽然在大多数出版物中,这个级数展开被用作分析非线性行为的基础,但它也有局限性[6,13]。最明显的缺点就是缺乏线性项 $a_1 v_i(t)$ 的相位依赖关系。如果输出阻抗不是纯电阻性的并且工作频率进入了千兆赫范围,那么可以确定地认为输出信号将同时表现出相位和幅值的变化。一个更完整的幂级数表示被称为 Volterra 级数,它确实包含一个相位分量。尽管如此,式(4-28)的幂级数对于描述非线性器件在其直流工作点附近的一个小区域内的特性是有用的。此外,常量 a_1 到 a_n 通常对输入和输出端口的匹配部分的变化及其相关的偏置水平非常敏感。

分析放大器的弱非线性特性可以通过在幂级数公式中进行弱非线性增强来实现。例如,较弱的非线性可能使互调失真在 -30 dBc 以下,而用与传递特性相关的传统曲线拟合方程来预测这些分量被证明是相当困难的。直接测量幂级数的参数可能是准确预测弱非线性分量的一个步骤。然而就功放设计而言,这些流程通常是不必要的。尽管如此,在功放级运行在一个大回退功率的设计中时,Volterra 级数在分析过程中被证明是非常有用的。被驱动到饱和状态(在某些系统中,工作在非常接近或超过压缩点)的功放需要一种不同的方法,后文将对此进行说明。

4.2.1　器件工作区间

对功放类型的讨论不可避免地需要首先建立一组器件模型,用于描述工作区域。图 4.5 是一个基本的单端功放示意图。

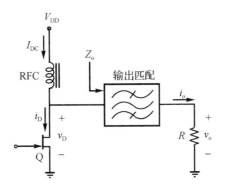

图 4.5　单端功放电路示意图

为了方便讨论,理想场效应晶体管(FET)的工作曲线如图 4.6 所示。

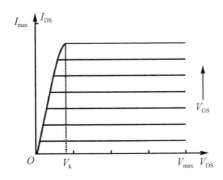

图 4.6　理想 FET 工作曲线

为了阐释使用理想化模型的影响,应该讨论以下一些假设:

· 对于大于拐点电压 V_k 的 V_{DS} 值,该器件将作为恒定电流吸收端工作。

· 当输出电流达到 I_{max} 时,就会发生饱和;当 V_{GS} 低于设定的阈值时,就会发生截止。

· 在饱和点与截止点之间的区域,输出电流与输入电压保持线性关系。当 V_{GS} 降到阈值以下时,输出电流将立即降为零。

除了这里列出的假设,V_k 通常被认为影响微不足道,但每当拐点效应发挥作用时,它将被注意到,其影响也将被讨论。

4.2.2　功率附加效率

根据电路和器件参数的基本组合可以预测毫米波功放的功率附加效率(PAE)。如第 1 章中所提的 PAE 表达式

$$PAE = \left(1 - \frac{1}{G}\right) \cdot \eta \tag{4-29}$$

式中,漏极效率为 $\eta = P_{OUT}/P_{DC}$[1,6,8]。因此,高增益值意味着 PAE 接近晶体管器件的漏极效

率。例如,6 dB 的增益会令 PAE 等于 75% 的漏极效率。在这种情况下,2 dB 的缩减将减少 15% 的 PAE。相比之下,增益为 10 dB 的晶体管(以 90% 的漏极效率工作)在经历 2 dB 的增益缩减后,效率会下降到 84%。

输出匹配产生的增益、拐点电压、电源电压、波形因子和损耗等因素限制了 PAE 的值。将这些参数引入分析中,扩展了 PAE 等式(4-29)的基本概念,可得

$$PAE \leqslant \left(1-\frac{1}{G}\right)\left(1-\frac{V_k}{V_{DD}}\right)L_m S_f \qquad (4-30)$$

其中,G 为放大器增益,V_{DD} 为直流电源电压,L_m 为匹配网络损耗系数,S_f 为波形因子。式(4-30)中的第一项来自单边分析,其中假定理想的漏极效率为 100%。在这样的放大器中,放大器性能的限制因素是增益,它只不过反映的是输入功率和输出功率之间的差异。

式(4-30)中的第二项增加了非零拐点电压的影响,以减少最大输出电压摆幅,后续章节将更详细地讨论。拐点电压有效地保持器件处于饱和状态,此时 f_T/f_{MAX} 比值达到最大值。为了从给定的晶体管中获得尽可能高的性能,我们希望使用较大的电源电压,并且通常将上限确定为晶体管开始出现稳定性降低的那一点。这是在毫米波波段发展叠加晶体管放大器的主要动力,这是下一章的主题。

第三项受相关单片工艺所能制备集成的无源元件的明显影响。具有低品质因子的匹配组件限制了阻抗转换的效率,对优化放大器输出功率不利。例如,LC 网络的损耗系数 $L_m = Q_m/(Q+Q_m)$,其中阻抗变换用 Q 表示,无源元件的综合品质因子是 Q_m。所需的阻抗变换由其负载线电阻决定;具有更宽栅极长度的器件将需要更大的转换来匹配 50 Ω 的负载。式(4-30)中的最后一项取决于放大器种类,它是一个介于 0.5 和 1 之间的无单位量。例如,甲类模式与 0.5 的波形因子相关联。

波形因子也将在接下来的章节中详细讨论。

毫米波晶体管提供的增益值不像射频和微波晶体管那样高,因此限制了可实现的 PAE。此外,增益压缩进一步限制了 PAE,为工作在毫米波波段的高效功率放大器的设计带来了更多问题。开关模式技术可以提高漏极效率,但不能避免增益损失。因此,如果增益损失足够大,试图通过开关模式来提高漏极效率实际上可能不会实现更高的 PAE。式(4-30)中的漏极效率与外部的电路和器件参数有关,优化这些参数会有助于 PAE 的改进。

4.2.3　小信号器件模型

毫米波放大器可实现的增益既受非线性放大器件的影响,又受寄生和阻抗匹配等外部因素的影响[1,4,15]。随着工作频率的增加,从互连结构和无源元件引入的寄生效应对放大器整体性能的影响越来越大,因此本节需要对它们进行分析。此外,晶体管的布局对寄生效应有很大的影响,需要仔细考虑才能精确地量化最大有效增益(Maximum Available Gain,MAG)[16,18]。小信号模型通常用于定义 CMOS FET 的内部和外部特性,如图 4.7 所示,这与第 3 章的分析中使用的模型相似,但不包括体效应模型。

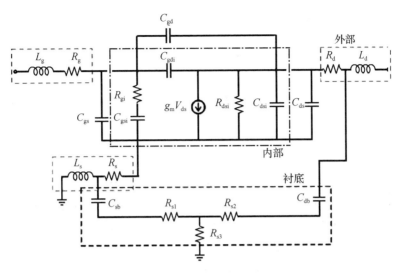

图 4.7　典型 CMOS 晶体管中内部和外部寄生元件的模型

图 4.7 中应注意内部参数和外部参数的区别。为了与外部栅极电阻 R_g 区分,用 R_{gi} 表示内部栅极电阻。其余与衬底相关的外部参数如图 4.7 所示。

4.2.4　内部器件频率特性

CMOS 功率放大器通常采用共源配置实现。混合参数(或 h 参数)通常用来表征小信号晶体管的性能,对正向电流增益的频率限制可以表示为

$$h_{21} = \left| \frac{i_{\text{out}}}{i_{\text{in}}} \right|_{v_o = 0} = 1 \tag{4-31}$$

式(4-31)中有效的频率点被定义为单位增益截止频率 f_T(见第 3 章的定义和推导)。对于图 4.7 中的 FET 模型,该频率由晶体管的跨导 g_m、栅极和源极之间以及栅极和漏极之间的寄生电容(C_{gsi} 和 C_{gdi})确定[19-21]。这些量与衬底和互连参数区别开来,属于场效应晶体管的内部特性。f_T 的计算涉及 FET 的输入时间常数,即

$$f_T = \frac{g_m}{2\pi(C_{gsi} + C_{gdi})} \tag{4-32}$$

然而,应该注意的是,这种确定 f_T 的方法是有局限性的,因为它没有考虑到与特定输出阻抗相匹配的功率状态。这是因为栅极-漏极电容对输出匹配有很强的影响[1,22]。频率性能的另一个指标被定义为器件不能再提供功率增益的频率点,用 f_{max} 表示。这可以用特定晶体管的 MAG 来定义

$$MAG = \left(\frac{f_{\text{max}}}{f_0} \right)^2 = \frac{r_o}{4r_i} \left(\frac{f_T}{f_0} \right)^2 \tag{4-33}$$

其中,f_0 为系统工作频率,r_i 和 r_o 分别为等效小信号输入电阻和输出电阻。例如,在 77 GHz 雷达上运行的 $f_{\text{max}} = 200\,\text{GHz}$ 的晶体管的 MAG 大约为 8 dB。式(4-33)中的 MAG 是一个

非常有用的指标,用于确定 FET 的功率有效性,前提是输出相应匹配。如前所述,C_{gdi} 确定输出端匹配,进一步的小信号分析将揭示输出电阻可表示为

$$r_o = \frac{C_{gsi}}{C_{gdi}g_m} \qquad (4-34)$$

电抗元件 C_{gd} 意味着确实存在实数特征输出电阻,并且有可能获得小信号增益的最大值[1,2]。当 R_{gi} 为纯电阻时,器件的输入电阻为实数。在这种情况下,器件 f_{max} 可以用 f_T 来表达:

$$f_{max} = \left(\frac{g_m}{16\pi^2 R_{gi} C_{gdi} C_{gsi}}\right)^{\frac{1}{2}} = \left(\frac{f_T}{8\pi R_{gi} C_{gdi}}\right)^{\frac{1}{2}} \qquad (4-35)$$

通常情况下,CMOS 工艺精度的变化不影响 R_{gi} 或 C_{gd},随着栅极长度的减小,C_{gdi}/C_{gsi} 的比值变大。此外,通道电导的影响(图 4.7 中以 R_{dsi} 表示)可以进一步提高式(4-35)中 f_{max} 表达式的准确性。由于 R_{dsi} 有效地与器件内部的输出电阻并联,它有助于减少实际可以达到的 f_{max}。将此合并到式(4-35)可得到

$$f_{max} = \left[\frac{f_T}{8\pi R_{gi}} \frac{g_m R_{dsi}}{C_{gsi} + (1 + g_m C_{gsi}) C_{gdi}}\right]^{\frac{1}{2}} \qquad (4-36)$$

根据式(4-36),器件 $g_m R_{ds}$ 的内部增益是通过 R_{ds} 包含通道电导效应的原因。R_{dsi} 对晶体管 f_{max} 的影响可以通过绘制 f_{max} 与 $g_m R_{dsi}$ 的关系图来观察,其结果如图 4.8 所示。该晶体管模型的参数如下[1,10]:

- $g_m = 1.7\ S$
- $C_{gsi} = 1\ pF$
- $C_{gdi} = 0.3\ pF$
- $R_{gi} = 0.65\ \Omega$
- $f_T \approx 200\ GHz$

当通道电导降低(与通道电阻的增加相关)时,晶体管 f_{max} 在接近通过式(4-35)得到的值时开始逐渐减小。在内部增益约为 10 时,可以观察到 f_{max} 的退化。

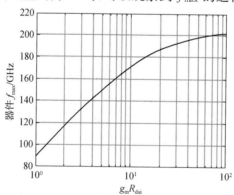

图 4.8 器件 f_{max} 与内部增益 $g_m R_{dsi}$ 的关系

4.2.5　MOSFET 布局考虑因素

相比较而言,用于毫米波的功率晶体管比较大[15,23,24]。需要在兼顾大多数现代工艺所能提供的高 f_T/f_{max} 的同时考虑互连技术,因为在绝大多数毫米波功率放大器设计中,可以实现具备高品质因子无源元件特征的金属层布线十分必要[25-28]。上述特征要求是因为互连层结构会引入寄生参数,如在几个 pH 范围内的寄生电感值就会对 60 GHz 频段的线路阻抗产生很大的影响。由式(4-35)和式(4-36)可知,栅极-漏极电容、栅极-源极电容和栅极电阻都是限制 f_{max} 实现的因素。一个常用的经验法则是,假设对于给定的器件,f_T/f_{max} 的外部值比它的内部值低 30% 到 40%。

1)栅极参数

如图 4.7 所示,外部器件的栅极电阻与金属层中的损耗有关,另外由于信号分布在整个器件的栅极端子上,因此又引入了额外的损耗。内部阻值和外部阻值可以相加得到

$$R'_g = R_{gi} + R_g \tag{4-37}$$

双触点晶体管可以通过改进器件结构,使线路连接到栅极的两侧来缓解这一问题,但增加了额外的布线要求。然而,单触点晶体管通常是首选,因为它们更适用于最小化栅极-漏极电容[4]。

通过在晶体管输入端口进行适当的匹配,可以减缓由寄生栅极电感引起的 f_{max} 的下降。估计真实电感值是一个繁琐的过程,而且通常需要某种形式的电磁模拟。同样,通过适当的阻抗匹配,可以抵消放大器输入端的任何附加电容,即栅极-漏极电容不会显著影响 f_{max}。然而,在栅极处存在外部电阻(图 4.7 中的 R_g)与 C_{gd} 一起确实会降低 f_{max}。因此可以认为外部 C_{gd} 对 MAG 的影响不大,但仍有必要考虑其对整体放大器稳定性的影响。

与式(4-37)中的复合栅极电阻表达式类似,可以将内部和外部器件的栅极-漏极电容集中在一起计算得到

$$C'_{gd} = C_{gdi} + C_{gd} \tag{4-38}$$

然后可以调整式(4-36)中的 f_{max} 方程,将 R_{gi} 和 C_{gd} 分别替换为 R_g 和 C_{gd}。

2)源极参数

从电源端子的接地端引入了一个附加的电阻通路。这种现象会导致增益和 f_{max} 减小,通常被称为电阻退化。为了量化对 f_{max} 的退化影响,有必要将漏极-源极电容的增加和跨导的退化考虑在内。将这些量代入式(4-36)得到

$$f_{max} = \left[\frac{1}{4R_{gi}C_{gdi}} \frac{g_m}{C_{gsi} + (1 + g_m R_s)C_{gdi}}\right]^{\frac{1}{2}} \tag{4-39}$$

外部源电阻项 R_s 的加入对 f_T 没有影响,式(4-39)可以近似为

$$f_{max} \approx \left(\frac{f_T}{8\pi R_{gi}C_{gdi}} \frac{g_m}{1 + \dfrac{C_{gdi}g_m R_s}{C_{gsi}}}\right)^{\frac{1}{2}} \tag{4-40}$$

与具有较低 g_m 的小器件相比,具有较高跨导值的较大器件在源退化时表现出更差的

f_{max}。反馈因子 $g_m R_s$ 是 f_{max} 退化的主要原因。要限制这个反馈因子,使其导致 f_{max} 的最大降幅达到 10%,需要达到以下条件:

$$g_m R_s \leqslant 0.2 \left(1 + \frac{C_{gsi}}{C_{gdi}} \right) \qquad (4-41)$$

很明显,C_{gsi}/C_{gdi} 比值是减少退化反馈量的主要限制因素。当器件尺寸缩减到 22 nm 及以下时,这个比值趋于接近 1,这将影响晶体管的最大尺寸,进而影响最大目标输出功率[15,23]。

另一个影响退化的因素是源电感。在毫米波频率下,与微小电感值相对应的阻抗变得非常重要,由此产生的影响不可忽略。源电感(图 4.7 中的 L_s)减小了 MAG,MAG 的近似表达式为

$$MAG \approx \left(\frac{f_{max}}{f_0} \right)^2 \frac{1}{1 + \dfrac{R_s}{R_{gi}} + \dfrac{2\pi f_T L_s}{2R_{gi}}} \qquad (4-42)$$

由源电感引起的 MAG 退化分析是一个复杂的过程,通常不能用简化的表达式来说明[1,19]。式(4-42)中的关系提供了从内部器件模型得到的直观结果。

3)漏极参数

通过输出匹配网络,寄生漏极-源极电容几乎完全得到补偿。此外,器件布局更适合增加漏极-源极电容,因为漏极-栅极电容会导致稳定性和速度问题。漏极电阻对晶体管的可实现增益没有任何显著影响,前提是将沟道调制保持在最小值。然而,当漏极电阻比负载线电阻大得多时,它会影响输出功率和效率。

4.2.6 大信号下的器件特性与工作特性

1)器件限制

拐点电压,如前一节所讨论的,有抑制晶体管放大器中可出现的电压摆幅的趋势。它可以被认为是晶体管不再饱和工作的电压值。离开饱和区大大降低了器件的速度,从而降低了输出阻抗。在图 4.6 中理想化的 I-V 特性的基础上,图 4.9 给出了更精确的 FET 实际工作特性曲线。

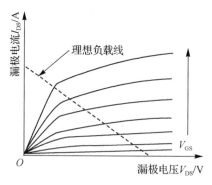

图 4.9　N 沟道场效应晶体管的实际工作特性

拐点电压降低了最大允许电压摆幅,最终限制了漏极效率。例如,晶体管在拐点电压为 0.2 V 和电源电压为 2.5 V 时会导致 PAE 减少 8%,即 $(1-0.2/2.5)=0.92$。正如预期的那样,当使用较低的电源电压时,变化会更加强烈,这在目前的深亚微米 CMOS 器件中经常出现[15,23]。这个基本的限制不能被放大器本身所克服,必须发展其他的技术来解决它。图 4.9 中的负载线可以扩展以适应更大的电压摆幅,这可能是 CMOS 器件的一个有效解决方案,因为这类设备能够处理更大的 V_{DS} 摆幅,前提是漏极电流摆幅相对较低。因此,功率处理可以通过优化器件的几何形状来改进,也可以通过简单地增加所述器件的峰值电流密度来改进。

与 CMOS 器件一样,SiGe HBT 也是毫米波功率放大器的有效替代品[29-34]。HBT 器件在击穿电压方面受到限制,即集电极-发射极和集电极-基极电压。首先,集电极-发射极击穿电压 $V_{B,CE}$ 是通过将基极端子连接到开路来确定的。这是一种测量 $V_{B,CE}$ 的精确方法,前提是流入基极端子的偏置电流保持不变。如果这个偏置电流发生了微小的变化,那么实际的击穿电压可能会相对较大,因为电流来源于低阻抗偏置。如果是这种情况,可以用集电极-基极击穿电压 $V_{B,CB}$,它是通过将发射极端子连接到开路而得到的。

离子化是 HBT 的主要击穿机制[29,30,32]。电离是高速电子导致在基极区域形成电子-空穴对的结果。额外的电子增加了进入发射极或基极区域的电流幅度。当电子被迫靠近发射极时,器件特性显著降低,这就是应用基极电流偏置时的情况。总基极阻抗的降低导致电子离开基极,从而增加器件的电压限制;在集电极处击穿电压增加,输出摆幅增大。例如,120 nmSiGe HBT 的 $V_{B,CE}$ 为 1.7 V,$V_{B,CB}$ 为 6 V[1]。该器件的拐点电压与典型的 45 nm CMOS SOI 器件相近,同时能够支持更大的电压波动。

2) 晶体管几何形状

漏极电流密度过大会降低器件的稳定性和性能。因此,需要根据可实现的输出功率来确定和估计产生最佳性能的漏极电流密度。CMOS 器件的尺寸变化对器件能够处理的电流密度大小影响不大[15,23]。虽然电流密度在很大程度上与制备过程无关,但可以使用尺寸缩放来对设备的电流处理进行微小的改进。由于可实现的输出功率依赖于漏极电流,一般甲类放大器中提供给匹配负载线的功率为

$$P_{L,A} = \frac{I_{max}}{4}(V_{DD}-V_k) = \frac{J_{max}W}{4}(V_{DD}-V_k) \tag{4-43}$$

其中,J_{max} 为最大允许电流密度(通常单位为 mA/μm),W 为 FET 宽度[16,35,36]。然后,设计人员可以根据所需的功率输出以及电压和电流波动的限制(根据工艺或应用场合)确定合理的器件宽度。此宽度计算为

$$W = \frac{4P_{L,A}}{(V_{DD}-V_k)J_{max}} \tag{4-44}$$

如前面提到的 45 nm CMOS SOI 工艺中,FET 器件的典型电流密度为 0.4 mA/μm,拐点电压约为 0.4 V[15,23,37]。从该器件中提取 20 dBm 的输出功率将对 1.6 mm 的宽度施加一个较低的限制,而在 45 nm 工艺中,对于预期的高频特性来说,晶体管的尺寸是巨大的。在

毫米波频率下的相关寄生效应变得越来越难以处理,而如此大的晶体管只会使问题恶化。因此,这种宽度与输出功率的权衡在毫米波功率放大器设计中是非常重要的。

3) 负载线阻抗

一阶负载线匹配主要由期望的峰值输出功率决定,而峰值输出功率又受器件大小的影响。对于甲类工作模式,负载线位于电源电压处,因此

$$R_{\mathrm{LL,A}} = \frac{2(V_{\mathrm{DD}} - V_{\mathrm{k}})}{J_{\max} W} = \frac{(V_{\mathrm{DD}} - V_{\mathrm{k}})^2}{2P_{\mathrm{L,A}}} \qquad (4-45)$$

可以看到拐点电压降低了负载线电阻,可将器件的参数代入式(4-45),以确定所需输出功率的适当负载线电阻。一般来说,较低的负载线电阻值更难处理,因为它们使匹配负载线电阻的负荷电阻所需的阻抗转换过程更加复杂。

4) 输出匹配

输出匹配网络用于将器件负载线阻抗匹配到所连接的负载。一个理想化的输出匹配网络需要一个品质因子 Q_{o},其中:

$$Q_{\mathrm{o}} = \sqrt{\frac{R_{\mathrm{L}}}{R_{\mathrm{LL,A}}} - 1} = \sqrt{\frac{2R_{\mathrm{L}}P_{\mathrm{L,A}}}{(V_{\mathrm{DD}} - V_{\mathrm{k}})^2} - 1} \qquad (4-46)$$

用 R_{L} 表示负载阻抗的电阻部分,用 $R_{\mathrm{LL,A}}$ 表示甲类负载线电阻。通常假定负载是纯电阻性的,因此所需的阻抗转换是由负载线电阻决定的。负载线电阻对导通角的依赖性在前面的章节中已经强调过了;因此,根据当前工作模式的不同,它具有不同的值。

4.3 功率放大器分类

功率放大器可根据工作模式来区分。这是一种直观的分类方法,但它可能会产生误导和歧义[2]。实际上,工作模式的区分有诸多不同的考虑因素,包括匹配拓扑结构、偏置点的选择和有源器件的工作条件。为了避免混淆和可能随之而来的一系列命名错误,本节的其余部分将使用术语"偏置模式",即针对不同放大器设计的静态偏置条件来对相关的功率放大器进行分类。识别和量化静态偏差点(Q 点)通常是根据电流导通角进行的,电流导通角定义为射频信号周期中器件导通电流的部分。

根据导通角对放大器进行分类可能会产生误导。在丙类模式中,增加输入驱动会导致导通角的增加。相反,甲乙类放大器由于增加了输入驱动而表现出导通角减小。这种现象在甲类或乙类模式中通常不存在。此外,在饱和状态下(驱动电平增加到压缩区),放大器的导通角也会发生变化。在本节将要使用的偏置分类中,除了晶体管被定义为电流源,通常设定驱动信号是正弦波形。

在更高级的分类方法中,考虑了动态工作条件以及输出匹配网络的终止条件[3,5,6]。使用这种方法可以确定两种类型:电流模式(也称为连续模式)和开关模式。在电流模式下,认为有源器件等效为电流源工作。因此场效应器件被建模为压控流源,而双极器件则被建模

为流控流源[38]。另一方面,开关模式系列放大器一般会被认为其中有源器件可实现理想化的开关动作(或尽可能接近理想状态)。由此,对应的系统类似于直流到射频(DC-to-RF)的功率转换器,而不是放大器件,因为输入和输出信号之间的传输特性被较少考虑了。

当然,对开关模式和电流模式的分类需要进一步的讨论。电流模式关注其谐波抑制,也就是说,根据用于优化输出功率和效率的波形调控措施来区分模式。开关模式也类似,其中开关占空比(在某些情况下,开关组合)是确定进一步分类的主要因素。谐波抑制和偏置点选择是与有源器件功率输出有关的两个基本概念。上述分类讨论的总结以及对应的放大器模式如图 4.10 所示。

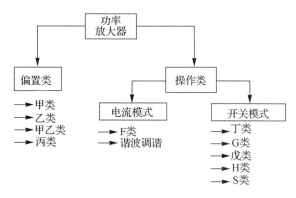

图 4.10　功率放大器分类方法

在本讨论中被认为是线性的工作模式有甲类、乙类、甲乙类和丙类。为了便于后续讨论,考虑图 4.5 中的单端放大器电路。评估放大器分类主要是关注其线性和效率参数指标(如第一章中的介绍)。相关模式放大器的导通角见表 4.1。

表 4.1　线性模式及其导通角

放大器种类	导通角
甲	2π
乙	π
甲乙	$\pi < \varphi < 2\pi$
丙	$\varphi < \pi$

4.3.1　工作模式

1) 甲类

甲类放大器中,晶体管保持在其有源区域,作为电流源工作。这个电流的大小是由偏置电压和施加在栅极上的驱动信号控制的。漏极端的电压和电流波形为完全的正弦波,对应的信号放大是线性的。在甲类模式中相关的电压和电流波形如图 4.11 所示。

图 4.11 中电压和电流波形的正弦特性简化了后续的功率计算。为放大器提供的总直流功率由下式表示：

$$P_{\text{DC}} = V_{\text{DC}} I_{\text{DC}} \tag{4-47}$$

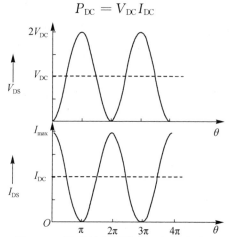

图 4.11 甲类放大器的电压和电流波形

射频输出功率($I_{\text{DC}} = I_{\text{max}}/2$)为

$$P_{\text{RF}} = \frac{1}{2} \frac{V_{\text{DC}}}{\sqrt{2}} \frac{I_{\text{max}}}{\sqrt{2}} = \frac{V_{\text{DC}} I_{\text{DC}}}{2} \tag{4-48}$$

可以通过第 1 章所述的方法来计算放大器效率，它被简单地定义为从直流功率到射频功率的转换效率。在甲类模式下，放大器效率为

$$\eta_{\text{class-A}} = \frac{P_{\text{RF}}}{P_{\text{DC}}} = 0.5 \tag{4-49}$$

值得注意的是，这里给出的效率计算是理想化的，因此没有考虑拐点电压效应。这可以通过以下假设来量化，即电压波动的范围保持在最小值不会进入拐点区域($V_{\text{DS}} < V_{\text{k}}$)所在的位置。因此，当放大器处于其最大驱动情况下，应重新评估射频输出功率，从而有

$$P_{\text{RF}} = \frac{1}{2} \frac{V_{\text{DC}} - V_{\text{k}}}{\sqrt{2}} \frac{I_{\text{max}}}{\sqrt{2}} = \frac{(V_{\text{DC}} - V_{\text{k}}) I_{\text{DC}}}{2} \tag{4-50}$$

射频输出功率的重新定义同样也改变了效率，式(4-49)中的表达式变成

$$\eta_{\text{class-A}} = \frac{(V_{\text{DC}} - V_{\text{k}})}{2 V_{\text{DC}}} = \frac{1}{2} \left(1 - \frac{V_{\text{k}}}{V_{\text{DC}}}\right) \tag{4-51}$$

正如预期的那样，得到的 $V_{\text{DC}}/V_{\text{k}}$ 与工艺技术有很强的依赖关系，与理想情况相比，大约 0.1 的比例将导致效率降低 5%。此外，本节的分析假设连续波驱动信号的振幅足够大，可以产生最大的电流摆幅。因此，电流信号在整个线性区域从 0 延伸到 I_{max}。由于大多数使用功率放大器的系统都涉及调制信号，因此可以调整转换效率以适应调幅信号。幸运的是，这对于甲类放大器来说是一个相对简单的操作，如下面的讨论所示。

直流偏置电流随时间的变化是恒定的，这意味着它不依赖于输入驱动信号的特性。功率

回退(P_{BO})被简单地定义为射频输出功率低于其最大值时的值,此时效率的量化尤其重要。改写式(4-49),则在回退点的效率为

$$\eta_{\text{class-A,BO}} = \frac{P_{BO}}{P_{DC}} \qquad (4-52)$$

此外,这可以写成射频输出功率的最大值(当输入驱动达到最大值时)

$$\eta_{\text{class-A,BO}} = \frac{1}{2} \frac{P_{RF}}{P_{max}} \qquad (4-53)$$

这意味着甲类放大器的效率下降与回退水平成比例关系。例如,在回退 6 dB 时,效率大约是其峰值的 25%,这是一个很大的降低。对于一个 PAPR 值在 6 dB 左右的调制输入驱动信号,预期效率最多在 20%~25% 之间。对于许多应用场合来说,这太低了,甚至不能考虑甲类放大,而且这在通信系统中很少使用。幸运的是,甲类放大器在某些情况下是有用的。由于晶体管几乎完全保持在其线性工作范围内,放大器可以实现良好的线性。响应并不完全是线性的,因为总会存在一些非线性。如图 4.12 所示,考虑到较小的非线性,实线表示理想的线性响应,虚线表示更实际的响应。鉴于它们的影响程度,上述情况通常被称为弱非线性,但即使在相对较低的信号水平下,低阶谐波仍会被激发。

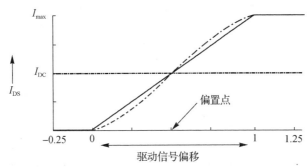

图 4.12 甲类 FET 放大器的弱非线性响应

除了提供良好的线性度外,甲类放大器还能够产生比竞争模式大几个 dB 的功率增益。因此,甲类模式的实现在更高频率下变得更加普遍,晶体管提供的电流增益越来越低。此外,甲类放大器的设计相当简单,这主要是因为它们并不要求任何类型的谐波匹配。

2)甲乙类和乙类

在乙类放大器中,栅极偏置电压被设置为发生导通的阈值点,从而使晶体管在半周期内处于导通状态,故漏极电流波形为半正弦波。此外,由于该波形的振幅与驱动信号的振幅成正比,因此可以推断出乙类配置可提供线性放大。电压和电流波形如图 4.13 所示,输出电压通过宽带阻性终端获得。

从甲类放大器转移到乙类放大器会降低静态偏置电流,该电流可低至器件 I_{max} 的十分之一。对于 FET 器件,这通常是通过改变栅极偏置电压来实现的,从而使器件工作时更接近其阈

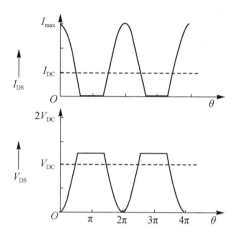

图 4.13　甲乙类放大器的电压和电流波形

值电压。驱动信号仍能够将输出电流推高至 I_{max}，但是输入电压摆幅的负部分会导致向栅极施加负电压。结果是该器件将进入截止区域，因此在该周期的这一部分将不会导通。由截止时间产生的截断正弦波如图 4.13 所示，这些器件的数学特性实际上就是其性能优势的内因。

射频晶体管的输出电压可以认为是负载阻抗 Z_n 因谐波电流 I_n 降压之和，即

$$V_{DS} = \sum_n I_n Z_n \tag{4-54}$$

电流谐波分量与阻抗值（谐波角频率影响阻抗值）相关。但宽带阻性终端产生的电压波形在较高频率下并不适用，因为输出匹配会随频率发生显著变化。为了减少与频率相关的匹配网络的影响，将谐波阻抗减小至理想值零非常重要。实际上，这是一项艰巨的任务，功率放大器性能的下降通常归因于非零谐波阻抗。图 4.14 展示了甲乙类模式下的电压和电流曲线，其中使用了短路谐波终端。将此与图 4.13 中的宽带阻性终端进行对比。

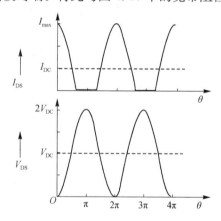

图 4.14　带有短路谐波端的甲乙类放大器中的电压和电流波形

图 4.15 是甲乙类放大器的一种常见简化拓扑,其中包括一个并联连接的谐波终端,通常被称为谐波"陷阱",被包括在基频短路谐波中。输出匹配网络的第二个组成部分是串联连接的阻抗转换部分,负责将器件输出阻抗与连接的负载及传输线进行匹配。对整流正弦波的傅里叶分析表明,由于输出容抗或晶体管的低通特性,二次谐波明显大于其余的谐波,且高阶谐波被约束在器件内。实际上,利用器件的输出容抗来抑制高阶输出谐波是一种相当常见的解决方案。

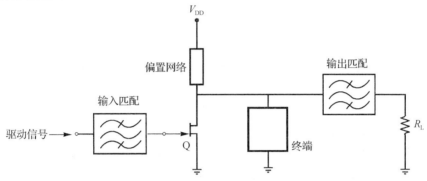

图 4.15　甲乙类放大器结构

乙类模式(通常称为零偏置配置)下的波形与图 4.14 中的波形几乎相同。乙类配置需要将晶体管偏置在其确定的阈值电压,这意味着在施加输入信号之前将消耗零电流。当驱动信号的振幅大到足以产生最大输出电流时,电流信号将类似于整流正弦波,如图 4.14 所示。乙类放大器中输出电流的基波分量由下式给出:

$$I_1 = \frac{I_{\max}}{2} \tag{4-55}$$

直流(DC)分量为

$$I_{DC} = \frac{I_{\max}}{\pi} \tag{4-56}$$

因此,在 DC 和射频下的输出功率值与在甲类模式下的输出功率值相同,并且可以通过求解下列两式来确定:

$$P_{DC} = \frac{V_{DC} I_{\max}}{\pi} \tag{4-57}$$

$$P_{RF} = \frac{V_{DC} I_{\max}}{4} \tag{4-58}$$

相应的输出效率为 π/4 或 78.5%。此外,类似于甲类放大器的分析,非零拐点电压的存在会使理论效率降低 5% ～ 10%,而实际值取决于器件。实际上,乙类模式在实践中并不常见,因为实际的晶体管不遵循前面所述的理想截止特征,这导致其在驱动信号电平较低时具有特殊的性能。与甲类放大器分析相似的是其功率回退时的效率表现。电流和电压信号的基

波可以用回退功率 P_{RF} 和最大输出功率 P_{max} 来表示，得到

$$V_1 = V_{max} \sqrt{\frac{P_{RF}}{P_{max}}}$$
(4 – 59)

并且

$$I_1 = \frac{I_{max}}{2} \sqrt{\frac{P_{RF}}{P_{max}}}$$
(4 – 60)

另外，直流电流演化为

$$I_{DC} = \frac{I_{max}}{\pi} \sqrt{\frac{P_{RF}}{P_{max}}}$$
(4 – 61)

假定电源电压保持恒定（如本章采用的大多数分析一样），功率回退时的效率由下式给出：

$$\eta_{class-B, BO} = \frac{V_{DC} I_{max}}{4} \frac{P_{RF}}{P_{max}} \frac{\pi}{V_{DC} I_{max}} \sqrt{\frac{P_{max}}{P_{RF}}} = \frac{\pi}{4} \sqrt{\frac{P_{RF}}{P_{max}}}$$
(4 – 62)

将此与甲类放大器的回退功率进行比较，重要的区别是 P_{RF}/P_{max} 比值的平方根变化。随着功率回退的增加，效率下降的幅度要小得多，6 dB 的功率回退补偿将导致约 50% 的下降（2 倍）。这比甲类放大器中观察到的下降 4 倍有了合理的改进。

3）丙类

丙类放大器将导通角减小到小于半周期的程度。对应的电流波形看起来类似于一系列尖锐脉冲，如图 4.16 所示。随着导通角开始下降到丙类设定区域，基频分量相应减小。同时，随着直流分量持续增加，电流信号波形逐渐演变成真正的脉冲序列。

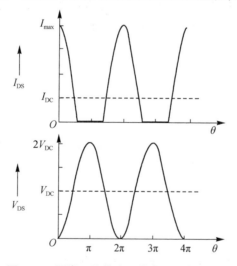

图 4.16　丙类工作模式下的电压和电流波形

丙类放大器的栅极端偏置在阈值电压以下，这是晶体管在射频周期内处于导通状态的时间小于半周期的主要原因。这导致了线性度的下降，但有利的是可以通过减小导通角来

显著提高放大器效率。减小导通角的一个不可忽视的副作用是输出功率的下降,这就需要在导通角和工作效率之间谨慎地权衡。

丙类工作模式对于固态放大器来说通常是不实用的,往往局限于高度专业化的应用。这些实际问题在真空管时代并没有引起太多关注。丙类工作模式的特征是输出功率下降,这对晶体管器件造成了严重问题。为了提高功率调控能力,通常会增加器件的尺寸,如式(4-44)所示。在电子管技术固有的高效率允许其器件在较高的板电压下工作,而半导体工艺在调节电源电压方面没有太大的灵活度。半导体器件通常在所谓安全电源电压下工作,精确性在很大程度上取决于器件工艺参数和稳定性要求。

丙类放大器的一个更大的问题与其所需的偏置电压有关。当栅极偏置电压大于其阈值时,不可避免地需要较大的驱动信号来使器件能够将输出电压调整到 $V_{\max}$,而对应的栅极电压会令晶体管漏极电流达到 $I_{\max}$。假设输入信号为正弦波,则栅极偏置会令信号中的负峰值达到器件击穿电压。假设最大输出摆幅与最小输入电压相关,则漏极和栅极之间发生某种形式反向击穿的概率将显著增加。

在丙类放大器中,谐波抑制同样更加麻烦。随着导通角减小到乙类模式的对应值以下,相对谐波水平迅速升高,而且准确预测它们变得越来越困难。尽管大量的特性阻碍了丙类模式的普及,但它们在 Doherty 放大器的峰值阶段仍然非常有用,我们会在后续章节中进行详细讨论。

4.3.2　甲类、甲乙类、乙类和丙类放大器拓扑结构

1) 甲类、甲乙类、乙类和丙类放大器的基本电路拓扑结构

甲类、甲乙类、乙类和丙类放大器的基本电路如图 4.17 所示,主要包括有源器件(MOSFET、BJT 或 MESFET)、并联谐振输出电路、耦合电容器 C_C 和 RF 扼流圈四部分[5]。

如前所述,晶体管的工作点取决于栅极偏置电压。驱动信号可以表示为 $v_{\mathrm{drive}} = V_{\mathrm{GS}} + v_{\mathrm{gs}}$,以区分交流信号和直流偏置电压。图 4.17 中的电路非常适用于双极型器件,且对于更换 FET,只需调整适当的符号即可。

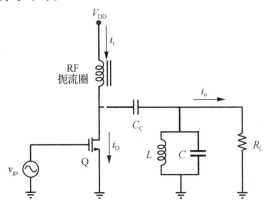

图 4.17　甲类、甲乙类、乙类和丙类放大器拓扑结构

2）互补推挽功率放大器

互补推挽放大器电路由一对互补晶体管（例如 NMOS 和 PMOS、NPN 和 PNP）、一个耦合电容器和一个并联谐振电路组成，其电路结构如图 4.18 所示。

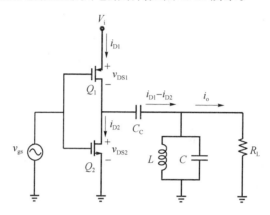

图 4.18　互补推挽式 CMOS 放大器

互补电路结构中的晶体管器件应该具有匹配的特性，且可被视作压控流源[39-41]。图 4.18 中电路的实际工作与本章中讨论的放大器类别有些不同。例如，对于输入信号的正半周，乙类模式将使用一个晶体管作为放大器件，而将另一个晶体管用于输入信号的负半周。推挽式放大器对于毫米波电路而言相对较新，主要原因是具有足够高 f_T 值的 P 沟道 FET 器件最近才出现[10]。

在探索与互补推挽结构相关的功率关系之前，必须首先讨论另一个有趣的特性。互补器件的漏极电流信号相位差为 180°。基于上述信息，上部晶体管 Q_1 的漏极电流可以展开成傅里叶级数

$$i_\mathrm{D1} = I_\mathrm{D} + I_1\cos\omega t + I_2\cos2\omega t + I_3\cos3\omega t + \cdots \tag{4-63}$$

同样，如 $i_\mathrm{D2} = i_\mathrm{D1}(\omega t - 180°)$，通过底部晶体管（$Q_2$）的漏电流为

$$i_\mathrm{D2} = I_\mathrm{D} - I_1\cos\omega t + I_2\cos2\omega t - I_3\cos3\omega t + \cdots \tag{4-64}$$

通过对漏极连接点的节点进行分析，流过耦合电容器（图 4.18 中的 C_C）的电流仅为 $i_\mathrm{L} = i_\mathrm{D1} - i_\mathrm{D2}$。将式（4-63）和式（4-64）中的级数展开代入，得到

$$i_\mathrm{L} = 2I_1\cos\omega t + 2I_3\cos3\omega t + \cdots \tag{4-65}$$

上式显示出负载电流中抵消了偶次谐波项，令并联谐振网络过滤掉奇次谐波项[5]。这一特性可降低输出信号的失真度，是所有推挽放大器的共同特性。

推导互补推挽放大器的漏极效率非常简单。首先，假设乙类放大器运行，式（4-17）中的输出电压为

$$v_\mathrm{o} = V_\mathrm{max}\cos\omega t \tag{4-66}$$

相应的输出电流为

$$I_o = I_{max}\cos\omega t \tag{4-67}$$

因此,输出功率为

$$Po = \frac{V_{max}^2}{2R_L} = \frac{I_{max}^2 R_L}{2} \tag{4-68}$$

直流输入功率为

$$P_1 = \frac{V_{max}V_i}{\pi R_L} \tag{4-69}$$

接下来,利用已知的漏极效率方程 η_D,我们可以写成

$$\eta_D = \frac{P_o}{P_1} = \frac{\pi}{4}\frac{V_{max}}{V_i} \tag{4-70}$$

上述效率随最大输出摆幅 V_{max} 的变化而变化。假设 V_{max} 能够一直摆动到电源电压值,则式 (4-70) 将减小到 $\pi/4$ 或 78.5%。但是,如果考虑到拐点电压(且在大多数情况下,鉴于亚微米 CMOS 工艺的电源电压相对较低),漏极效率将变为

$$\eta_D = \frac{\pi}{4}\left(1 - \frac{|V_{max} - V_k|}{V_{DD}}\right) \tag{4-71}$$

3) 变压器耦合推挽功率放大器

图 4.19 所示为甲、甲乙、乙和丙类放大器的变压器耦合推挽拓扑结构。顾名思义,输入和输出网络通过中心抽头变压器耦合到一个晶体管对[42-45]。

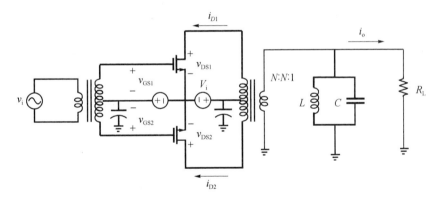

图 4.19 变压器耦合推挽拓扑结构

输出电流 i_o 可以写为

$$i_o = NI_{max}\sin\omega t \tag{4-72}$$

其中,I_{max} 表示漏极电流峰值,N 是变压器绕组比。同样,N 与漏极电压峰值之间的关系由下式表示:

$$v_o = \frac{V_{max}}{N}\sin\omega t \tag{4-73}$$

根据本章的主题,描述输出功率和效率是重要的问题。该类放大器的漏极效率为

$$\eta_D = \frac{P_o}{P_I} = \frac{\pi}{4} \frac{NV_o}{V_i} \qquad (4-74)$$

其中,V_o 和 V_i 分别表示输出和输入电压振幅,输出功率由下式给出:

$$P_o = \frac{V_o^2}{2R_L} = \frac{N^2 V_i^2}{2R_L} \qquad (4-75)$$

直流输入功率为

$$P_I = \frac{2}{\pi} \frac{V_i^2}{N^2 R_L} \qquad (4-76)$$

4.4 总结

为毫米波系统设计高效功率放大器是一项艰巨的任务。在期望的增益、输出功率、线性和效率之间必须多方权衡。本章分析了上述的权衡关系并进行了量化,提供了一系列设计方程。在本书的后续章节将深入探讨各种技术,旨在研制出高输出功率、线性度和效率的毫米波功率放大器。

参考文献

[1] Hashemi, H., Raman, S. (eds.): mm-Wave Silicon Power Amplifiers and Transmitters. Cambridge University Press, Cambridge (2016)

[2] Colantonio, P., Giannini, F., Limiti, E.: High Efficiency RF and Microwave Solid State Power Amplifiers. Wiley, West Sussex (2009)

[3] Walker, J. (ed.): Handbook of RF and Microwave Power Amplifiers. Cambridge University Press, Cambridge (2013)

[4] Aaen, P. H., Pla, J. A., Wood, J.: Modeling and Characterization of RF and Microwave Power FETs. Cambridge University Press, Cambridge (2007)

[5] Kazimierczuk, M. K.: RF Power Amplifiers. Wiley, West Sussex (2008)

[6] Cripps, S. C.: RF Power Amplifiers for Wireless Communications, 2nd edn. Artech House, Inc., Dedham, Massachussets (2006)

[7] Oppenheim, A. V., Schafer, R. W.: Discrete-Time Signal Processing, 3rd edn. Prentice Hall, Upper Saddle River (2009)

[8] Pozar, D. M.: Microwave Engineering, 4th edn. Wiley, Hoboken (2012)

[9] White, J. F.: High Frequency Techniques: An Introduction to RF and Microwave Engineering. Wiley-IEEE Press, Hoboken (2004)

[10] Ampli, P., Kim, J., Dabag, H., Member, S., Asbeck, P., Buckwalter, J. F.: Q-Band and W-Band Power Amplifiers in 45-nm CMOS SOI. IEEE Trans. Microw. Theory Tech. 60(6), 1870-1877 (2012)

[11] Asbeck, P., Larson, L., Kimball, D., Pornpromlikit, S., Jeong, J. H., Presti, C., Hung, T. P., Wang, F., Zhao, Y.: Design options for high efficiency linear handset power amplifiers. In: 2009 9th Topical Meeting on Silicon Monolithic Integrated Circuits in RF System, SiRF'09- Digest of Papers, pp. 233-236 (2009)

[12] Komiak, J. J.: Microwave and millimeter wave power amplifiers: technology, applications, benchmarks, and future trends. In: IEEE International Conference on Microwaves, Communications, Antennas and Electronic Systems (COMCAS), pp. 23-25 (2015)

[13] Raab, F. H., Asbeck, P., Cripps, S., Kenington, P. B., Popović, Z. B., Pothecary, N., Sevic, J. F., Sokal, N. O.: Power amplifiers and transmitters for RF and microwave. IEEE Trans. Microw. Theory Tech. 50(3), 814-826 (2002)

[14] Yan, J. J., Presti, C. D., Kimball, D. F., Hong, Y. -P., Hsia, C., Asbeck, P. M., Schellenberg, J.: Efficiency enhancement of mm-Wave power amplifiers using envelope tracking. IEEE Microw. Wirel. Components Lett. 21(3), 157-159 (2011)

[15] Taur, Y., Buchanan, D. A., Chen, W., Frank, D. J., Ismail, K. E., Shih-Hsien, L. O., Sai-Halasz, G. A., Viswanathan, R. G., Wann, H. J. C., Wind, S. J., Wong, H. S.: CMOS scaling into the nanometer regime. Proc. IEEE 85(4), 486-503 (1997)

[16] Neamen, D. A.: Semiconductor Physics and Devices: Basic Principles. McGraw-Hill, NewYork City (2003)

[17] Choi, J., Kang, D., Kim, D., Park, J., Jin, B., Kim, B.: Power amplifiers and transmitters for next generation mobile handsets. J. Semicond. Technol. Sci. 9(4), 249-256 (2009)

[18] Micovic, M., Kurdoghlian, A., Moyer, H. P., Hashimoto, P., Schmitz, A., Milosavljevic, I., Willadsen, P. J., Wong, W. S., Duvall, J., Hu, M., Wetzel, M., Chow, D. H.: GaN MMIC technology for microwave and millimeter-wave applications. In: Technical Digest-IEEE Compound Semiconductor Integrated Circuit Symposium CSIC, pp. 173-176 (2005)

[19] Doan, C. H., Emami, S., Niknejad, A. M., Brodersen, R. W.: Design of CMOS for 60 GHz applications. In: 2004 IEEE International Solid-State Circuits Conference, vol. 35, pp. 238-239 (2004)

[20] Shi, J., Kang, K., Xiong, Y. Z., Brinkhoff, J., Lin, F., Yuan, X. J.: Millimeter-wave passives in 45-nm digital CMOS. IEEE Electron Device Lett. 31(10), 1080-1082 (2010)

[21] Doan, C. H., Emami, S., Niknejad, A. M., Brodersen, R. W.: Millimeter-wave CMOS design. IEEE J. Solid-State Circuits 40(1), 144-154 (2005)

[22] Liu, G., Schumacher, H.: Broadband millimeter-wave LNAs (47-77 GHz and 70-140 GHz) using a T-type matching topology. IEEE J. Solid-State Circuits 48(9), 2022-2029 (2013)

[23] Frank, D. J., Dennard, R. H., Nowak, E., Solomon, P. M., Taur, Y., Wong, H. S. P.: Device scaling limits of Si MOSFETs and their application dependencies. Proc. IEEE 89(3), 259-287 (2001)

[24] Nicolson, S. T., Yau, K. H. K., Chevalier, P., Chantre, A., Sautreuil, B., Tang, K. W., Voinigescu, S. P.: Design and scaling of W-band SiGe BiCMOS VCOs. IEEE J. Solid-State Circuits 42(9), 1821-1832 (2007)

[25] Gianesello, F., Gloria, D., Raynaud, C., Montusclat, S., Boret, S., Clement', C., Tinella, C., Be-

nech, P., Fournier, J. M., Dambrine, G.: State of the art integrated millimeter wave passive compo-
nents and circuits in advanced thin SOI CMOS technology on high resistivity substrate. In: Proceed-
ings-IEEE International SOI Conference, vol. 2005, pp. 52-53 (2005)

[26] Hu, S., Wang, L., Xiong, Y. Z., Shi, J., Zhang, B., Zhao, D., Lim, T. G., Yuan, X.: Millimeter-
wave/THz passive components design using through silicon via (TSV) technology. In: Electronic
Components and Technology Conference, pp. 520-523 (2010)

[27] Feng, F., Zhang, Q.: Parametric modeling of millimeter-wave passive components using combined
neural networks and transfer functions. In: Global Symposium on Millimeter Waves (GSMM), pp. 1-
3 (2015)

[28] Lee, J. H., DeJean, G., Sarkar, S., Pinel, S., Lim, K., Papapolymerou, J., Laskar, J., Tentzeris,
M. M.: Highly integrated millimeter-wave passive components using 3-D LTCC System-on-Package
(SOP) technology. IEEE Trans. Microw. Theory Tech. 53(6, II), 2220- 2229 (2005)

[29] Pawlak, A., Lehmann, S., Sakalas, P., Krause, J., Aufinger, K., Ardouin, B., Schroter, M.: SiGe
HBT Modeling For mm-Wave Circuit Design. In: Proceedings of IEEE Bipolar/BiCMOS Circuits and
Technology Meeting, Novem, vol. 2015, pp. 149-156 (2015)

[30] Camillo-Castillo, R. A., Liu, Q. Z., Adkisson, J. W., Khater, M. H., Gray, P. B., Jain, V., Leidy,
R. K., Pekarik, J. J., Gambino, J. P., Zetterlund, B., Willets, C., Parrish, C., Engelmann, S. U.,
Pyzyna, A. M., Cheng, P., Harame, D. L.: SiGe HBTs in 90 nm BiCMOS technology demonstrating
300 GHz/420 GHz fT/fMAX through reduced Rb and Ccb parasitics. In: IEEE Bipolar/BiCMOS Cir-
cuits and Technology Meeting (BCTM), pp. 227-230 (2013)

[31] Cressler, J. D.: SiGe HBT technology: a new contender for Si-based RF and microwave circuit applica-
tions. IEEE Trans. Microw. Theory Tech. 46(5), 572-589 (1998)

[32] Rieh, J. S., Jagannathan, B., Chen, H., Schonenberg, K. T., Angell, D., Chinthakindi, A., Flor-
key, J., Golan, F., Greenberg, D., Jeng, S. J., Khater, M., Pagette, F., Schnabel, C., Smith, P.,
Stricker, A., Vaed, K., Volant, R., Ahlgren, D., Freeman, G., Stein, K., Subbanna, S.: SiGe
HBTs with cut-off frequency of 350 GHz. In: International Electron Devices Meeting, pp. 771-774
(2002)

[33] Rodwell, M. J. W., Urteaga, M., Mathew, T., Scott, D., Mensa, D., Lee, Q., Guthrie, J., Betser,
Y., Martin, S. C., Smith, R. P., Jaganathan, S., Krishnan, S., Long, S. I., Pullela, R., Agarwal,
B., Bhattacharya, U., Samoska, L., Dahlstrom, M.: Submicron scaling of HBTs. IEEE Trans. Elec-
tron Devices 48(11), 2606-2624 (2001)

[34] Rücker, H., Heinemann, B., Fox, A.: Half-terahertz SiGe BICMOS technology. In: 12th Topical
Meeting on Silicon Monolithic Integrated Circuits in RF Systems (SiRF), pp. 133-136 (2012)

[35] Hu, C. C.: Modern Semiconductor Devices for Integrated Circuits. Pearson Education, Inc., Upper
Saddle River (2009)

[36] Yan, R. H., Ourmazd, A., Lee, K. F.: Scaling the Si MOSFET: from bulk to SOI to bulk. IEEE
Trans. Electron Devices 39(7), 1704-1710 (1992)

[37] Enz, C.: A MOS transistor model for RF IC design valid in all regions of operation. IEEE Trans. Mi-

crow. Theory Tech. 50(1), 342-359 (2002)

[38] Neamen, D. A.: Microelectronics: Circuit Analysis and Design, 4th edn. McGraw-Hill, New York City (2010)

[39] Amplifiers, P. P., Wang, H., Lai, R., Biedenbender, M., Dow, G. S., Allen, B. R.: Novel W-band monolithic push-pull amplifiers. IEEE J. Solid-State Circuits 30(10), 1055-1061(1995)

[40] Yazdi, A., Green, M. M.: A 40 GHz differential push-push VCO in 0. 18 CMOS for serial communication. IEEE Microw. Wirel. Components Lett. 19(11), 725-727 (2009)

[41] Hsu, P., Nguyen, C., Kintis, M.: Short Papers, vol. 45, no. 12, pp. 2150-2152 (1997)

[42] Jen, Y. N., Tsai, J. H., Huang, T. W., Wang, H.: Design and analysis of a 55-71-GHz compact and broadband distributed active transformer power amplifier in 90-nm CMOS process. IEEE Trans. Microw. Theory Tech. 57(7), 1637-1646 (2009)

[43] Pfeiffer, U. R., Goren, D., Floyd, B. A., Reynolds, S. K.: SiGe transformer matched power amplifier for operation at millimeter-wave frequencies. In: 31st European Solid-State Circuits Conference, pp. 141-144 (2005)

[44] Wu, P. S., Wang, C. H., Huang, T. W., Wang, H.: Compact and broad-band millimeter-wave monolithic transformer balanced mixers. IEEE Trans. Microw. Theory Tech. 53(10), 3106-3113 (2005)

[45] Kuang, L., Chi, B., Jia, H., Jia, W., Wang, Z.: A 60-GHz CMOS dual-mode power amplifier with efficiency enhancement at low output power. IEEE Trans. Circuits Syst. Express Briefs 62(4), 352-356 (2015)

第5章　毫米波开关模式功率放大器

开关模式电路在 DC-DC 转换器以及电源中已经运用了很多年,并且为高频(功率)放大提供了一些令人欣喜的可能。在通常被认为是高频操作的低端(即在几十兆赫范围内),大功率电路已经能够结合开关功率转换器的许多技术。然而,当频率进一步扩展到千兆赫范围时,我们几乎不可能将功率晶体管实际建模为简单的开关元件。这主要是因为,在频率足够高的前提下,器件无法以足够高的速度扫过其线性区来模仿开关动作。开关速度较慢这个问题在高千兆赫频段范围内是无法真正克服的,但这种限制通常可以通过某种变通方法解决。对于高频放大器来说,最普遍的开关模式或许是戊类模式,这个模式我们将在之后的高频特性背景中进行讨论。此外,根据本书的编写思路,我们将分别讨论 CMOS 和 SiGe 技术中开关模式功率放大器的设计问题和挑战。

当电压和电流信号之间的重叠部分最小化时,放大器的效率趋于最大,这也是继续研究开关放大器的主要动机。因此,我们期望使器件同时处理非零电压和非零电流信号的时间最小化以提高效率。当应用在开和关两种状态之间切换的理想化开关器件模型来解决这个问题,就使得重叠最小化成为可能,并且在没有开关损耗的情况下可以达到 100% 的效率。在导通状态下,器件阻抗比其他电路阻抗低得多,反之,在关断状态下,器件阻抗则高得多。这就要求,当开关转换到导通状态(即恰好处于关断周期末尾)时,电压信号为零,从而防止开关进入导通状态时其输出电容中存储着非零电荷。这通常被称为零电压开关(Zero-Voltage-Switching, ZVS)条件。在这种情况下,开关模式放大器理论上可以获得 100% 的效率,区别于第 4 章讨论的电流源放大器。在这种线性模式放大器中接近 100% 的效率需要丙类工作模式,从而导致输出功率在某一点接近于零。实际上,晶体管的非零开关电阻、无源匹配网络中的导通损耗和失配损耗等寄生因素限制了其效率。

正如我们所看到的,毫米波 CMOS 工艺对于低功耗、集成化无线解决方案是非常理想的,而且随着对大数据传输速率(multi-Gb/s)短程通信链路需求的不断增加,此类系统在未来几年内会继续增长。随着技术节点向更低的电源电压和更小的器件尺寸拓展,放大器设计变得越来越具有挑战性,输出功率成为一个重要问题。

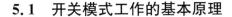

5.1　开关模式工作的基本原理

5.1.1　宽带电阻负载

基本开关模式放大器模型如图 5.1 所示。开关的导通和关断状态分别对应于理想的短路和开路条件。

除了这些理想化的假设之外,开关模型被赋予瞬时改变状态的能力,开关的闭合和断开时间完全由驱动信号 v_{in} 控制。因此,导通角在整个分析过程中是任意变量。在实际的放大器中,可以改变驱动电平和器件偏置点来确定对开关导通角的控制[1]。与线性工作过程相比,开关模式通常意味着器件被明显地过驱动,预期获得的增益较低。驱动信号的性质和晶体管的参数信息可一起用于估计开关放大器电路的功率增益。

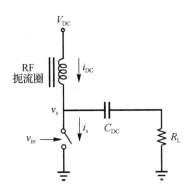

图 5.1　射频开关放大器的基本模型

图 5.1 中所示的电路在本书中多次出现,由隔直流负载阻抗和含射频扼流圈的直流电源组成。将开关信号 v_{in} 设置为占空比为 50% 的方波会产生相当小的对称电流和电压波形。然而,如图 5.2 所示,将导通角改为 2α 更直观地揭示了开关的性质。

最大开关电流 I_{max} 由负载电阻 R_L 和电源电压 V_{DC} 控制,而开关电压在 0 和 V_{max} 之间切换。此外,在图 5.2 的 RF 完整周期内的任何时间点,电压和电流波形都不会重叠,这意味着电路能够以 100% 的效率将 DC 功率转换为 RF 功率[1,2]。换言之,在整个 RF 周期中没有区域同时存在非零电流和非零电压,因此开关不会产生任何欧姆热而浪费能量。应该注意的是,这个 100% 效率没有考虑谐波频率下产生的能量,在基频下可达到的最大效率只有大约 80%[3,4]。

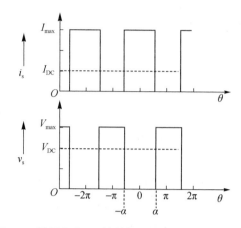

图 5.2　导通角为 2α 的射频开关的电压和电流波形

如果假设电源电压在导通角变化时保持恒定，那么将会产生非对称的波形，并且其幅度峰值大约在电源电压的两倍左右，这个前提是导通角在 $\pi/2$ 附近变化[1]。与第 4 章一样，我们可以用导通角来量化放大器的输出功率和效率。最大电压 $V_{\max}$ 和电源电压 V_{DC} 可以通过平均值积分联系起来，从而导出

$$V_{DC} = \frac{1}{2\pi}\int_{-\pi}^{\pi} v_s \cdot \mathrm{d}\theta \tag{5-1}$$

$$V_{DC} = \frac{1}{2\pi}\int_{-\pi}^{\pi} v_s \cdot \mathrm{d}\theta^{①} \tag{5-2}$$

$$\frac{V_{DC}}{V_{\max}} = \frac{\pi - \alpha}{\pi} \tag{5-3}$$

因此，器件电压根据 V_{DC} 的值而出现偏移，对应产生的最大输出电流 $I_{\max}$ 的摆幅为

$$I_{\max} = \frac{V_{\max}}{R_L} \tag{5-4}$$

根据式(5-3)中 $V_{\max}$ 和 V_{DC} 之间的关系以及由此得到的 $I_{\max}$ 表达式，我们可以得出峰值电流仅是电源电压和负载电阻的函数。这是假设开关工作在理想状态下的一个结果，根据式(5-4)，可以通过降低负载电阻来产生任何想要的功率，这与实际的开关放大器有本质的不同。高频晶体管受到其饱和电流 I_{sat} 的限制，这可以根据式(5-4)中的峰值电流进行分析。直流电源电流 I_{DC} 与导通角和峰值电流的关系表示为

$$I_{DC} = \frac{\alpha}{\pi} I_{\max} \tag{5-5}$$

---

① 原书中此公式有误，正确的应为 $V_{DC} = \frac{\pi - \alpha}{\pi} \cdot V_{\max}$。——译者

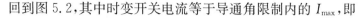

回到图 5.2,其中时变开关电流等于导通角限制内的 $I_{\max}$,即

$$i_s = I_{\max}, \quad -\alpha < \theta < \alpha \tag{5-6}$$

基波可以写成

$$I_1 = \frac{2}{\pi} \int_{-\pi}^{\pi} I_{\max} \cos\theta \cdot \mathrm{d}\theta \tag{5-7}$$

$$\frac{I_1}{I_{\max}} = \frac{2\sin\alpha}{\pi} \tag{5-8}$$

对电压信号采用同样的方法,得到傅里叶基波分量为

$$\frac{V_1}{V_{\max}} = -\frac{2\sin\alpha}{\pi} \tag{5-9}$$

由于电压和电流波形与导通角的关系现在是已知的,联立式(5-3)到式(5-9),我们可以较为容易地根据放大器电源电压和电流信号来估算 RF 输出功率。首先,直流项可以写成

$$\frac{V_1}{V_{\mathrm{DC}}} = \frac{2\sin\alpha}{\pi - \alpha} \tag{5-10}$$

和

$$\frac{I_1}{I_{\mathrm{DC}}} = \frac{2\sin\alpha}{\alpha} \tag{5-11}$$

联立这两式,可得

$$P_{\mathrm{RF}} = V_{\mathrm{DC}} I_{\mathrm{DC}} \frac{2\sin^2\alpha}{\alpha(\alpha - \pi)} \tag{5-12}$$

这意味着效率为

$$\eta = \frac{2\sin^2\alpha}{\alpha(\alpha - \pi)} \tag{5-13}$$

与获得电压和电流信号的基本傅里叶分量的方法类似,可以通过替换式(5-12)中的 I_{DC} 来确定输出功率表达式。结果如下,其中基波射频功率分量为

$$P_1 = V_{\mathrm{DC}} I_{\max} \frac{2\sin^2\alpha}{\pi(\pi - \alpha)} \tag{5-14}$$

为了比较开关模式与基线甲类模式的性能,线性功率可以定义为

$$P_{\mathrm{lin}} = \frac{V_{\mathrm{DC}} I_{\max}}{4} \tag{5-15}$$

那么,基波射频功率和线性功率之间的比值写成

$$\frac{P_1}{P_{\mathrm{lin}}} = \frac{8\sin^2\alpha}{\pi(\pi - \alpha)} \tag{5-16}$$

这种情况下的功率和效率曲线如图 5.3 所示。

观察式(5-14),我们可以发现基波功率关系的一个有趣特征:功率在 $\alpha = 0.63\pi$ 处出现峰值,与甲类模式相比,大约高出 2.7 dB。由于这是基于甲类模式和开关模式在相同峰值电流和直流电源电压下工作的假设,因此至少从理论上可以说开关操作是可行的。此外,这种结构的效率峰值在 81% 左右,这一结果对于一个理想化的器件来说可能有些令人失望,因为它不是由于散热导致的输出功率损耗,而是源自不必要产生的谐波。

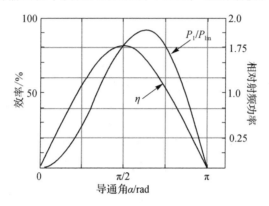

图 5.3　宽带阻性负载开关放大器的效率和射频输出功率曲线

5.1.2　可调负载

削弱非必要谐波的最简单方法是通过谐波旁路,如图 5.4 中所示的 LC 谐振电路。

采用可调谐负载,则输出端电压的波形将类似于更熟悉的正弦波,而不是通常与开关行为相关的方波,如图 5.5 所示。

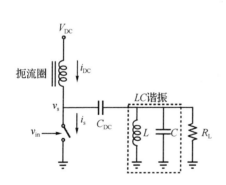

图 5.4　含可调负载的开关放大器

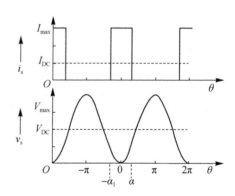

图 5.5　含可调负载开关放大器的电压和电流波形

将电流波形写成含峰值电流 $I_{\max}$ 的形式,是联系基线分析电路性能及减小导通角模型的最佳方法。因此,将式(5-5)和式(5-8)与 $V_1 = V_{DC}$ 一起使用,射频的基波功率可写为

$$P_1 = V_{DC} I_{DC} \frac{\sin\alpha}{\alpha} \qquad (5-17)$$

因此,可得输出效率为

$$\eta = \frac{\sin\alpha}{\alpha} \tag{5-18}$$

与前面的方法类似,P_1 可以用器件峰值电流 $I_{\max}$ 来表示,结果是

$$P_1 = V_{DC} I_{\max} \frac{\sin\alpha}{\pi} \tag{5-19}$$

除此之外,基波功率和线性功率之间的比值为

$$\frac{P_1}{P_{lin}} = \frac{4\sin\alpha}{\pi} \tag{5-20}$$

参照第 4 章中讨论的丙类模式,减小导通角可将效率提高至接近最大值 100%,但同时会显著降低射频输出功率。开关模式也是如此,绘制式(5-18)和式(5-20)的效率和相对功率曲线如图 5.6 所示,从图中可以看出输出功率在导通角为 $\pi/2$ 时达到峰值。

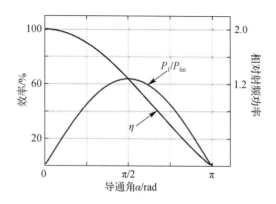

图 5.6　含调谐负载开关放大器的效率和射频输出功率曲线

此外,在这个导通角下($\pi/2$),开关模式的射频功率比线性模式的射频功率高约 1 dB,但效率最高仅为 63%。与第 4 章中讨论的结构相比,理想开关本身在效率方面似乎没有太大的改进。因此,为了最有效地利用开关特性,优化电路结构就是必须进行的工作,无论如何,开关模式确实具备一些有益的特性。

5.2　开关模式功率放大器分类

5.2.1　与电流源放大器的比较

开关模式放大器与电流源等效放大器的主要区别在于,在某种程度上,开关模式放大器本质上是电压驱动放大器。图 5.7 显示了理想开关模式放大器的电路图。

闭合的开关将向输入信号 v_{in} 提供一个阻抗非常小的路径(理想情况下为零),该路径对应着导通状态,其中输入信号通过开关被拉至接地。类似地,开路的开关意味着设备电压 v_s

主要由输出匹配网络确定。采用有源器件作为开关,在器件导电的同时降低了器件两端的电压,有效地提高了效率。在这种结构中,与在电流源模式下操作时存在于器件上的电压相比,可以使有源器件在更低的开启电压下运行。

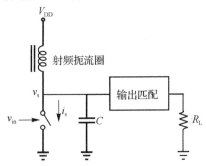

图 5.7　理想化开关模式功率放大器网络

相反地,在电流源之后的放大器利用了器件跨导,其中流过器件的电流由驱动信号和偏置点确定[5]。这种放大电路如图 5.8 所示。

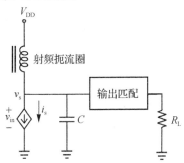

图 5.8　理想化电流源功率放大器网络

输出网络的可调谐性决定了器件电压,因为经过设计的网络可通过特定谐波来实现对输出电压的整形。对输出电压的整形旨在产生对周期性脉冲电流的特定响应,这种响应可以由两个特性来表征。首先,当电流脉冲导出时,流过电流源的电压是最小值;其次,此时,电压最小值不低于由有源器件(如晶体管、场效应管等)特性决定的值。该电压本质上是防止器件进入饱和区,而如果器件进入饱和区会使得器件工作的某些假设条件失效,从而使基线分析发生变化。

在负载网络中添加谐波共振器,一定程度上可以缓和导通角与效率之间的矛盾。通过施加平坦底部的电压波形来展宽电流脉冲,从而减少效率的下降。丙类放大器是电流源放大器的一个主要实例,在前一章中详细讨论过。表 5.1 总结了电流源放大器和开关放大器之间的一些主要区别[5,6]。

现代 CMOS 和 SiGe 技术节点下的器件截止频率 f_T 的显著提高(通常超过 200 GHz),

确保了针对毫米波应用的开关模式放大器的研究进展[7]。相对于可实现的更高工作频率，开关模式放大器在 10 GHz 范围的应用是非常理想的。本章将探讨与技术扩展相关的一些挑战以及对开关模式放大器设计的影响。

表 5.1　电流源与开关放大器的比较

特征	电流源放大器	开关放大器
交流输出阻抗	恒定高	关闭循环期间高，打开循环期间低
是否饱和工作	否	？
电流传导时的器件电压	电压达到预定的最小值以上，该最小值由输出网络对脉冲电流信号的电压响应决定	电压保持在尽可能低的水平，这取决于开关在导通状态下的低阻抗
器件电压是否取决于负载网络的输入阻抗	是	否
影响传导电流的因素	仅受驱动信号影响	由输出网络决定
输出网络的设计准则	输入端口的电压是对周期性电流脉冲序列的响应	输入端口的电压是短路和开路连接之间周期性变化的结果

5.2.2　丁类模式放大器

丁类开关放大器的电路结构如图 5.9 所示，其中串联 RLC 谐振电路与双向开关（即单刀双掷开关）相连。谐振器每半个周期在扼流直流电源和电路接地之间切换。

RLC 电路除了具备与开关切换频率相近的谐振频率点，还应具有相当高的品质因子 Q。假设开关电压 v_s 为周期性方波，图 5.10 给出了对应的电流波形 i_0，i_{s1} 和 i_{s2}。

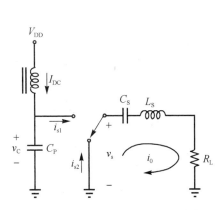

图 5.9　丁类开关模式放大器电路

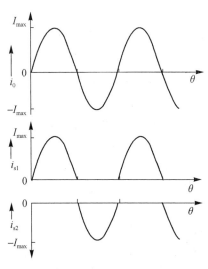

图 5.10　丁类开关模式放大器的电流波形

此外,非零状态开关电压施加在与顶部支路连接的开关臂上,对应会有非零 i_{s1};反之,开关臂连接到底部支路将有非零 i_{s2}。因此,这两个开关状态将构成完整的负载电流正弦波 i_0,正周期对应于顶部支路,负周期对应于底部支路。上述的半周期正弦波不包含奇次谐波,这是由于 v_s 是方波,因此不会损耗任何功率,也不会产生谐波。此外,串联电容 C_S 可以滤除由电源电压引入的任何直流偏移,因此图 5.10 中的波形以零横轴为中心。

效率和功率比很容易写出来。首先,峰值电流可写为

$$I_{\max} = I_{DC} \cdot \pi \qquad (5-21)$$

在负载下流过 RLC 支路的射频电流的基波分量可写为

$$I_1 = I_{\max} \qquad (5-22)$$

此外,由于 RLC 支路上的电压是方波并在 V_{DC} 处达到峰值,因此该射频电压的基波分量可写为

$$V_1 = V_{DC} \cdot \frac{2}{\pi} \qquad (5-23)$$

基波射频功率可写为

$$P_1 = \frac{V_1 I_1}{2} = \frac{V_{DC} I_{\max}}{\pi} \qquad (5-24)$$

则直流电源提供的功率为

$$P_{DC} = V_{DC} I_{DC} = \frac{V_{DC} I_{\max}}{\pi} \qquad (5-25)$$

由式(5-24)和式(5-25)可以直观地确定效率,相当于 100%。射频输出功率与线性甲类放大器相比大约高 1 dB,即

$$\frac{P_{RF}}{P_{\lin}} = \frac{V_{DC} I_{\max}}{\pi} \cdot \frac{4}{V_{DC} I_{\max}} = \frac{4}{\pi} \qquad (5-26)$$

虽然丁类模式在理论上可以作为开关模式,但是此类放大器没有被应用于高频射频器件[8-10]。然而,利用 45 nm CMOS SOI 工艺已经实现了一些相当有前景的应用[11]。

5.2.3 戊类模式放大器

戊类模式与开关模式基本相似,即用理想化的开关代替有源器件[1,2]。如前所述,这对在高千兆赫频率下实现开关模式的有效性问题提出了质疑,随着本章的深入,将更详细地讨论这些问题。目前将基波的戊类模式特性量化有助于进一步讨论,特别是高频性能。

到目前为止,本章重点强调了将理想化开关用于更多应用时所带来的实际困难。矩形电流脉冲被证明有助于提高效率,但与此同时它们的矩形性质也会成为阻碍。戊类模式居于模拟应用中低导通角工作形态(如前一章中详细描述的)和数字应用中理想开关两者之间。戊类模式是作为一种开关模式引入的,从本质上说就是一种开关放大器,但在这种模式下观察到的波形实际上是明确的模拟信号。因此,戊类模式的工作波形可以在速度较慢的开关器件结构中有效,该开关器件还需要明确定义的线性区。

对戊类工作模式的进一步分析表明,它确实是可替代第 4 章中的低导通角的方案,并且在不增加过驱动己类模式电路复杂性的情况下提供了更高的效率[1]。考虑到毫米波波段的寄生特性和组合附加无源分量的困扰,本节所提这种特性对毫米波放大器非常有利,这也是在类似系统中广泛采用戊类模式的主要原因之一。尽管如此,戊类和己类模式之间的直接比较并不总是合理的,因为己类模式以明显降低射频输出功率为代价实现了极高的效率,而戊类模式最明显的问题是可实现的电压摆幅相对较低,这本身就形成了另外的一系列问题。

戊类放大器是绝对非线性的,这意味着输入信号振幅的变化根本不会在输出端再现。这种情况也适用于丙类模式(如上一章关于放大器分类困难的讨论),但是输出重调制技术已经普及几十年了。在真空管和固态器件之间的过渡过程中,重调制技术似乎已经过时了[1,8]。与目前市面上的 GHz 系列系统相比,结构简单的电子管放大器通常在非常低的频率下工作,这种结构简单的特点可能是追求线性(或至少准线性)射频放大的原因之一,因为在这种情况下 90% 以上的效率是很常见的。相反地,在高频固态放大器中实现如此高的效率是非常困难的。此外,除了一些特定需求的应用外,仅依赖振幅的系统几乎是反相的。正如本章末尾将强调的那样,经典的输出反相发射机和极化发射机的架构实际上可能对设计用于在依赖复调制方案的系统中工作的毫米波放大器有利。

1) 工作原理

图 5.7 中的电路图显示了戊类放大器的最简单形式,其中输出网络由串联 RL 组合组成,开关与电容器并联。后续分析中使用的电压和电流信号符号如图 5.11 所示。

为了便于分析,假设开关是理想的,这意味着状态转换时间和导通电阻是可以忽略的小,并且开关可以在射频周期的任何点改变状态[2]。可以假定,周期性驱动信号可以使开关在电路谐振频率点起振或偏离,从而形成流过谐振电路回路的正弦电流信号。这与前面讨论的调谐负载放大器非常相似。

根据图 5.11,流入开关-电容组合的电流可以写为

$$i = I_{DC} + I_{RF}\cos\omega t \tag{5-27}$$

从这个电路中可以直观地得出结论,很明显,开关-电容电流是流过 RLC 输出网络的 RF 电流的偏移量,如图 5.12 所示。

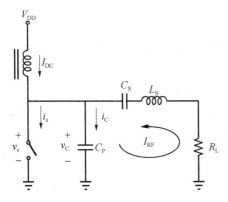

图 5.11　戊类放大器电路

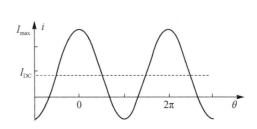

图 5.12　戊类放大器中开关-电容电流波形

定义直流电流和射频电流之比的归一化因子为

$$m = \frac{I_{RF}}{I_{DC}} \tag{5-28}$$

将该比值代入式(5-27)可得

$$i = I_{DC}(1 + m\cos\omega t) \tag{5-29}$$

我们可以直观地分析图 5.11 中的电流波形的性质。由于闭合开关是理想的短路,因此对应于闭合开关的射频周期内产生仅流过开关的开关-电容电流 i。类似地,开关断开时的关断回路导致相同的电流仅流过电容器 C_P。这是理想化的戊类模式工作的定义特征[1,5,8]。

开关的断开和闭合时间可以根据 ωt 任意改变,ωt 仅仅是导通角的一种定义。假设开关在图 5.12 的正半区中闭合,并且该区域跨越两个相位点 $-\alpha_1$ 和 α_2。对电容和开关电流的影响如图 5.13 所示,其中开关的理想化行为是电流信号陡变的原因。

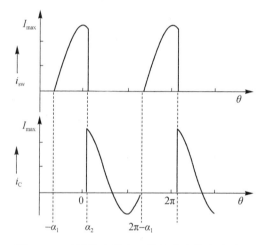

图 5.13　戊类放大器中开关和电容的电流波形

在此情况下的导通角可以定义为

$$\phi = \alpha_1 + \alpha_2 \tag{5-30}$$

如前所述,电流从开关到电容器的瞬时通过是理想开关的副作用。还要注意,在图 5.12 中,开关在总电流波形的零交叉角处闭合。这种假设基本上忽略了当不满足这种精确的定时要求时,脉冲电流进出电容器支路的可能性[12]。开关电流波形有点类似于丙类放大器,重要的区别是它具有缓慢的上升时间和理想的瞬时下降时间,本质上是不对称的。回顾前面讨论的归一化因子,总峰值电流(图 5.12 中的 I_{max})可写为

$$I_{max} = I_{RF} + I_{DC} = I_{DC}(1 + m) \tag{5-31}$$

戊类放大器分析的下一步是获得射频电压的表达式。图 5.12 的总电流波形中的第一个零点发生在 $-\alpha_1$ 处,这意味着

$$I_{DC}(1 + m\cos\alpha_1) = 0 \qquad (5-32)$$

由此可得

$$\cos\alpha_1 = -\frac{1}{m} \qquad (5-33)$$

这是第一个与导通角三个参数 α_1，α_2 和 ϕ 有关的表达式。对开关电流积分（同样，仅当开关闭合或处于导通状态，有电流流过时才积分），结果等于 I_{DC}，如下所示

$$I_{DC} = \frac{I_{DC}}{2\pi}\int_{-\alpha_1}^{\alpha_2}(1 + m\cos\theta) \cdot d\theta \qquad (5-34)$$

化简得

$$\sin\alpha_1 = \frac{2\pi + \sin\phi - \phi}{m(1 + \cos\phi)} \qquad (5-35)$$

这个结果被证明是非常简便的，对应（5-33）式中的关系，我们可以写出

$$m^2 = 1 + \left(\frac{2\pi + \sin\phi - \phi}{1 - \cos\phi}\right)^2 \qquad (5-36)$$

该式表示了 m 和 ϕ 的直接关系，至少比式（5-35）提供的更直接[1,2]。对开关电流积分的另一个有趣的结果是 m 和 ϕ 的另一个关系

$$\alpha_1 + \alpha_2 + m(\sin\alpha_1 + \sin\alpha_2) = 2\pi \qquad (5-37)$$

最后，开关-电容组合的电压波形可以由下式得出：

$$v_C = \frac{I_{DC}}{\omega C_P}\int_{\alpha_2}^{\theta}(1 + m\cos\theta) \cdot d\theta \qquad (5-38)$$

化简得

$$v_C = \frac{I_{DC}}{\omega C_P}(\theta + m\sin\theta - \alpha_2 - m\sin\alpha_2) \qquad (5-39)$$

其中，设 $\alpha_2 < \theta < 2\pi - \alpha_1$。在这个界限之外（也就是说，在导通角边界外），电容电压必然是零值。

在掌握开关电压和电流波形的情况下，可以对下列情况进行观察：

· 选择一个特定的导通角 ϕ 以及归一化参数 I_{DC} 和 $1/\omega C_P$，意味着电流和电压波形可以根据这些参数完全定义。其归一化可以用于基线设计，然后进行缩放以适应其他设计。

· 理想情况下，没有一个时间点的电压和电流信号同时呈现非零值，实现直流功率到射频功率 100% 效率的转化。

· 理想化的开关只对应基频下的负载阻抗，意味着传递给负载的功率将完全受限于基波。

· 电压波形本质上是不对称的，并非是正弦波形，意味着其平均直流值将低于峰值的 50%。

再看一下图 5.13 中的波形，毫无疑问戊类模式是高度非线性的，因为存在非正弦波形及多余谐波分量[1]。幸运的是，输出网络的性质具备固有的谐波抑制方式，因此谐波阻抗并

不影响分析。因此,除了确定基波电压分量和电流分量外,戊类模式问题几乎完全可在时域内处理。找到开关/电容电压信号傅里叶序列中的基波分量和直流分量是目前戊类模式分析唯一剩下的任务。首先,基本分量分为同相分量(I)和正交分量(Q)[①],其中 I 分量需要找到负载电阻和 RF 输出功率的值。

电压的 I 分量可以写为

$$V_{Ci} = \frac{I_{DC}}{\omega\pi C_P}\int_{a_2}^{2\pi-a_1} v_C(\theta)\cos\theta \cdot d\theta \tag{5-40}$$

将式(5-39)中的 $v_C(\theta)$ 代入上式,可得

$$V_{Ci} = \frac{I_{DC}}{\omega\pi C_P}\int_{a_2}^{2\pi-a_1}(\theta+m\sin\theta-a_2-m\sin a_2)\cos\theta \cdot d\theta \tag{5-41}$$

$$= \frac{I_{DC}}{\omega\pi C_P}\left[\cos a_1 - \cos a_2 - \sin a_1(2\pi-a_1-a_2) + \right.$$

$$\left. \frac{m}{4}(\cos 2a_2 - \cos a_1) + m\sin a_2(\sin a_1+\sin a_2)\right] \tag{5-42}$$

式(5-42)的结果有些复杂,我们可以将式(5-37)代入该式,进行一定程度的简化,可得

$$V_{Ci} = \frac{I_{DC}}{\omega\pi C_P}\frac{1}{2m}\left[m(\sin^2 a_1 - \sin^2 a_2)+2(\cos a_1 - \cos a_2)\right] \tag{5-43}$$

接下来,开关/电容电压 $v_C(\theta)$ 的正交分量可以通过下式进行估算:

$$V_{Cq} = \frac{I_{DC}}{\omega\pi C_P}\int_{a_2}^{2\pi-a_1} v_C(\theta)\sin\theta \cdot d\theta \tag{5-44}$$

则有

$$V_{Cq} = \frac{I_{DC}}{\omega\pi C_P}\left[a_2\cos a_2 - \cos a_1(2\pi-a_1)-\sin a_1 - \sin a_2 + \right.$$

$$\left. \frac{m}{4}(4\pi-2a_1-2a_2+\sin 2a_1+\sin a_2)\right] \tag{5-45}$$

再次,有效地利用式(5-33)、式(5-37)和式(5-45)中的关系,可得

$$V_{Cq} = \frac{I_{DC}}{\omega\pi C_P}\left[m(\sin a_1+\sin a_2)+\frac{1}{2}(\sin 2a_1-\sin a_2)+2\sin a_2\cos a_1\right] \tag{5-46}$$

通过确定开关/电容器电压的平均值可得出设计直流电源所需的值,该电压由下式给出:

$$V_{DC} = \frac{I_{DC}}{\omega 2\pi C_P}\int_{a_2}^{2\pi-a_1}(\theta+m\sin\theta-a_2-m\sin a_2)\cdot d\theta \tag{5-47}$$

用与前两个表达式类似的方式对上式进行简化,可得

---

① 在此情况下,"同相"一词表示电压波形与流过 RLC 支路的电流波形是同相的。该电流由 $mI_{DC}\cos\theta$ 给出。

$$V_{DC} = \frac{mI_{DC}}{\omega 4\pi C_P}\left[m(\sin^2\alpha_1 - \sin^2\alpha_2) + 2(\cos\alpha_2 - \cos\alpha_1)\right] \qquad (5-48)$$

这个电压表达式与式(5-43)中给出的 I 分量非常相似,并且结合式(5-48)中给出的直流电源电压,能够得到射频输出功率为

$$P_{RF} = \frac{V_{Ci}I_{DC}}{2} \qquad (5-49)$$

这和直流电是一样的。非零正交分量 V_{Cq} 的存在表明串联 RLC 网络具有电抗分量,与之前的 LC 元件在工作频率处(或略接近)发生谐振的假设(即纯电阻)相反。观察图 5.14 中的电路,可以看到具有某个电压的并联阻抗和一个串联 RL 支路。

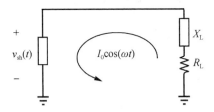

图 5.14　戊类放大器基波阻抗分析电路

分流元件上的电压 $v_{sh}(t)$ 为

$$v_{sh}(t) = V_S\sin\theta + V_C\cos\theta \qquad (5-50)$$

其中,$\theta = \omega t$。按照惯例,感抗为正,容抗为负,有

$$X_L L = \omega L \qquad (5-51)$$

$$X_C = -\frac{1}{\omega C} \qquad (5-52)$$

对式(5-50)中正弦和余弦项上的系数进行比较,可得

$$R_L = -\frac{V_C}{I_0} \qquad (5-53)$$

$$X_L = \frac{V_S}{I_0} \qquad (5-54)$$

这些分量值可用于戊类模型的分析,其中 V_{Ci}、V_{Cq} 和 mI_{DC} 分别由 V_C、V_S 和 I_0 替换,之后,用归一化因子 I_{DC} 和 $1/\omega C_P$ 对分量值进行适当的缩放。由此结束了对戊类模式工作的理论分析。正如后面的章节将展示的,在设计过程中有许多复杂的问题需要仔细考虑。设计师应该遵循指导原则,灵活地处理复杂的情况。

2) 简单的双极戊类放大器设计

戊类功率放大器的设计似乎相当简单,但实际实现往往是相当困难的,尤其是在毫米波频率下[13]。本节提供的设计方程可参考图 5.15 中的电路。

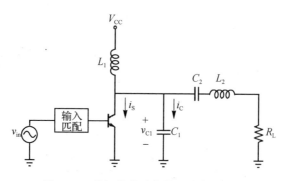

图 5.15 单级戊类放大器设计参考电路

首先确定 C_1、R_L、V_{C1}（表示电容器 C_1 上的直流电压峰值）和 I_{DC}（即电源电流），以下方程组提供了一种简便计算方法[14-17]：

$$C_1 = \frac{P_{RF}}{\pi \omega V_{CC}^2} \qquad (5-55)$$

$$I_{DC} = \frac{P_{RF}}{\pi V_{CC}} \qquad (5-56)$$

$$R_L = \frac{2}{1 + \frac{\pi^2}{4}} \cdot \frac{V_{CC}^2}{P_{RF}} \qquad (5-57)$$

$$V_{C1} = 2\pi \arcsin \left(\frac{1}{\sqrt{1 + \frac{\pi^2}{4}}} \right) \qquad (5-58)$$

除了放大器输出端的 LC 滤波器外，还可以添加一个串联谐振滤波器，以校准输出端电压和电流信号的相位角。这一相位校准滤波器在电路工作的中心频率处谐振，从而确保最大功率传输到负载 R_L[13,14]。调整理想化分析，加上一个有限的导通电阻 r_{ON}，可获得集电极效率为

$$\eta = 1 - 0.25 \left(\frac{\pi^2}{4} + 7 \right) \frac{P_{RF}}{V_{CC}^2} r_{ON} \qquad (5-59)$$

上式可简化为

$$\eta \approx 1 - 7.43 \omega \, r_{ON} C_1 \qquad (5-60)$$

随着晶体管器件尺寸的增加，r_{ON} 明显变得更小，因此获得更好集电极效率的一种方法是选择更大的晶体管。在优化设计中，晶体管的尺寸足够大到可使电容 C_1 完全由寄生现象形成。换句话说，这意味着 $C_1 = C_{CS}$，其中 C_{CS} 表示 SiGe HBT 中集电极和衬底之间的电容[14]。在这种情况下，$\tau_{out} = r_{ON} C_1$ 基本保持固定，即完全依赖于器件工艺技术。因此，在式（5-60）中给出的戊类放大器可实现的最大集电极效率仅取决于工作频率和技术。

这个放大器的 PAE 可以表示为

$$PAE = \eta\left(1 - \frac{1}{G_{\mathrm{P}}}\right) \qquad (5-61)$$

其中

$$G_{\mathrm{P}} = \frac{P_{\mathrm{RF}}}{P_{\mathrm{in}}} = \frac{P_{\mathrm{RF}}}{0.5\left[\dfrac{\omega\tau_{\mathrm{in}}}{1+(\omega\tau_{\mathrm{in}})^2}\right]\omega C_{\mathrm{in}}V_{\mathrm{in}}^2} \qquad (5-62)$$

得出 $\tau_{\mathrm{in}} = r_{\mathrm{B}} C_{\mathrm{in}}$，该结果也是只依赖于器件的工艺技术。因此，我们应选择驱动信号 V_{in} 的最大电压幅值，以便针对既定的晶体管尺寸可提供足够大的集电极电流。这一选择似乎比实际情况更为简单。一方面，增加 SiGe HBT 输入端的电压幅值会在基极-集电极二极管中产生很强的导通效应，从而导致大的功率损耗和 PAE 的降低[14]。将电压幅值减小到电流波形未达到峰值的某点，从而降低可实现的射频输出功率 P_{RF}，这也降低了 PAE。

在较低的频率下，当电容 C_1 不完全由器件电容构成时，完全可以增大晶体管的尺寸，目的是在输入端产生具有较低电压幅值的峰值电流。然而，在毫米波频率下，C_1 几乎恒定地由器件自有的电容组成[18]。此外，器件电容似乎是非线性的，与其他电路阻抗相比，基极-集电极电容变得相当大，实现互连的方式让戊类放大器设计过程变得复杂[6,19,20]。

5.3　CMOS 工艺毫米波开关模式放大器

5.3.1　毫米波频率的寄生效应

毫米波频率下开关放大器设计的一个主要难题是寄生效应，由有源元件和无源元件共同造成[7,21]。因此射频和微波开关放大器的传统设计方法必须改进，本节将重点介绍被广泛应用的戊类模式放大器。

在前一节中对戊类模式放大器进行分析时，我们对电路中的开关器件和无源元件做了一些假设。首先，假设射频扼流电感在某个射频频率下可以实现无限大的阻抗，但这在毫米波频率下实际上是不可能实现的。扼流电感也被假定为是无损的，但实际情况并非如此。片上电感具有有限的自谐振频率和非零传输损耗，这两个特性使其高频特性变得复杂[22]。从无限大电感和理想化开关的假设，可以推导出一个优化的负载阻抗，令放大器具有 100% 的效率，该负载可以通过零微分电压(Zero Derivative-of-Voltage Switch，ZDVS)开关实现。

其他无源元件的损耗也应计算在内，因为它们的总和可能相当大。在更高的频率下，非零开关电阻的影响变得显著，应在设计过程中加以考虑[17,23]。最后，在开关器件的输入端需要一定的驱动电平才能使其进入开关模式，但是额外的供电必然会降低 PAE。

5.3.2　毫米波 CMOS 戊类放大器设计方法的改进

1）电路分析

本节分析的戊类放大器电路图如图 5.16 所示。本节中介绍的损耗感知(loss-aware)设计方法最初由 Chakrabarti 和 Krishnaswamy 提出,考虑了开关电阻和有限直流馈电电感[16,23,24]。有些假设是合理的。

首先,图5.16中的MOSFET被建模为具有50%占空比的开关,与电阻 r_{on} 串联,表示存在一定的导通电阻。故该电阻与输出电容器 C_1 并联,并且 r_{on} 的大小满足 $r_{on} \ll 1/\omega_0 C_1$。在输出 X_L 处的串联谐振滤波器具有高负载品质因子,用 Q_L 表示。最后,输出滤波器中的损耗被认为小得可以忽略不计,这主要是因为 L_2 可为键合线电感。基于上述假设,我们就可以继续分析电路了。

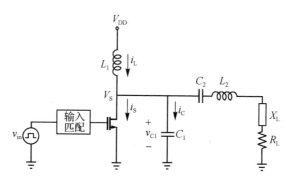

图 5.16 CMOS 戊类放大器电路模型

图5.16中开关电压 V_S 的开关周期为 $T = 2\pi/\omega_0$,由于占空比为50%,开关在 $0 \leqslant t < T/2$ 范围内被认为打开,在 $T/2 \leqslant t \leqslant T$ 范围内被认为闭合。此分析采用50%的占空比,但可以更改为任意值,随后需要将其扩展到当前分析。考虑到串联谐振电路具有较高的品质因子 Q,负载电流可以写为

$$i_L = i_0 \cos(\omega_0 t + \phi) \tag{5-63}$$

闭合开关(导通周期内)可得以下两个方程:

$$V_{DD} - V_{S,on} = L \frac{di_{L,on}}{dt} \tag{5-64}$$

$$V_{S,on} = r_{on}[i_{L,on} - i_0 \cos(\omega_0 t + \phi)] \tag{5-65}$$

由于 $r_{on} \ll 1/\omega_0 C_1$,我们可以说通过 C_1 的电流小得可以忽略不计。将 $V_{S,on}$ 的表达式代入式(5-64)中,可得一个线性微分方程

$$\frac{dV_{S,on}}{dt} + \left(\frac{r_{on}}{L}\right)V_{S,on} - i_0\omega_0 r_{on}\sin(\omega_0 t + \phi) - \left(\frac{V_{DD}r_{on}}{L}\right) = 0 \tag{5-66}$$

式(5-66)的解的形式如下:

$$V_{S,on}(t) = V_{DD} + a_1 e^{\beta t} + a_2 \cos(\omega_0 t + \phi) + a_3 \sin(\omega_0 t + \phi) \tag{5-67}$$

其中,a_1,a_2,a_3 和 β 为

$$a_1 = V_{\mathrm{S,on}}\left(\frac{T}{2}\right) - V_{\mathrm{DD}} - \frac{r_{\mathrm{on}} i_0 \,\mathrm{e}^{\frac{-\beta T}{2}} + \dfrac{\beta}{\omega_0} r_{\mathrm{on}} i_0 \,\mathrm{e}^{\frac{-\beta T}{2}} \sin\phi}{1 + \left(\dfrac{\beta}{\omega_0}\right)^2} \tag{5-68}$$

$$a_2 = -\frac{r_{\mathrm{on}} i_0}{1 + \left(\dfrac{\beta}{\omega_0}\right)^2} \tag{5-69}$$

$$a_3 = -\frac{r_{\mathrm{on}} i_0 \beta}{\omega_0 \left[1 + \left(\dfrac{\beta}{\omega_0}\right)^2\right]} \tag{5-70}$$

$$\beta = -\frac{r_{\mathrm{on}}}{L} \tag{5-71}$$

只剩下 $V_{\mathrm{S,on}}(T/2)$ 这个仍需确定的常量。断开开关(截止周期),可以写出与式(5-64)和式(5-65)相同的表达式,从而得到二阶微分方程为

$$\frac{\mathrm{d}^2 V_{\mathrm{S,off}}}{\mathrm{d}t^2} + \frac{V_{\mathrm{S,off}}}{LC_1} - \frac{i_0 \omega_0}{C_1} \sin(\omega_0 t + \phi) - \frac{V_{\mathrm{DD}}}{LC_1} = 0 \tag{5-72}$$

该式的解为

$$\begin{aligned}
V_{\mathrm{S,off}}(t) = {}& V_{\mathrm{DD}}\left[1 - \cos(\omega_s t)\right] + V_{\mathrm{S,off}}(0)\cos(\omega_s t) + \\
& \frac{V'_{\mathrm{S,off}}(0)}{\omega_s} \sin(\omega_s t) + \\
& \frac{i_0 \omega_0 \sin\phi}{C_1(\omega_s^2 - \omega_0^2)}\left[\cos(\omega_0 t) - \cos(\omega_s t)\right] + \\
& \frac{i_0 \omega_0^2 \cos\phi}{C_1(\omega_s^2 - \omega_0^2)}\left[\frac{\sin(\omega_0 t)}{\omega_0} - \frac{\sin(\omega_s t)}{\omega_s}\right]
\end{aligned} \tag{5-73}$$

频率 ω_s 是 ω_0 的倍数,它可以写为

$$\omega_s = \frac{1}{\sqrt{LC_1}} = n\omega_0 \tag{5-74}$$

同样需要求值的常量有 $V_{\mathrm{S,off}}(0)$ 和 $V'_{\mathrm{S,off}}(0)$。根据电压和电流波形连续性可以施加一些基本条件,对 $V_{\mathrm{S,off}}(0)$,$V'_{\mathrm{S,off}}(0^+)$ 和 $V_{\mathrm{S,on}}(T/2)$ 进行估算

$$V_{\mathrm{S,off}}(0^+) = V_{\mathrm{S,on}}(T^-) \tag{5-75}$$

$$i_{\mathrm{L,off}}(0^+) = i_{\mathrm{L,on}}(T^-) \tag{5-76}$$

$$i_{\mathrm{L,off}}\left(\frac{T^+}{2}\right) = i_{\mathrm{L,on}}\left(\frac{T^-}{2}\right) \tag{5-77}$$

此外,开关的固有功率损耗可以通过下式确定:

$$P_{\mathrm{loss,sw}} = r_{\mathrm{on}} \frac{1}{T} \int_{T/2}^{T} \left(\frac{V_{\mathrm{S,on}}}{r_{\mathrm{on}}}\right)^2 \mathrm{d}t \tag{5-78}$$

同时,输入功率可以通过下式定义:

$$P_{\mathrm{in}} = k f_0 C_{\mathrm{in}} V_{\mathrm{on}}^2 \tag{5-79}$$

已知器件在三极管区域内工作的情况，输入电容 C_{in} 可写为 $C_{in} = C_{gd} + C_{gs}$。此外，V_{on} 是导通状态下的驱动电平，k 是从仿真结果导出的常数[24]。馈入电感的损耗可写为

$$P_{loss,ch} = R_{ch} \frac{1}{T} \left\{ \int_0^{T/2} i_{L,off}^2 \cdot dt + \int_{T/2}^T i_{L,on}^2 \cdot dt \right\} \quad (5-80)$$

其中扼流电感固有的等效串联电阻为

$$R_{ch} = \frac{\omega_0 L}{Q_{ch}} \quad (5-81)$$

最后，负载阻抗由开关电压与负载电流之比确定，其中仅考虑开关电压的基波分量。因此，需要考虑电容器 C_1 中存在的放电损耗，其中没有对开关电压或其微分施加任何特定约束[7]。根据 $r_{on} \ll 1/\omega_0 C_1$，电容放电损耗近似为

$$P_{loss,cap} = 0.5 f_0 C_1 \left[V_{S,off}^2 \left(\frac{T^-}{2} \right) - V_{S,on}^2 \left(\frac{T^+}{2} \right) \right] \quad (5-82)$$

2）参数优化

本节讨论的 CMOS 戊类放大器的 PAE 优化可以从负载阻抗开始。给定器件尺寸、驱动信号 V_{on} 的振幅和式（5-74）中的 n 参数，可以通过扫描电流幅值 i_0 和相位 ϕ 对 PAE 进行数值优化[24]。除此之外，还可以通过在不同范围内扫描 V_{on} 和 n 来实现全局优化，以便找到对特定器件可能产生最大 PAE 的设计。毫无疑问，除了 50 Ω 以外的任何负载阻抗都需要某种形式的阻抗变换，作为输出匹配网络的一部分不可避免地会引入一些附加损耗。在确定最优 PAE 的过程中，将该损耗作为比例因子，可以确定负载抵消（或补偿）相关损耗所需的功率。

为了使 CMOS 放大器可靠地工作，器件上的电压摆幅应限制在厂商建议的电源电压的两倍以内[25]。正如我们所看到的，这种约束是毫米波功率放大器设计中一个根本性的重要因素。

5.4 SiGe HBT 开关模式戊类放大器

众所周知，晶体管器件的击穿电压和最大频率之间的平衡对毫米波功率放大器的设计有利有弊。在频谱方面，更大的 f_T 和 f_{max} 指标允许器件在更高的频率下进行功率放大，但是在另一方面，额定电压摆幅的减少直接降低了输出功率。因此，当需要更高的输出功率时，功率合成被广泛应用于毫米波波段应用中，其中许多技术将在第 6 章中介绍。上述的开关放大器中，击穿电压和器件速度之间的权衡变得更加重要。如前所示，为了提高开关模式放大器效率，常令电压信号和电流信号之间相位重叠最小化。随着工作频率增加到毫米波范围，更接近器件的 f_{max}，谐波管理变得越来越困难。

因此，在开关放大器中，有源器件需要产生器件工作的中心频率以及其他有助于非重叠电流和电压波形产生的谐波分量。

5.4.1　毫米波 SiGe HBT 戊类放大器设计方法

在任何类型的功率放大器的设计中，普遍的目标是：在指定的系统频率下，在尽可能确保最大 PAE 效率的同时，向负载 R_L 提供所需的功率 P_{RF}。针对特定的负载电阻和工作频率，对 P_{RF}，η，G_P 和 PAE 等指标的最大值可以有合理精准的预测。与本章之前讨论的 CMOS 戊类放大器损耗感知设计类似，本文所述的毫米波 SiGe HBT 放大器的设计方法由 Datta 和 Hashemi 最早提出[14]。

假设负载电流是正弦形式，表示为 $I_{R_L}\sin(\omega t+\phi)$，此外，集电极电压和器件电流分别由 $V_C(\omega t)$ 和 $I_S(\omega t)$ 表示，并通过充分利用 ZVS[即 $V_C(2\pi)=0$] 和 ZDVS$\left[\text{即}\dfrac{\mathrm{d}V_C(\omega t)}{\mathrm{d}t_{\omega t=2\pi}}=0\right]$ 条件，可以确定集电极电压和器件电流信号[14]。相应的电压信号为

$$V_C(\omega t)=0,\ 0<\omega t<\pi \tag{5-83}$$

$$V_C(\omega t)=V_{CC}\left[\beta_1\cos(q\omega t)+\beta_2+1-\frac{q^2 p}{1-q^2}\cos(\omega t+\phi)\right] \tag{5-84}$$

$$\pi<\omega t<2\pi$$

其中，β_1 和 β_2 是依赖于 q 但是不依赖于时间的常数，q 定义为

$$q=\frac{1}{\omega\ \sqrt{L_1 C_1}} \tag{5-85}$$

电流信号为

$$I_S(\omega t)=I_{R_L}\left[\frac{\omega t}{p}+\sin(\omega t+\phi)-\sin(\phi)\right],\ 0<\omega t<\pi \tag{5-86}$$

$$I_S(\omega t)=0,\ \pi<\omega t<2\pi \tag{5-87}$$

在这种情况下，因子 p 表示为

$$p=\frac{\omega L_1}{V_{CC}/I_{R_L}} \tag{5-88}$$

一个电压和电流波形在任何点都不重叠的无损戊类放大器产生的射频输出功率为

$$P_{RF}=\frac{I_{R_L}^2 R_L}{2}=I_{DC}V_{CC} \tag{5-89}$$

上式也可简化为直流功率 P_{DC}，这与我们之前关于 100% 效率的论述是一致的。集电极的直流电流为

$$I_{DC}=\frac{1}{2\pi}\int_0^{2\pi}I_S(\omega t)\mathrm{d}(\omega t) \tag{5-90}$$

除此之外，可以证明

$$I_{R_L}=\frac{V_{CC}}{R_L}\left(\frac{\pi}{2p}-\sin\phi+\frac{2\cos\phi}{\pi}\right) \tag{5-91}$$

为了保持可靠的运行，集电极电压必须保持在器件击穿电压 BV_{CBO} 以下[7, 14]。因此，我们可以限定 $BV_{CBO}=V_{C,\max}$，并且在此条件下，输出功率被 $q=q_{\max}\approx 1.41$，$p=p_{\max}$ 和

$\phi = \phi_{\max}$ 等条件限制。在这些限制条件下,最大射频输出功率可以通过下式确定:

$$P_{\text{RF,max}} = \frac{1}{2} \frac{BV_{\text{CBO}}^2}{R_{\text{L}}} \psi^2 \qquad (5-92)$$

其中,$\psi \approx 0.453$ 表示一个常量因子,该因子与器件工艺和工作频率无关。晶体管中由有限 r_{on} 而产生的开关损耗的最小化通常是通过增大器件的尺寸来实现的,直到不超过电容预算 $C_{1,\max}$ 的最大值。此外,如果可以假设开关电阻 r_{on} 不能够显著影响电压和电流波形,则传导损耗可以表示为

$$P_{\text{loss,HBT}} = \frac{1}{2\pi} \int_0^{2\pi} r_{\text{on}} I_{\text{S}}^2(\omega t) \mathrm{d}(\omega t) \qquad (5-93)$$

$$= \frac{r_{\text{on}}}{R_{\text{L}}} P_{\text{RF,max}} \Gamma \qquad (5-94)$$

在这个方程中,Γ 是一个固定值,选择它是为了获得最大射频输出功率。因此,最大可实现效率写为

$$\eta_{\max} = \frac{P_{\text{RF,max}}}{P_{\text{DC}} + P_{\text{loss,HBT}}} = \frac{1}{1 + \dfrac{r_{\text{on}}}{R_{\text{L}}} \Gamma} = \frac{1}{1 + \omega \tau_{\text{out}} \chi} \qquad (5-95)$$

其中,$\chi = \Gamma / K_{\text{C}}(q_{\max}) \approx 4.6$,$K_{\text{C}}$ 可以用下式表示:

$$K_{\text{C}} = \omega C_1 R_{\text{L}} \qquad (5-96)$$

为了保持放大器中的 P_{RF} 和 $I_{R_{\text{L}}}$,这种放大器表现为非零传导损耗,可以证明 DC 电源应该相应地缩放为

$$V_{\text{CC}} = V_{\text{CC}_0}(1 + \omega \tau_{\text{out}} \chi) \qquad (5-97)$$

其中,V_{CC_0} 为

$$V_{\text{CC}_0} = \frac{\psi}{\pi/2p} - \sin\phi + \frac{2\cos\phi}{\pi BV_{\text{CBO}}} \qquad (5-98)$$

将式(5-98)中大多数的项用近似值代替,可进一步简化为 $V_{\text{CC0}} \approx BV_{\text{CBO}}/3.56$。由于 PAE 表达式可从式(5-61)中获得,因此其最大值可以式(5-95)中集电极的最大效率和最大功率增益(这是最后一个需要计算的量)来计算。所需的输入功率为

$$P_{\text{in}} = \frac{1}{2}(\omega \tau_{\text{in}})(\omega C_{\text{in}}) V_{\text{BE}}^2 = \frac{1}{2}(\omega \tau_{\text{in}}) \alpha K_{\text{C}}(q_{\max}) \frac{V_{\text{BE}}^2}{R_{\text{L}}} \qquad (5-99)$$

式中,HBT 内部的输入电容和输出电容的比值用 $\alpha = C_{\text{in}}/C_1$ 表示,同时通过内部基极-发射极结的电压为

$$V_{\text{BE}} = \frac{V_{\text{in}}}{\sqrt{1 + (\omega \tau_{\text{in}})^2}} \qquad (5-100)$$

该电压直接影响集电极端电流波形的形状和幅度,因为 V_{BE} 的峰值将导致集电极电流的峰值,即

$$I_{\text{S,max}} = \frac{BV_{\text{CBO}}}{R_{\text{L}}} \frac{K(\phi_{\max}, \theta_{I,\max})}{K(\phi_{\max}, \theta_{V,\max})} \qquad (5-101)$$

式中，$K(\phi_{max}, \theta_{I,max})$ 和 $K(\phi_{max}, \theta_{V,max})$ 是戊类工作模式特有的常数，$\theta_{I,max}$ 和 $\theta_{V,max}$ 分别表示器件电流和电压波形达到各自峰值的相位角。根据对应建立的基极电压和集电极电流之间的指数关系，可以得出

$$V_{BE} = V_T \ln\left(\frac{I_{S,max}}{I_{DC,Q}}\right) \tag{5-102}$$

并且在最大射频输出功率的条件下，式（5-99）中所确定的输入功率可以重写为

$$P_{in,max} = \frac{1}{2}(\omega\tau_{in})\alpha K_C(q_{max})\frac{V_T^2}{R_L}\left[\ln BV_{CBO} + \ln\omega + \ln K + \ln\left(\frac{C_1/\mu m^2}{I_{DC,Q}/\mu m^2}\right)\right]^2 \tag{5-103}$$

由于 $P_{in,max}$ 和 $P_{RF,max}$ 都已确定，剩下的就是使用式（5-62）的简单形式来计算 G_P。G_P 的表达式为

$$G_{P,max} = \left(\frac{1}{\omega}\right)\left(\frac{BV_{CBO}^2}{\tau_{in}\alpha}\right)\left[\frac{\psi^2}{K_C(q_{max})V_T^2}\right] \cdot$$
$$\left[\ln BV_{CBO} + \ln\omega + \ln K + \ln\left(\frac{C_1/\mu m^2}{I_{DC,Q}/\mu m^2}\right)\right]^{-2} \tag{5-104}$$

最终，可以实现的最大 PAE 为

$$PAE_{max} = \eta_{max}\left(1 - \frac{1}{G_{P,max}}\right) \tag{5-105}$$

5.4.2　毫米波 SiGe HBT 开关放大器的性能限制

前一节中推导出的 $P_{RF,max}$，$G_{P,max}$，η_{max} 和 PAE_{max} 的表达式估算了这些指标的合理极值，这些极值可由在毫米波波段工作的 SiGe 戊类放大器实现。这些表达式的一个有趣的特点是，输出功率 P_{RF} 似乎与频率无关。这个最大输出功率在 $V_{C,max} = BV_{CBO}$ 处实现，并且正如式（5-92）所预测的，P_{RF} 与负载电阻 R_L 成反比。然而，集电极效率确实随频率而变化，从式（5-95）我们可以看出，集电极效率随着频率的增加而降低。将理论 η_{max} 与仿真结果进行比较发现两者略有差异，解析表达式往往会高估了可实现的集电极效率[14,26]。

5.4.3　超击穿电压 BV_{CEO} 的 SiGe HBT 工作特性

与 MOS 晶体管相比，针对相近的 f_{max} 技术要求，SiGe HBT 通常具有更高的击穿电压。此外，文献［18,27-29］对 SiGe HBT 的击穿机制进行了广泛的讨论。器件的 f_{max} 超过 300 GHz 已经较为普遍[7,14,20]，因此采用现代 SiGe 工艺的毫米波开关放大器具有特别的吸引力。除了提供比电流源放大器更高的效率外，开关放大器还提高了晶体管上可承受的电压幅值。上述特性主要归因于电压和电流波形不会重叠这一事实。当击穿电压 BV_{CEO} 在由基极电流源驱动的开基极条件下运行时，才被视为器件主击穿电压[14,30]。在线性工作模式下，这确实是事实，因为器件被建模为电流源，为了保持线性，电压幅值会被减小。

在基极阻抗相对较低且驱动电压保持大约恒定的配置中，SiGe HBT 击穿电压增加，并且已显示达到 $BV_{CEO} = 5.9\ V$ 的水平[27]。较低的基极阻抗转换为在雪崩效应中产生的空穴

出口,集电极电压增加到高于 BV_{CEO} 的水平,这导致基极电流变为负值。这种效应书面上称为基极电流反转[31],它不会显著阻碍晶体管的工作,但会在放大器电路中引入不稳定性。这种由超 BV_{CEO} 工作而引起的不稳定性可分为两类。

首先,在对器件 S 参数的大信号仿真中,次谐波往往会出现,这很可能是由开关工作时起作用的基极-发射极电容的非线性性质引起的。次谐波的出现可以通过在晶体管的底部添加谐波阱来对应,谐波阱可以是在半工作频率下谐振的简单串联 RLC 电路。其次,在超过击穿电压 BV_{CEO} 时对应的负基极电流会导致输入阻抗具有负实部,使产生低频小信号振荡的可能性加大。当集电极电压变得非常大时,为了减少这种影响,可以在基极上并联一个电阻。

这些对放大器电路的简单修改应确保大信号和小信号稳定工作。

5.5　开关放大器的发射机线性化技术

如前所述,开关放大器具有出色的高效放大性能。然而,它们的工作本质并不适应于输入信号幅度的变化,导致平均线性度较低。因此,开关放大器特别是戊类模式对于恒包络调制方案特别有用[32]。另一方面,实现下一代 multi-Gb/s 无线系统的数据速率需求离不开 QAM 或 OFDM 等复调制方案,而这两种调制方案都不使用恒包络信号。因此,为了适应复调制方案,放大器中的发射机架构线性化是很常见的[33,34]。

5.5.1　异相发射机

众所周知,功率放大器是无线发射机链中仅次于天线的最后一个组成部分,也是系统功率预算的重要组成部分。功率放大器需要保持足够的线性工作特征(具体情况可能因应用而异)和高效率。传统的正交调制被认为是一种复调制方案,因为其对基带信号的相位和幅度同时进行调制。在 I 和 Q 通道中的可变包络信号已被证明是功率放大器设计中的一个相当棘手的问题。一方面,为了保持足够的线性度,放大器通常在功率回退条件下工作,回退功率是在 P_{1dB} 以下的 3~6 dB 之间。而另一方面,这种工作模式往往会降低效率。

异相发射机中两个具有恒定幅度并且依赖于时间的相位偏移的信号被组合在一起来产生调幅信号。这种架构如图 5.17 所示。

异相发射机存在两种形式。首先,LINC(代表使用非线性元件的线性放大)发射机由一个隔离式功率合成器构成,实现对两路恒包络振幅信号的合成。此处放大器对应异相输出相位角变化时会有恒定的输出阻抗。这种结构具有较好的效率和线性度,但在功率回退条件下,其效率与甲类放大器的效率基本相近。输出的多余功率基本上是在合成器中被消耗掉了[7]。

Chireix 技术是解决上述问题的一种方法[35]。采用非隔离式合成器网络对异相信号进行合成,通常实现形式是变压合成器。改变异相输出相位角会引起开关放大器中电抗的变化。这一定程度上降低了开关放大器中的射频功率和直流功率,进而提高了功率回退下的效率。与最近的毫米波技术发展相比,异相发射机的概念是一个早期想法,但最近有人重新考虑其在毫米波系统中的应用,也取得了一些值得期待的结果[36]。实现这种毫米波发射机的挑战主要是由 I/Q 不平衡引起的,所需带宽非常大,且需要复杂的相位和增益平衡以保证失配损耗最小化。

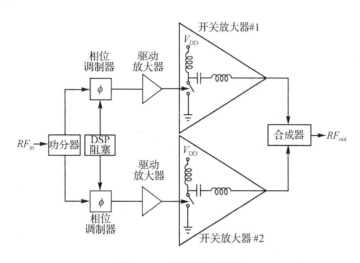

图 5.17　异相发射机构架

5.5.2　极坐标发射机

极坐标发射机也被称为包络消除与恢复(Envelope Elimination and Restoration,EER)和卡恩发射机[8,37,38]。在极坐标结构中,开关放大器从漏极端看是线性的,这一事实常用于复调制方案。常规极坐标发射机的框图如图 5.18 所示。

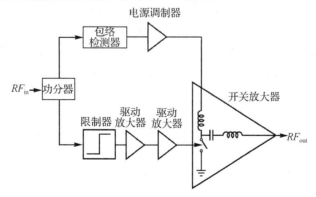

图 5.18　常规极坐标发射机

射频输入信号的调制分为幅度调制和相位调制两部分。相位调制应用于开关放大器的输入端,而幅度调制应用于所述放大器的电源端。极坐标发射机伴随着过高的带宽需求,通常是原始调制信号所占用带宽的 3 到 5 倍,这无疑使其实现变得复杂[7]。带宽的增加主要源自原始调制(包含不同的 I 和 Q 分量)与极坐标发射机中出现的幅相分离之间的非线性变换。可以想象,上述情况在毫米波波段会变得更加严重,在毫米波频率下,千兆赫以上的带宽是常见的。

在过去几年中,数字极坐标发射机架构逐渐得到普及[39-45]。该架构的框图如图 5.19 所示。

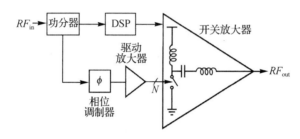

图 5.19   数字化极坐标发射机架构

图 5.19 中,开关放大器的输入端连接了一个 N 位二进制编码的开关阵列,且其中的每一路开关都可以通过数字控制信号单独访问。输出信号的幅度可以通过调整给定时间点上导通的开关数量进行控制。数字调制可以更加精细地控制幅度和相位信号之间的相位延迟。最近类似 DAC 型开关放大器的毫米波应用已经有了相关研究[46]。

5.6   结束语

本章主要阐述了开关模式功率放大器,重点介绍了射频、微波以及毫米波设计之间的设计方法差异。显然,不少因素令毫米波高效功率放大器的设计变得复杂,文中所提的设计指南应该使设计者能够游刃有余地处理这些任务。本章也简要介绍了作为发射机架构一部分的开关放大器,并在架构层面上讨论了两种主流的线性化技术。

参考文献

[1] Cripps, S. C.: RF Power Amplifiers for Wireless Communications, 2nd edn. Artech House, Inc., Dedham (2006)

[2] Walker, J. (ed.): Handbook of RF and Microwave Power Amplifiers. Cambridge University Press, Cambridge (2013)

[3] Mader, T. B., Bryerton, E. W., Markovic, M., Forman, M., Popovic, Z.: Switched-mode high-efficiency microwave power amplifiers in a free-space power-combiner array. IEEE Trans. Microw. Theory

Tech. 46(10 PART 1), 1391-1398 (1998)

[4] Grebennikov, A.: High-efficiency Class-FE tuned power amplifiers. IEEE Trans. Circuits Syst. I Regul. Pap. 55(10), 3284-3292 (2008)

[5] Sokal, N. O., Sokal, A. D.: Class E-A new class of high-efficiency tuned single-ended switching power amplifiers. IEEE J. Solid-State Circuits 10(3), 168-176 (1975)

[6] Kazimierczuk, M. K., Puczko, K.: Exact analysis of Class E tuned power amplifier at any Q and switch duty cycle. IEEE Trans. Circuits Syst. 34(2), 149-159 (1987)

[7] Hashemi, H., Raman, S. (eds.): mm-Wave Silicon Power Amplifiers and Transmitters. Cambridge University Press, Cambridge (2016)

[8] Raab, F. H., Asbeck, P., Cripps, S., Kenington, P. B., Popović, Z. B., Pothecary, N., Sevic, J. F., Sokal, N. O.: Power amplifiers and transmitters for RF and microwave. IEEE Trans. Microw. Theory Tech. 50(3), 814-826 (2002)

[9] Chang, J. S., Tan, M. T., Cheng, Z., Tong, Y. C.: Analysis and design of power efficient Class D amplifier output stages. IEEE Trans. Circuits Syst. I Fundam. Theory Appl. 47(6), 897-902 (2000)

[10] El-Hamamsy, S. A.: Design of high-efficiency RF Class-D power amplifier. IEEE Trans. Power Electron. 9(3), 297-308 (1994)

[11] Sarkas, I., Balteanu, A., Dacquay, E., Tomkins, A., Voinigescu, S.: A 45 nm SOI CMOS Class-D mm-Wave PA with >10 V pp differential swing. In: IEEE International Solid-State Circuits Conference (ISSCC), vol. 55, pp. 88-89 (2012)

[12] Kazimierczuk, M. K.: RF Power Amplifiers. Wiley, West Sussex (2008)

[13] Valdes-Garcia, A., Reynolds, S., Pfeiffer, U. R.: A 60 GHz Class-E power amplifier in SiGe. In: IEEE Asian Solid-State Circuits Conference (ASSCC), pp. 199-202 (2006)

[14] Datta, K., Hashemi, H.: Performance limits, design and implementation of mm-wave SiGe HBT Class-E and stacked Class-E power amplifiers. IEEE J. Solid-State Circuits 49(10), 2150-2171 (2014)

[15] Wang, C., Larson, L. E., Asbeck, P. M.: Improved design technique of a microwave Class-E power amplifier with finite switching-on resistance. In: IEEE Radio and Wireless Conference (RAWCON), pp. 241-244 (2002)

[16] Acar, M., Annema, A. J., Nauta, B.: Analytical design equations for Class-E power amplifiers. IEEE Trans. Circuits Syst. I Regul. Pap. 54(12), 2706-2717 (2007)

[17] Milosevic, D., Van Der Tang, J., Van Roermund, A.: Explicit design equations for Class-E power amplifiers with small DC-feed inductance. In: European Conference on Circuit Theory and Design, vol. 3, pp. 101-104 (2005)

[18] Camillo-Castillo, R. A., Liu, Q. Z., Adkisson, J. W., Khater, M. H., Gray, P. B., Jain, V., Leidy, R. K., Pekarik, J. J., Gambino, J. P., Zetterlund, B., Willets, C., Parrish, C., Engelmann, S. U., Pyzyna, A. M., Cheng, P., Harame, D. L.: SiGe HBTs in 90 nm BiCMOS technology demonstrating 300 GHz/420 GHz fT/fMAX through reduced Rb and Ccb parasitics. In: IEEE Bipolar/BiCMOS Circuits and Technology Meeting (BCTM), pp. 227-230 (2013)

[19] Apostolidou, M., Van Der Heijden, M. P., Leenaerts, D. M. W., Sonsky, J., Heringa, A., Vo-

lokhine, I.: A 65 nm CMOS 30 dBm Class-E RF power amplifier with 60％ PAE and 40％ PAE at 16 dB back-off. IEEE J. Solid-State Circuits 44(5), 1372-1379 (2009)

[20] Datta, K., Roderick, J., Hashemi, H.: A 20 dBm Q-band SiGe Class-E power amplifier with 31％ peak PAE. In: Proceedings of the Custom Integrated Circuits Conference, pp. 4-7 (2012)

[21] Niknejad, A. M., Hashemi, H.: Mm-Wave Silicon Technology: 60 GHz and Beyond. Springer US, New York City (2008)

[22] Yao, T., Gordon, M., Yau, K., Yang, M. T., Voinigescu, S. P.: 60-GHz PA and LNA in 90-nm RF-CMOS. In: IEEE Radio Frequency Integrated Circuits Symposium 2006, pp. 1-4 (2006)

[23] Acar, M., Annema, A. J., Nauta, B.: Generalized design equations for Class-E power amplifiers with finite DC feed inductance. In: 36th European Microwave Conference (EuMC), pp. 1308-1311 (2006)

[24] Chakrabarti, A., Krishnaswamy, H.: An improved analysis and design methodology for RF Class-E power amplifiers with finite DC-feed inductance and witch on-resistance. In: IEEE International Symposium on Circuits and Systems, pp. 1763-1766 (2012)

[25] Mazzanti, A., Larcher, L., Brama, R.: Analysis of reliability and power efficiency in cascode Class-E PAs. IEEE J. Solid-State Circuits 41(5), 1222-1229 (2006)

[26] Datta, K., Roderick, J., Hashemi, H.: Analysis, design and implementation of mm-wave SiGe stacked Class-E power amplifiers. In: IEEE Radio Frequency Integrated Circuits (RFIC) Symposium, pp. 275-278 (2013)

[27] Mandegaran, S., Hajimiri, A.: A breakdown voltage multiplier for high voltage swing drivers. IEEE J. Solid-State Circuits 42(2), 302-312 (2007)

[28] Grens, C. M., Cheng, P., Cressler, J. D.: Reliability of SiGe HBTs for power amplifiers part I: large-signal RF performance and operating limits. IEEE Trans. Device Mater. Reliab. 9(3), 431-439 (2009)

[29] Rieh, J. S., Jagannathan, B., Chen, H., Schonenberg, K. T., Angell, D., Chinthakindi, A., Florkey, J., Golan, F., Greenberg, D., Jeng, S. J., Khater, M., Pagette, F., Schnabel, C., Smith, P., Stricker, A., Vaed, K., Volant, R., Ahlgren, D., Freeman, G., Stein, K., Subbanna, S.: SiGe HBTs with cut-off frequency of 350 GHz. In: International Electron Devices Meeting, pp. 771-774 (2002)

[30] Song, P., Oakley, M. A., Ulusoy, A. Ç., Kaynak, M., Tillack, B., Sadowy, G. A., Cressler, J. D.: A Class-E tuned W-band SiGe power amplifier. IEEE Microw. Wirel. Compon. Lett. 25(10), 663-665 (2015)

[31] Grens, C. M., Cressler, J. D., Joseph, A. J.: On common-base avalanche instabilities in SiGe HBTs. IEEE Trans. Electron Devices 55(6), 1276-1285 (2008)

[32] Bhat, R., Chakrabarti, A., Krishnaswamy, H.: Large-scale power combining and mixed-signal linearizing architectures for watt-class mm-wave CMOS power amplifiers. IEEE Trans. Microw. Theory Tech. 63(2), 703-718 (2015)

[33] Kenney, J. S., Chen, J. H.: Power amplifier linearization and efficiency improvement techniques for commercial and military applications. In: 16th International Conference on Microwaves, Radar and

Wireless Communications (MIKON), pp. 3-8 (2006)

[34] Rappaport, T. S., Murdock, J. N., Gutierrez, F.: State of the art in 60-GHz integrated circuits and systems for wireless communications. Proc. IEEE 99(8), 1390-1436 (2011)

[35] Chireix, H.: High power outphasing modulation. Proc. IRE 23(11), 1370-1392 (1935)

[36] Zhao, D., Kulkarni, S., Reynaert, P.: A 60-GHz outphasing transmitter in 40-nm CMOS. IEEE J. Solid-State Circuits 47(12), 3172-3183 (2012)

[37] Raab, F. H.: Intermodulation distortion in Kahn-technique transmitters. IEEE Trans. Microw. Theory Tech. 44(12 PART 1), 2273-2278 (1996)

[38] Raab, F. H., Mountain, G.: Drive modulation in Kahn-technique transmitters. In: IEEE MTT-S International Microwave Symposium Digest, pp. 811-814 (1999)

[39] Staszewski, R. B., Wallberg, J. L., Rezeq, S., Hung, C. M., Eliezer, O. E., Vemulapalli, S. K., Fernando, C., Maggio, K., Staszewski, R., Barton, N., Lee, M. C., Cruise, P., Entezari, M., Muhammad, K., Leipold, D.: All-digital PLL and transmitter for mobile phones. IEEE J. Solid-State Circuits 40(12), 2469-2480 (2005)

[40] Staszewski, R. B., Wallberg, J., Rezeq, S., Eliezer, O., Vemulapalli, S., Staszewski, R., Barton, N., Cruise, P., Entezari, M., Muhammad, K., Leipold, D.: All-digital PLL and GSM/edge transmitter in 90 nm CMOS. In: IEEE Solid-State Circuits Conference (ISSCC), vol. 51, no. 11, pp. 316-318 (2005)

[41] Wang, F., Kimball, D. F., Popp, J. D., Yang, A. H., Lie, D. Y., Asbeck, P. M., Larson, L. E.: An improved power-added efficiency 19-dBm hybrid envelope elimination and restoration power amplifier for 802.11g WLAN applications. IEEE Trans. Microw. Theory Tech. 54(12), 4086-4098 (2006)

[42] Kavousian, A., Su, D. K., Hekmat, M., Shirvani, A., Wooley, B. A.: A digitally modulated polar CMOS power amplifier with a 20-MHz channel bandwidth. IEEE J. Solid-State Circuits 43(10), 2251-2258 (2008)

[43] Choi, J., Yim, J., Yang, J., Kim, J., Cha, J., Kang, D., Kim, D., Kim, B.: A Sigma-Delta-digitized polar RF transmitter. IEEE Trans. Microw. Theory Tech. 55(12), 2679-2690 (2007)

[44] Chowdhury, D., Ye, L., Alon, E., Niknejad, A. M.: An efficient mixed-signal 2.4-GHz polar power amplifier in 65-nm CMOS technology. IEEE J. Solid-State Circuits 46(8), 1796-1809 (2011)

[45] Marcu, C., Chowdhury, D., Thakkar, C., Park, J. D., Kong, L. K., Tabesh, M., Wang, Y., Afshar, B., Gupta, A., Arbabian, A., Gambini, S., Zamani, R., Alon, E., Niknejad, A. M.: A 90 nm CMOS low-power 60 GHz transceiver with integrated baseband circuitry. IEEE J. Solid-State Circuits 44(12), 3434-3447 (2009)

[46] Balteanu, A., Sarkas, I., Dacquay, E., Tomkins, A., Rebeiz, G. M., Asbeck, P. M., Voinigescu, S. P.: A 2-bit, 24 dBm, millimeter-wave SOI CMOS power-DAC cell for watt-level high-efficiency, fully digital m-ary QAM transmitters. IEEE J. Solid-State Circuits 48(5), 1126-1137 (2013)

第6章 毫米波晶体管堆叠放大器

场效应晶体管的一个主要缺陷在于其有限的电压承载能力,在射频和毫米波 CMOS 功率放大器设计中,由于片上集成系统的设计需求,CMOS 工艺中单个器件低电压承载的特点导致了有限的输出功率。我们知道,器件宽度的增加可以降低负载阻抗,从而提升其功率容量。然而,这在毫米波波段并不可行,因为器件在此波段对寄生参数更为敏感,产生了功率损耗而使器件性能大幅降低。除了这些损耗,为获得更大的交流阻抗,阻抗匹配的难度也随之增加,导致了系统带宽与效率的降低。

毫米波场效应器件输出功率问题的一种解决方案是实现一种串联形式的堆叠,构成所谓的晶体管堆叠放大器。通过保证堆叠中的每一个晶体管都处于合适的偏压和负载条件下,使每一个器件平均承载电压。理论上,当单个器件的最大电压摆幅为 $V_{DSmax,n}$ 时,通过实现 N 个器件的堆叠可以使最大电压摆幅提高至 $NV_{DSmax,n}$。单个器件的最大电压摆幅为接近其漏极-源极击穿电压的特定值,这与器件的制备工艺相关。在本章的剩余部分,我们将讨论晶体管堆叠在提升输出功率与 PAE 上的众多优势,同时为贴合毫米波应用,按照损耗感知设计方法评估该技术的局限性。

6.1 堆叠场效应晶体管器件

图 6.1 展示了一种堆叠 N 个场效应管的设计结构。电压输出端为最顶端晶体管——对应图 6.1 所示堆叠中的第 n 个晶体管(其中 $n=1,2,3,\cdots,N$)的漏极,射频输入端为第一个晶体管的栅极。假设在堆叠结构中每一个晶体管承载的电压相等,单个器件需要承载的最大电压摆幅 $V_{DSmax,n}=V_{max}/N$。但电压并不是总能实现平均分配,因此需要进一步讨论这种设计所带来的后果。

最底层的器件工作在共源模式下,而其他晶体管则工作在一种没有任何端口接地的类共栅模式下[1-3]。图 6.1 所示的设计结构有别于特定频率下工作的共源共栅放大器(共栅接地)。在堆叠设计中,栅极通过一些有限的阻抗连接在一起,形成一种类共栅结构,漏极电压在理想情况下相位是累加的。此外,在堆叠中每个晶体管的漏极电流都是常数。栅极电容(用 C_n 表示)通过与场效应管中的栅极-源极电容级联,可用于控制栅极端口处的电压摆幅[1]。这两个电容大体上形成了一个分压器，决定了每个器件的栅极电压。

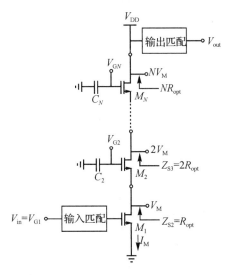

图 6.1　场效应管堆叠放大器电路示意图

6.1.1　栅极电容 C_N

简单的场效应晶体管模型可以用来表达堆叠中每个器件栅极处的无源网络，其近似形式如图 6.2 所示。虽然图 6.2 中仅展示了对应堆叠中第二个器件的情况，但是在分析中，从第 2 个到第 N 个的任何器件的处理都是类似的。图 6.2 中的栅极电容 C_2 可以用 C_n 代替，栅极电压 V_{G2} 可以用 V_{Gn} 代替，以此类推。暂不考虑栅极-漏极电容 C_{GD}，第 n 个晶体管的电压摆幅可表示为

$$V_{Gn} = \frac{I_{G_n}}{\mathrm{j}\omega C_n} \tag{6-1}$$

其中，I_{Gn} 是流入栅极的电流，C_n 是外部栅极电容[4]。栅极电流用下式计算：

$$I_{Gn} = \mathrm{j}\omega C_{GSn} V_{GSn} = \frac{I_{Dn}}{g_m} \mathrm{j}\omega C_{GSn} \tag{6-2}$$

由式（6-1）和式（6-2）可得到堆叠结构中输入阻抗的一般表达式

$$Z_{Si} = \left(1 + \frac{C_{GS}}{C_n}\right)\left(\frac{1}{g_m} \parallel \frac{1}{sC_{GS}}\right) \tag{6-3}$$

当 $f_0 \ll f_T$ 时，上式可被简化为[4]

$$Z_{Si} \approx \left(1 + \frac{C_{GS}}{C_n}\right)\frac{1}{g_m} \tag{6-4}$$

堆叠（在本例中，是由三个晶体管组成的堆叠）所得到的总电压增益为

$$A_V = \frac{g_{m1} R_L}{\left(1 + \frac{s C_{GS2}}{g_{m2}}\right)\left(1 + \frac{s C_{GS3}}{g_{m3}}\right)} \tag{6-5}$$

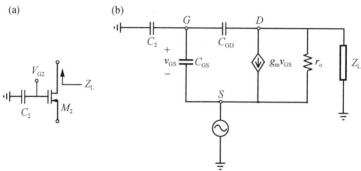

图 6.2　（a）堆叠结构中的高位场效应晶体管　（b）等效小信号模型

当 $f_0 \ll f_T$ 时[4]，上式可被简化为

$$A_V = g_{m1} R_L \tag{6-6}$$

最佳负载线阻抗(用 R_{opt} 表示)是指能够实现堆叠中每个晶体管上电压值均匀分布所需的输出阻抗。为了实现这一目标，堆叠中的所有晶体管的总阻抗将等于 $N R_{opt}$，而单个器件的输出阻抗则为 $n R_{opt}$。这个阻抗可以通过操纵每个晶体管的栅极处的电压摆幅和每个晶体管从漏极所看到的阻抗来获得。栅极电容的选取参照下式：

$$C_n = \frac{C_{GSn}}{(n-1)g_{mn}R_{opt} - 1}, n = 2, 3, \cdots, N \tag{6-7}$$

这可以从以下几个角度来讨论。首先，要注意到每个场效应晶体管在堆叠中都提供了一个有限的电流增益，而每个器件的栅极电流与漏极电流有关。与每个器件的栅极端口串联的电容器将与前面提到的栅极电流一起产生电压。为了获得更大的电压摆幅，在堆叠的顶端，电容值应该随着器件编号 n 的增加而减小。另一方面，栅极电压摆幅可被认为是内部栅极-源极电容 C_{GSn} 和外部电容 C_n 之间分压的结果。这里，通过 C_{GSn} 的电容电压等于 I_{Dn}/g_m。如果每个器件的跨导 g_m 足够大以至于可以忽略 V_{GSn}，那么它们的源电压将趋向于与其栅极电压相同。

式(6-7)的一个显著特征是忽略了栅极-漏极电容 C_{GDn}，一个更实际和通用的表达式应该包括这个电容。假设器件工作在线性区域，漏极-源极电容和场效应晶体管输出电阻都可以忽略不计，则第 $n-1$ 个晶体管的漏极端口阻抗为

$$Z_{D(n-1)} = \frac{C_{GSn} + C_n + C_{GDn}(1 + g_{mn}Z_{Dn})}{(g_{mn} + s C_{GSn})(C_{GDn} + C_n)} \tag{6-8}$$

如果 $f_0 \ll f_T$，则此阻抗为纯实阻抗。此外，为了向每个晶体管提供最佳的负载线路阻抗，从而确保在堆叠中的所有器件之间漏极-源极电压均匀分配，应将阻抗 Z_{Dn} 设置为 $n R_{opt}$。这项技术最近在毫米波波段得到了验证[2,3,5-7]。Ⅲ-Ⅳ 族工艺中，栅极-漏极电容与栅极-源

极电容相比小到可以完全忽略不计。然而,在纳米尺寸 CMOS 场效应晶体管中,情况却大不相同。在毫米波频率下,sC_{GSn} 比 g_{mn} 小得多,这意味着式(6-8)可以简化为

$$Z_{D(n-1)} \approx \frac{C_{GSn} + C_n + C_{GDn}(1 + g_{mn}Z_{Dn})}{g_{mn}^2(C_{GDn} + C_n)}g_{mn}$$
$$- \frac{C_{GSn} + C_n + C_{GDn}(1 + g_{mn}Z_{Dn})}{g_{mn}^2(C_{GDn} + C_n)}sC_{GDn}, \tag{6-9}$$
$$n = 2,3,\cdots,N$$

继续假设 $f_0 \ll f_T$,由此得到 Z_{Dn} 是实数,其阻抗可选择为 $n \cdot R_{opt}$。此外,通过将 $Z_{D(n-1)}$ 的实部与 $(n-1) \cdot R_{opt}$ 相等,可以确定每个栅极电容的值,从而得到

$$C_n = \frac{C_{GSn} + C_{GDn}(1 + g_{mn}R_{opt})}{(n-1)g_{mn}R_{opt} - 1}g_{mn}, n = 2,3,\cdots,N. \tag{6-10}$$

忽略栅极-漏极电容可能导致 C_n 的值与最佳值相去甚远。

6.1.2　电压调控和最佳漏极阻抗

调整各器件的直流栅极电压对实现堆叠放大器的高效可靠运行起着重要的作用[1]。考虑到堆叠的电源电压远远大于单个场效应晶体管的击穿电压,必须设置每个晶体管栅极的偏置电压,以保证不论在直流还是射频条件下 V_{GS}、V_{GD} 和 V_{DS} 都不超过击穿值。以一个工作在甲乙类模式下的堆叠放大器为例,其直流电流的大小随着射频输入功率 P_{in} 的增加而增加。选择与 P_{in} 无关的栅极偏置电压意味着选择电流最大时的电位作为特定栅极偏置的起点。在堆叠结构中偏置的设定会引起麻烦,最上层晶体管的源电压会经历较低的电压摆幅,而如果不仔细设计栅极偏置,还会导致早期击穿[1,8]。

由 N 个晶体管组成的堆叠放大器要求每个器件的栅极直流电压为

$$V_{Gn} = \frac{n-1}{N}V_{DD} + V_{GSn,sat}, n = 2,3,\cdots,N \tag{6-11}$$

其中,$V_{GSn,sat}$ 表示对应于第 n 个晶体管处于饱和功率时的栅极-源极直流电压[8]。此外,为 V_{Gn}、C_n 和 R_{opt} 选择适当的值可以确保堆叠中的任何场效应晶体管的漏极-源极电压不会超过击穿电压,但这并不能保证漏极-源极电压不会超过击穿电压。这不可避免地限制了场效应晶体管器件的尺寸。

优化漏极电压除了校准其与传导电流外,还可以描述为校准堆叠中所有晶体管漏极电压的相位角。定量地,这个条件表示为

$$\frac{V_{D(n+1)}}{V_{Dn}} = \frac{n-1}{n}, n = 1,2,\cdots,N-1 \tag{6-12}$$

$$V_{DSn} = V_{D1} = V_{opt}, n = 1,2,\cdots,N \tag{6-13}$$

其中,V_{opt} 定义为堆叠中每个器件的最优电压波形[1,8]。根据图 6.3 所示的堆叠结构小信号模型,通过在第 n 个晶体管漏极结点处应用基尔霍夫电流定律(Kirchoff's Current Law, KCL),可以确定流入第 n 个场效应晶体管的漏极电流,用 I_{Dn} 表示[1]。

计算结果为

$$I_{\mathrm{D}n} = I_{\mathrm{M}n} + I_{C_{\mathrm{DS}n}} + I_{C_{\mathrm{Dsub}n}} - I_{C_{\mathrm{GD}n}} \qquad (6-14)$$

$$= g_{\mathrm{m}n}V_{\mathrm{GS}n} + sC_{\mathrm{DS}n}V_{\mathrm{opt}} + sC_{\mathrm{Dsub}n}V_{\mathrm{opt}} - sC_{\mathrm{GD}n}V_{\mathrm{GD}n}, \qquad (6-15)$$

$$n = 1, 2, \cdots, N$$

利用式(6-13)中规定的最优电压 V_{opt} 条件,可得各器件相应的最优导纳为

$$Y_{\mathrm{opt}n} = \frac{1}{Z_{\mathrm{opt}n}} \qquad (6-16)$$

$$= \frac{g_{\mathrm{m}n}V_{\mathrm{GS}n}}{nV_{\mathrm{opt}}} + \frac{sC_{\mathrm{DS}n}}{n} + sC_{\mathrm{Dsub}n} - \frac{sC_{\mathrm{GD}n}V_{\mathrm{GD}n}}{nV_{\mathrm{opt}}}, n = 1, 2, \cdots, N \qquad (6-17)$$

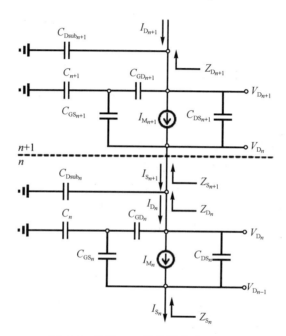

图 6.3 堆叠 FET 结构的小信号模型

接下来,未知电压 $V_{\mathrm{GS}n}$ 和 $V_{\mathrm{GD}n}$ 需要根据电容分量进行量化,这是通过应用基尔霍夫电压定律(Kirchoff's Voltage Law, KVL)实现的,结果为

$$V_{\mathrm{GS}n} = V_{\mathrm{opt}} \frac{C_{\mathrm{GD}n} - (n-1)C_n}{C_{\mathrm{DS}n} + C_n + C_{\mathrm{GD}n}} \qquad (6-18)$$

和

$$V_{\mathrm{GD}n} = -V_{\mathrm{opt}} \frac{C_{\mathrm{GS}n} - nC_n}{C_{\mathrm{GS}n} + C_n + C_{\mathrm{GD}n}}, n = 2, 3\cdots, N \qquad (6-19)$$

可以通过为 C_n 选择一些值来简化这些表达式,这些值将令 $\Re\{Y_{\mathrm{opt}n}\} = 1/nR_{\mathrm{opt}n}$,从而得到

$$V_{\mathrm{GS}n} = -\frac{V_{\mathrm{opt}}}{g_{\mathrm{m}n}R_{\mathrm{opt}n}} \tag{6-20}$$

和

$$V_{\mathrm{GD}n} = -V_{\mathrm{opt}}\frac{1 + g_{\mathrm{m}n}R_{\mathrm{opt}n}}{g_{\mathrm{m}n}R_{\mathrm{opt}n}}, n = 1, 2, \cdots, N \tag{6-21}$$

最后,将简化的$V_{\mathrm{GS}n}$和$V_{\mathrm{GD}n}$代入式(6-17),计算第$n+1$个器件的漏极端口的最优导纳。这种替换将得到

$$Y_{\mathrm{opt}n} \approx \frac{1}{nR_{\mathrm{opt}n}} - \frac{s}{n}(C_{\mathrm{DS}n} + nC_{\mathrm{Dsub}n})$$
$$- \frac{s}{n}\left(1 + \frac{1}{g_{\mathrm{m}n}R_{\mathrm{opt}n}}\right)C_{\mathrm{GD}n} \tag{6-22}$$

$$= \frac{1}{nR_{\mathrm{opt}n}} - \frac{s}{n}C_{\mathrm{eq}n}, n = 1, 2, \cdots, N \tag{6-23}$$

式(6-21)展示了一个直观的结论,即栅极-漏极电压峰值为$V_{\mathrm{opt}} + |V_{\mathrm{GS}}|$,$V_{\mathrm{GS}}$对应的栅极-源极电压需要能够导致一个充分大的射频电流。晶体管的尺寸需要能够支持这种电流,否则,V_{opt}和V_{GS}的总和很可能超过器件的击穿电压。

6.1.3　晶体管堆叠放大器设计的优势和挑战

工作在毫米波波段的共源放大器的性能受限于CMOS工艺条件,而在输出功率方面主要由三个因素限制:为了达到指定增益所需要的最大化栅极宽度、场效应晶体管器件的击穿电压以及一个可实现的匹配网络设计[1,9-11]。随着特征尺寸的进一步缩小,在相同的工艺条件下实现匹配网络变得越来越具有挑战性。堆叠N个晶体管并通过设计实现恒定的漏极电流,理想的结果是射频输出功率提高N倍,同时要求负载阻抗也增加N倍。负载线阻抗固定在一个特定的值R_{L}将导致漏极电流增加N倍,从而使总功率提高N^2倍。然而,电流的增加通常伴随着器件宽度的增加,由于寄生效应的增强,器件宽度有其自身的上限。

综上,当堆叠中的器件数量增加时,输出功率的增益在某个点上达到饱和。虽然在最初几个器件添加到堆叠中时输出功率会有实质性的增加,但当堆叠中有8个或更多的器件后,增益增量逐渐减少[2]。另一方面,较大的几何布局会受到较大的寄生电阻、电感和电容的影响,这些因素会显著降低功率增益。此外还有一个问题,与较大的堆叠规模伴随出现的是由电阻性损耗造成的漏极电压相位角失调,这降低了输出功率的组合效率。对于单个晶体管,任何低于100%的组合效率都会对总效率产生级联效应,因为每个晶体管的损耗会通过堆叠传播。例如,假设每个阶段引入0.5 dB的额外损耗(对应90%的组合效率),在R_{L}恒定的情况下,堆叠中的第4个器件仍然可以令输出功率上升2 dB。如果电流I_{m}保持恒定,射频功率将仅上升1 dB。添加第5个晶体管到该结构中只会产生额外的0.5 dB的输出功率损耗。因此可以确认的是,在R_{L}恒定的情况下,任何超过4个晶体管的堆叠的效率都是非常低的,而在I_{m}恒定的情况下,叠加3个晶体管是可以接受的极限[2,3]。

与单个器件解决方案相比,堆叠晶体管结构在功率放大方面有许多潜在的优势[1-4,8,12]:

- 堆叠结构能够提供更大的射频输出功率,因为它本质上就是一个功率合成器。
- 改进了放大器模块的电压承载能力。
- 整体电压增益提高了 N 倍;其中 N 表示添加到堆叠中的器件数量,但增益的提高会在堆叠中有 3 到 4 个器件时开始饱和。
- 输入阻抗与使用单个晶体管的情况相同,这也意味着对于给定的射频输出功率,输入阻抗要大于类似电流组合放大器的输入阻抗。更大的阻抗通常更适合匹配。
- 改善阻抗,由 50 Ω 和最优负载线阻抗进行调整,可提高整体效率,不具挑战性。本应被每个场效应管的导通电阻所抑制的效率将保持不变,因为该电阻随堆叠中器件数量的增加而呈线性增加。理想情况下,每一个器件将表现出同样的负载线电阻,这意味着 $(V_{max} - V_{min})/V_{max}$ 将保持不变。
- 对于相同的射频输出功率水平,堆叠组合结构的漏极电流将相对低于电流组合放大器。在此基础上,减小了寄生源电感对放大器增益的影响。

6.2 实现毫米波堆叠放大器的器件技术

晶体管堆叠放大器已经被证明适用于许多不同的硅基工艺,包括双极型硅锗器件[9,13-15]、CMOS SOI[1,7,10,16-18]和化合物半导体技术[12,19-21]。

SOI CMOS 技术对于实现毫米波频率下的堆叠结构非常有利,因为结点寄生电容相当小且没有体效应的影响。SOI 场效应晶体管的截面如图 6.4 所示[22,23]。

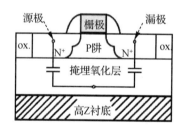

图 6.4　CMOS SOI 场效应管截面示意图

在典型的体硅 CMOS 工艺中,体效应和源-体大电容导致了堆叠中顶层晶体管的增益降低。除此之外,在漏极和体结点之间的结二极管上的击穿电压限制了最大电源电压。解决这些问题的一种方法是采用三阱 CMOS 工艺。在这里,每个场效应管的 P 阱被连接到它的源区,有效避免了体效应。此外,还可以将 N 型隔离层(N-iso)连接到源极上,以防止 P 阱/N 型隔离层结处的二极管开启[4]。尽管有这些手段,可使用的最大电源电压仍然受到 N 型隔离层/P 型衬底结处二极管的限制,并且与 SOI 技术相比,相关的寄生参数(尤其是电容)要大得多。

在 SOI 制程中,Si 层(图 6.4 所示的掩埋氧化层下面)的电导率具有一定的灵活性,通过

特定工艺可以实现 $\rho > 1\ \text{k}\Omega\cdot\text{cm}$ 的极高电阻率。如此高的 ρ 值非常有助于降低晶体管结寄生电容以及衬底互连寄生电感。在毫米波波段,衬底的电导率需要更高的加工精度,因为衬底在较低频率(确切来说频率低于 $f_c = 1/2\pi\rho_s\in_s$)下表现出纯电阻特性。衬底电阻率 ρ_s 和电容率 $\in_s$ 定义了表征衬底响应的时间常数。广泛使用的 SOI 场效应晶体管几乎都基于部分耗尽技术,这非常有用,因为有一个本征半导体的体层可以保持悬空,也可以通过接触连接到源结点。通常首选使用体接触,因为它允许的击穿电压最高,有助于避免单晶体管的闩锁。但另一方面,由于通过体连接引入了显著的寄生电容,体接触场效应晶体管通常会实现相对较低的 f_T 值。因此,浮体场效应管也是很常见的。

SOI 技术中浮体 CMOS 器件一般具有较高的 f_T 和 $f_{\max}$[24,25]。尽管有这些优势,后道(Back-End-of-the-Line, BEOL)连接仍然产生了很大的总寄生电阻和电容,需要通过巧妙的布局实现最小化。

6.3　中间结点匹配

低频工作中允许将漏极阻抗 Z_{Dn} 近似为纯电阻元件。然而,在堆叠结构中晶体管之间的中间点所出现的阻抗在毫米波频率下往往会有一个非常大的虚部分量(电抗)。射频电流的某个分量将不可避免地通过栅极-源极电容以及第一个器件漏极处的其他电容[4]。这些电流不一定会达到负载,导致效率降低。此外,电压波形的不完全相位匹配会导致额外的效率损失。

6.3.1　确定最优复结点阻抗

利用图 6.3 所示的堆叠小信号模型确定最佳漏极阻抗,其结果见式(6-23)。这个设计是为了确保所有的输出电压是相位匹配的,这最终转化为最佳的效率和射频输出功率。此外,式(6-10)中给出了产生最佳负载线电阻的每个栅极电容 C_n 的值。为了抵消第 n 个晶体管漏极处的容抗,与该晶体管漏极端相连的最佳导纳应该是感性的。然而,第 $n+1$ 个晶体管的输入端呈现容性负载,这使得问题稍微复杂化。从第 $n+1$ 个晶体管的源极看进去的导纳可以通过首先确定源电流来描述

$$I_{S(n+1)} = V_{GS(n+1)}\left[g_{m(n+1)} + sC_{GS(n+1)}\right] + sC_{DS(n+1)}V_{opt} \qquad (6-24)$$

将源导纳记为

$$Y_{S(n+1)} = -\frac{1}{nV_{opt}}\left[V_{GS(n+1)}g_{m(n+1)} + sC_{DS(n+1)}V_{opt} + sC_{DS(n+1)}V_{GS(n+1)}\right] \qquad (6-25)$$

其中,第一个晶体管(M1)漏极处的最佳电压波形由 V_{opt} 表示。由式(6-20)和式(6-21),式(6-25)可简化为

$$Y_{S(n+1)} = \frac{1}{nR_{opt}} - \frac{sC_{DS(n+1)}}{n} + \frac{sC_{GS(n+1)}}{nR_{opt}g_{m(n+1)}} \qquad (6-26)$$

意味着

$$Z_{\mathrm{S}(n+1)} \approx nR_{\mathrm{opt}} - \frac{nR_{\mathrm{opt}}}{g_{\mathrm{m}(n+1)}} s\left[C_{\mathrm{GS}(n+1)} - g_{\mathrm{m}(n+1)} R_{\mathrm{opt}} C_{\mathrm{DS}(n+1)}\right], n = 1, 2, \cdots, N-1 \quad (6-27)$$

有了最佳漏极导纳和源极导纳的表达式,就可以确定由第 $n+1$ 个器件呈现给第 n 个器件的相位角[1,2]。该相位角为

$$\Phi_{\mathrm{S}(n+1)} = \arctan\left\{\omega\left(\frac{C_{\mathrm{GS}(n+1)}}{g_{\mathrm{m}(n+1)}} - C_{\mathrm{DS}(n+1)} R_{\mathrm{opt}}\right)\right\} \quad (6-28)$$

另一方面,为了抵消式(6-23)中 $C_{\mathrm{eq}n}$ 结点相关电容的影响,第 n 个器件的漏极负载阻抗的相位角应为

$$\Phi_{\mathrm{opt}n} = \arctan\{-\omega R_{\mathrm{opt}} C_{\mathrm{eq}n}\} \quad (6-29)$$

这需要一些附加的元件来实现阻抗 $Y_{\mathrm{S}(n+1)}$ 的相位旋转

$$\Phi_n = \Phi_{\mathrm{S}(n+1)} - \Phi_{\mathrm{opt}n} \quad (6-30)$$

满足这种相位关系将确保第 n 个漏极端口上的电压校准,如果对每个中间结点重复这一操作,则电压将同相相加,并产生最大可能的射频输出功率。接下来,射频输出功率及组合效率将与相位失配 Φ_n 有关。

6.3.2 相位失配对输出功率和效率的影响

分析相位失配对射频输出功率和效率的影响,首先需要量化如图 6.3 中电流源 $I_{\mathrm{M}n}$ 和 $I_{\mathrm{M}(n+1)}$ 所对应的负载阻抗。这一阻抗由电阻分量 $n \cdot R_{\mathrm{opt}}$ 和等效负载电容 $C_{\mathrm{L}n}$ 组成,它可以写成

$$Z_{\mathrm{M}n} = nR_{\mathrm{opt}} \cos(\Phi_n) \mathrm{e}^{-\mathrm{j}\Phi_n} \quad (6-31)$$

式中,$Z_{\mathrm{M}n}$ 表示由跨导对应的阻抗,相位角 Φ_n 为

$$\Phi_n = \arctan\{-\omega nR_{\mathrm{opt}} C_{\mathrm{L}n}\} \quad (6-32)$$

为了让放大器能够产生最高的射频输出功率和效率,相关的漏极电压和电流相位匹配条件仅仅是 $\Phi_n = 0$,这意味着 $Z_{\mathrm{M}n} = nR_{\mathrm{opt}}$。第 $n+1$ 个电流源能够提供给阻抗 $Z_{\mathrm{M}n}$ 的功率可以描述为

$$P_{\mathrm{out}I_{\mathrm{M}n}} = \frac{1}{2} \Re\{Z_{\mathrm{M}n}\} I_{\mathrm{M}n}^2 \quad (6-33)$$

$$= \cos^2(\Phi_n) P_{\mathrm{out,max}I_{\mathrm{M}n}} \quad (6-34)$$

从式(6-34)可以得出一个重要的结论,在最坏的情况下,堆叠中每个后续电流源将降低输出功率(从而降低效率)至 $\cos^2(\Phi_n)$ 倍。我们可以通过控制输入驱动电压和单个器件的偏置电压来在一定程度上缓解这种功率下降。

由于栅极-源极和漏极-源极电容之间的反馈路径,堆叠上层的相位失配也会导致下层的失配。忽略这种传播相位失配效应,堆叠 N 个器件所产生的功率组合效率可表示为

$$\eta_{\mathrm{stack}} \approx \left[\prod_{n=1}^{N} \cos(\Phi_n)\right]^2 \quad (6-35)$$

N 个器件堆叠的射频输出功率为

$$P_{\mathrm{out}\,N\text{-}\mathrm{stack}} \approx \eta_{\mathrm{stack}} P_{\mathrm{out,max}N\text{-}\mathrm{stack}} \quad (6-36)$$

式中,$P_{\text{out,max }N\text{-stack}}$ 表示在理想情况下观察到的输出功率,即所有电流和电压信号最佳相位匹配时的输出功率。从式(6-35)的复合性质可以看出,即使是轻微的相位失配也会导致整体效率性能的大幅度降低,这也是限制堆叠的晶体管数量另一个原因。

6.3.3 最优中间结点阻抗匹配

为了获得即使被认为是相当普通的效率和功率指标,无功调谐都是至关重要的,它的缺失在毫米波频率下的影响是毁灭性的。为了实现这一目标,在堆叠结构中晶体管的连接结点上的复阻抗应该通过适当的调谐元件进行匹配。文献中已经报道了许多技术来实现堆叠晶体管放大器中的中间结点匹配[26-28]。

1) 并联感应调谐

仔细选择栅极电容 C_n 以确保 $\Re\{Y_{\text{S}(n+1)}\}$ 等于 $\Re\{Y_{\text{opt}n}\}$。如图 6.5 所示,在两个晶体管之间增加一个并联电感,将有助于实现可能的最佳相位校准。在图 6.5 所示的两个晶体管的堆叠中,这个电感用 L 表示,但由于它可以(而且在大多数情况下是必需的)在所有中间结点上相加,所以用 L_n 表示这个电感更合适。

将最佳漏极阻抗表示为

$$\Im\{Y_{\text{opt}n}\} = \Im\{Y_{\text{S}(n+1)}\} + \frac{1}{sL_n}, n = 1, 2, \cdots, N-1 \tag{6-37}$$

利用式(6-22)和式(6-26)中 $Y_{\text{opt}n}$ 和 $Y_{\text{S}(n+1)}$ 的表达式求解 L_n,得到

$$\frac{1}{L_n} = \frac{\omega^2}{n}[C_{\text{DS}n} - C_{\text{DS}(n+1)}] + \frac{\omega^2 C_{\text{GS}(n+1)}}{ng_{\text{m}(n+1)}R_{\text{opt}}}$$
$$+ \frac{\omega^2}{n}[C_{\text{GD}n} - C_{\text{Dsub}n}], n = 1, 2, \cdots, N-1 \tag{6-38}$$

式(6-38)中的第一项表明,将一系列大小相同的晶体管堆叠在一起可能会导致该项完全消失,因为 $C_{\text{DS}n}$ 和 $C_{\text{DS}(n+1)}$ 将是相等的。另一方面,根据 ω^2 的比例,这些电容值的微小差异也会显著地影响 L_n。第二项表示第 $n+1$ 个器件引入的容性负载。从这一项的分母性质来看,当电压增益变大时,电容的影响将减弱。式(6-38)中的最后一项增加了漏极-衬底电容的影响。

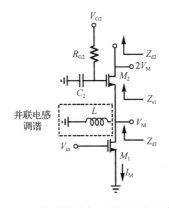

图 6.5 通过并联电感进行阻抗调谐

2）串联电感调谐

串联电感调谐是在中间结点上添加一个电感元件的简单方案，如图 6.6 所示。通过求值可以确定最佳串联阻抗 $Z_{\mathrm{opt}n}$

$$Z_{\mathrm{opt}n} = nR_{\mathrm{opt}} \frac{1+sR_{\mathrm{opt}}C_{\mathrm{eq}n}}{1+(\omega R_{\mathrm{opt}}C_{\mathrm{eq}n})^2}, n=1,2,\cdots,N \tag{6-39}$$

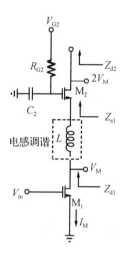

图 6.6 通过串联电感进行阻抗调谐

注意到分母中的第二项 $\omega R_{\mathrm{opt}}C_{\mathrm{eq}n}$ 比 1 小得多，式(6-39)的一个常用简化是将其忽略。在这种情况下，实际的最优电阻仅仅是一定比例的 R_{opt}，为

$$R'_{\mathrm{opt}n} = \frac{R_{\mathrm{opt}}}{1+(\omega R_{\mathrm{opt}}C_{\mathrm{eq}n})^2} \tag{6-40}$$

然而，在毫米波波段，情况往往不是这样，忽略这一项($\omega R_{\mathrm{opt}}C_{\mathrm{eq}n}$)可能导致一些严重的误差。

3）并联反馈电容调谐

这里要讨论的最后一种中间结点匹配技术是在 C_{DS} 并联一个反馈电容[28]，如图 6.7 所示。这种附加电容对相位校准的影响是显而易见的

$$C_{\mathrm{DS}(n+1)} + C_{\mathrm{D}(n+1)} = C_{\mathrm{DS}n} + C_{\mathrm{D}n} + \frac{C_{\mathrm{GS}(n+1)}}{g_{\mathrm{m}(n+1)}R_{\mathrm{opt}}} + nC_{\mathrm{Dsub}n},$$
$$n = 1,2\cdots,N-1 \tag{6-41}$$

因此，在堆叠中增加漏极-源极的旁路电容将确保实现充分的相位匹配。由于第一个晶体管没有额外的漏极电容，$C_{\mathrm{D1}} = 0$，则式(6-41)可简化为

$$C_{\mathrm{D}(n+1)} = C_{\mathrm{DS}n} - C_{\mathrm{DS}(n+1)} + \frac{nC_{\mathrm{GS}(n+1)}}{g_{\mathrm{m}(n+1)}R_{\mathrm{opt}}} + nC_{\mathrm{GD}n} + n^2C_{\mathrm{Dsub}n},$$
$$n = 1,2\cdots,N-1 \tag{6-42}$$

使用这一技术将增加总漏极−源极电容,因此与使用前面描述的并联电感技术相比,顶层器件的漏极需要更大程度的电感调谐,这使放大器输出端的阻抗匹配更具挑战性。

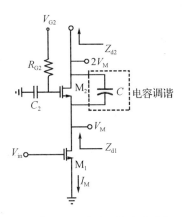

图 6.7 通过与 C_{DS} 并联的反馈电容进行阻抗调谐

6.4 准戊类晶体管堆叠放大器

对于硅锗器件,戊类模式放大器的性能主要受器件击穿电压 BV_{CBO} 的限制。将几个晶体管串联堆叠所得到的电压摆幅增加可应用于戊类模式放大器,此外,其输出网络较为简单,因此戊类模式的应用非常广泛[29]。戊类模式放大器设计提出了几种有效的方法来克服开关放大器在毫米波波段所面临的许多困难,这些困难包括缺乏理想的方波驱动信号、高功率输入驱动导致的低 PAE 和相对较大的开关损耗[9,14,15,30-32]。本节将首先讨论基于 CMOS 技术的戊类模式堆叠放大器,然后讨论基于锗硅异质结双极晶体管(HBT)的放大器。

6.4.1 场效应管开关操作及电路模型

与线性放大器堆叠所带来的益处类似,开关放大器也可以从增加的工作电压中获益。戊类模式 CMOS 堆叠放大器的概念图如图 6.8 所示。堆叠由串联的器件构成,而是否选择相同的晶体管则视应用规格而定。输入驱动信号仅施加于堆叠中的第一个器件(即最底层器件),以提高 PAE 并保留部分输入功率。堆叠中较上层的器件根据中间结点上的电压在各自的开、关状态之间进行切换。此外,最顶层的器件漏极连接到一个具有传统戊类模式放大器特性的输出网络,并相应地设计该网络。在准戊类模式放大器的中间结点也应该考虑电压摆幅,因为它需要按比例分配这些电压,以有效地分配堆叠中的电压。一个被广泛引用的限制条件是,在一个双晶体管堆叠中,中间结点允许的电压摆幅为 $2V_{DD}$[4,7,8]。因此,一个由 N 个晶体管堆叠而成的放大器的输出摆幅限制在 $2NV_{DD}$ 以内。戊类模式堆叠模型中,中间结点处的电压摆幅如图 6.8 所示。

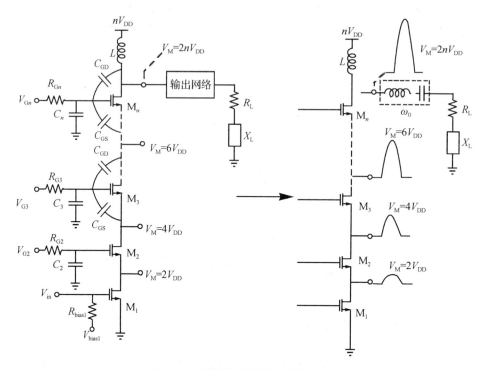

图 6.8　戊类模式堆叠放大器概念图

　　在中间结点上获得所需的电压摆幅可以通过之前所述的调谐技术来实现,或者在中间结点上利用准戊类模式负载网络来实现[4]。

　　如果要满足所要求的堆叠电压限制,则必须在晶体管的栅极处出现如图 6.8 所示的电压摆幅。更具体地说,在导通周期,栅源结应保持在限值内,而在截止周期,栅漏结也应保持在限值内。这将令堆叠作为一个整体满足所要求的交流电压限。通过 C_{GD} 和 C_{GS} 的源极结点和漏极结点的电容耦合会在每个栅极结点上引起实际的电压摆幅,而这个电压的大小又通过并联栅极电容(用 C_n 表示)来实现控制。此外,施加到每个栅极上的偏置电压通常是通过一个相对较大的电阻来实现的,如图 6.8 中的 R_{Gn} 所示。

　　与前一章的戊类模式设计方法类似,晶体管堆叠电路被建模为一系列非理想开关,如图 6.9 所示[10]。

　　如图 6.9 右侧所示,为了将这些开关组合成一个整体,需要所有的晶体管尺寸相同。开关的导通电阻伴随堆叠规模线性增大,复合开关的击穿电压也随之增大。通过假设只需考虑顶层器件的输出电容与总导通电阻,对戊类模式堆叠电路的分析在一定程度上得到了简化。理想情况下,输出电容应该简单地伴随堆叠器件的数量线性减小。然而,与互连线相关的寄生效应在毫米波频率下非常明显,除此之外,地与漏极间、中间栅极/源极结点间的电容

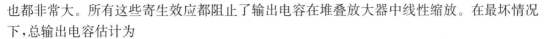

也都非常大。所有这些寄生效应都阻止了输出电容在堆叠放大器中线性缩放。在最坏情况下,总输出电容估计为

$$C_{\text{out}} = C_{\text{GD}} + \frac{C_{\text{DB}} C_{\text{SB}}}{C_{\text{DB}} + C_{\text{SB}}} \tag{6-43}$$

其中,假设使用了 SOI 工艺,可认为电容 C_{DB} 和 C_{SB} 为串联[4,9]。

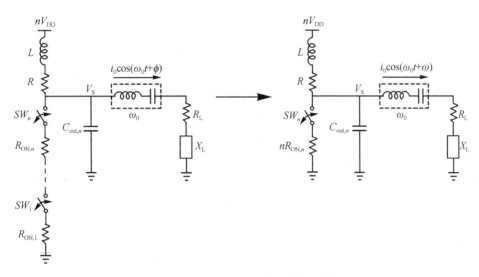

图 6.9　采用戊类模式堆叠设计的电路模型

从图 6.9 所示的模型可以看出,戊类模式堆叠放大器可以实现更大的电压承载,且承载能力随叠加中器件数量的增加而线性增加。然而,由于导通电阻也复合成一个组合值 $nR_{\text{ON},n}$,在堆叠中产生的总损耗也有可能线性扩展。由于在毫米波波段的相关设计中,上述的开关损耗会迅速地失去控制,因此要特别注意并在设计中考虑到这种损耗。将上一章中介绍的损耗感知戊类模式设计扩展到晶体管堆叠结构中,将在一定程度上有助于设计改进。

6.4.2　毫米波准戊类模式场效应晶体管堆叠功率放大器的分析与设计

1)工艺方法

图 6.8 和图 6.9 显示了准戊类模式 CMOS 堆叠功率放大器的电路模型,人们普遍认为场效应管堆叠可以提供更大的电压承载能力,但代价是增加开关损耗。这些开关损耗是造成放大器在毫米波频率下效率下降的一大原因,因此,在设计过程中有必要考虑这些损耗。类似第 5 章中提出的损耗感知戊类模式设计,可以扩展到场效应晶体管堆叠放大器以得到更高精度的设计。为了简单起见,在目前的场效应晶体管堆叠放大器的分析中,器件尺寸保持恒定。然而,已有研究表明,减小器件的尺寸是有益的,因为一定比例的器件电流是由基极电容传导的[33,34]。其思想是,整个堆叠中器件尺寸的逐步减小有助于减少寄生电容,同时也限制了(在某些情况下甚至可以消除)中间结点的放电损耗[4]。

在后续的分析和设计方案介绍中,我们主要针对 45 nm CMOS SOI 工艺,假设工作频率为 45 GHz[10]。对于不同规模的堆叠,即改变堆叠中场效应管的数量 N,可以随着直流馈电电感的变化改变器件尺寸,以发现 PAE 处于峰值的最优设计点。此外,为了防止后续阻抗转换带来的额外损耗,假设电阻负载阻抗为 50 Ω。下面大致描述一下戊类模式设计方法。例如,考虑一个 $N=4$ 的堆叠的设计过程,首先选择初始尺寸为 100 μm,并规定一个调优参数 $\omega_s = 0.8\omega_0$。然后,除了输出功率外,还要确定理论上能产生最大 PAE 的负载阻抗,通过调整负载阻抗使其包含一个尽可能接近 50 Ω 的实部来继续这个过程。阻抗根据器件尺寸以及输入和输出的功率进行调整,对每个调优参数重复这种调整。最后,在分析的四种器件,选择产生最高 PAE 的设计点作为最终的设计点。这个过程同样适用于不同规模的堆叠。

准戊类模式 CMOS 放大器由于输出摆幅线性增加,导致堆叠射频输出功率显著增加,但过多的器件将由于总电阻性开关损耗的增加而使 PAE 下降。这里所述的设计方法有助于 PAE 的缓慢下降,而非性能上的大幅下降。为了实现这种缓步可控 PAE 下降的特性,堆叠中每个后续器件的尺寸应该线性增加,以减少总开关电阻。如果需要提高 $f_{\max}$,那么包含较大尺寸器件的大堆叠结构需要特别注意布局。此外,对堆叠的额定功率需要着重考虑,因为放大器将具备由于晶体管堆叠而形成的大电流密度。在正常的大信号工作模式中,堆叠结构所产生的电流是小信号条件下偏置电流的 1.5~2 倍。电流的增加(以及相应增加的电流密度)意味着可能需要用额外的金属层来增加既有的漏极和源极接触。

2) 放大器设计中的波形品质因子

开关功放具有许多有趣的特性,这些特性使它有别于传统的连续模放大器。其中,开关放大器的 PAE 可以表示为

$$PAE = 1 - \frac{P_{\text{loss}}}{P_{\text{DC}}} - \frac{P_{\text{in}}}{P_{\text{DC}}} \tag{6-44}$$

式中,P_{in} 表示射频输入功率,P_{DC} 表示放大器消耗的直流功率。总损耗为开关损耗和电容性放电损耗之和,可表示为

$$P_{\text{loss}} = P_{\text{loss,sw}} + P_{\text{loss,C}} \tag{6-45}$$

$$= NR_{\text{ON}n}I_{\text{RMSN}}^2 + P_{\text{loss,C}} \tag{6-46}$$

$$= NI_{\text{RMSN}}^2 \frac{R_{\text{ON}n}}{W_n} + P_{\text{loss,C}} \tag{6-47}$$

式中,$P_{\text{loss,C}}$ 表示由输出电容引起的开关损耗,它取决于每个开关间隔时最顶层漏极处的电压;N 表示堆叠中的器件数量;W_n 表示第 n 个器件的尺寸;I_{RMSN} 表示流经整个堆叠的电流有效值[4,35-38]。作为毫米波系统工作的一般规律,与开关运行时的传导损耗相比,电容性放电损耗占总放大器损耗的比例要小得多。这只是强化了上一章所假设的概念:基于 ZVS/ZDVS 的传统戊类模式设计根本不是毫米波开关放大器设计的可行方法。因此,电容性放电损耗可被忽略。这将简化随后的分析,且只对准确性产生微小的负面影响。

从直流电源输出的电流,通常在一定电容条件下总是与电流有效值 I_{RMSN} 成正比,该比例常数取决于负载网络的性质。直流馈电电感、负载阻抗与输出电容之间的关系决定了输出网络的调谐特征。此外,由于毫米波的传导损耗相对较高,比例常数也会表现出依赖于与输出电容相关的总开关电阻。考虑到 $R_{ONn}C_{outn}$ 因子与工艺有关,只有在指定 N、C_{outn}、Z_L 和 L_S 的值时,才可以完整地描述放大器的调谐特性。由于开关损耗的增加,不同规模的堆叠(即不同的 N 值)也可能会拥有各自的最佳堆叠调优参数。忽略放电损耗,式(6-47)简化为

$$P_{loss} \approx N I_{RMSN}^2 \frac{R_{ONn}}{W_n} \tag{6-48}$$

$$= N \frac{I_{RMSN}^2}{I_{DCN}^2} \cdot I_{DCN}^2 \cdot \frac{R_{ONn}}{W_n} \tag{6-49}$$

$$= F_{IN}^2 \cdot I_{DCN}^2 \cdot \frac{R_{ONn}}{W_n} \tag{6-50}$$

其中,F_{IN} 定义为与电流波形相关的品质因子,I_{DCN} 表示堆叠中存在 N 个器件时从电源中引出的平均电流。

人们认为 N 个器件的堆叠导致直流电源电压随着器件数目线性增加。然而,在开关放大器中,电源电流取决于输出电容、直流电源电压和工作频率的乘积。通过输出电容提供给堆叠的阻抗可表示为

$$Z_C = \frac{1}{\omega_0 \overline{C_{out}} W_n} \tag{6-51}$$

用 ω_0 表示工作频率点。由此,可以定义第二个波形品质因子,其形式为

$$F_C = \frac{P_{DC}}{V_{DC}^2 / Z_C} \tag{6-52}$$

其中,$V_{DC} = N V_{DD}$ 表示相对于单个器件按比例放大的电源电压。因为 $P_{DC} = V_{DC} \cdot I_{DCN}$,所以我们可以得到

$$P_{DC} = N V_{DD} \cdot I_{DCN} \tag{6-53}$$

将其代入式(6-52),然后进行一些简化得到

$$I_{DCN} = F_{Cn} \cdot \omega_0 \overline{C_{out}} W_n \cdot N V_{DD} \tag{6-54}$$

式(6-44)中的 PAE 表达式可以用这里导出的关系进行扩展,从而得到

$$PAE = 1 - \frac{N F_{In}^2 I_{DCn}^2 \frac{R_{ONn}}{W_n}}{N V_{DD} I_{DCN}} \tag{6-55}$$

$$= 1 - N F_{In}^2 F_{Cn}^2 \omega R_{ON} \overline{C_{out}} - \frac{k \overline{C_{in}} (V_{high} - V_{low})^2}{N^2 V_{DD}^2 F_{Cn} C_{out}} \tag{6-56}$$

其中,常数 k 同时依赖于工艺制程和工作频率[4]。Asbeck 和 Krishnaswamy 已经明确了基于

损耗感知和 ZVS 方法的优化设计参数,这些参数汇总在表 6.1 中[10,16,39]。

损耗感知和 ZVS 设计的 F_l 值相当相似,但是在 F_C 值上有很大的差异,这表明损耗感知方法中的波形整形在最小化 F_C 方面做得更好,从而导致设计具有更大的 PAE 值。从表 6.1 和本节给出的相关表达式能够得到的一个重要观察结果是,F_l 和 F_C 是仅有的两个因放大器的设计而受到影响的量,其余都是依赖于制备技术和工艺的。式(6-56)中的第三项清楚地揭示了堆叠带来的 PAE 改善,因为在底层器件上施加相同输入功率的情况下,射频输出功率呈四倍比例增加。随着晶体管数量的增加,第三项产生的 PAE 效益逐渐变低,而第二项使漏极效率下降的作用开始显现。

表 6.1　不同规模场效应晶体管堆叠的传导损耗和容性放电损耗的比较

N	$W_n/$ μm	$R_{ONn}/$ Ω	$C_{outn}/$ fF	$P_{loss,SW}/$ mW	$P_{loss,C}/$ mW	F_l^2	F_C	F_l^2 (ZVS)	F_l^2 (ZDVS)
1	60	4.58	35.46	1.5	0	2.06	2.06	2.36	3.61
2	114	2.41	67.37	10.6	1.3	2.56	0.94	2.17	3.02
3	168	1.64	99.29	32.8	5.7	2.73	0.74	2.10	2.61
4	204	1.35	120.56	80.2	17.8	2.62	0.68	2.07	2.29
5	228	1.21	134.75	176.3	45.4	2.54	0.63	2.05	2.04

3)有源驱动结构

到目前为止,在本章讨论的晶体管堆叠设计中,栅极端口(以及类似地,HBT 放大器中的基极端口)连接了无源电容性负载。这个想法很简单:通过改变栅极/基极电容来控制中间结点的电压摆幅。将有源电路连接到上层晶体管的栅极端口上可能有利于功率增益。此外,还可以降低由于中间结点的负载而导致的上层晶体管的电流损耗[4]。寄生栅极电阻对总电路损耗的贡献是无法通过栅极和源极结点的无源端口网络来补偿的,而有源负载连接可为这一问题提供解决方案。

6.4.3　毫米波准戊类模式 HBT 堆叠功率放大器的分析与设计

1)双 HBT 堆叠结构

正如前文所提到的,戊类模式放大器的性能在很大程度上受到 BV_{CBO} 击穿的限制,而器件的串联堆叠可以产生更大的负载电压摆幅。图 6.10 为双 HBT 堆叠放大器的实例。

图 6.10 中的串联 HBT 被设计成在其导通周期和截止周期之间同时切换,这确保了 Q_1 和 Q_2 每个器件的电压信号将同相位叠加。这将形成更大的输出电压摆幅,使更多的功率输送到负载网络并提高效率。理想情况下,我们希望电压摆幅均匀地分布在堆叠的器件之间,这样就可以避免单个 HBT 承载了大部分电压的情况,从而提高放大器的可靠性。图 6.11 的

电路模型可以用来辅助分析图 6.10 中 HBT 堆叠放大器的工作原理。

在导通周期中,导通电阻 R_{on1} 和 R_{on2} 构成一个分压器,确定了每个器件的电压。相反,在截止周期中,由 C_{11} 和 C_{12} 组成了一个类似分压器的容性梯形网络来确定器件的电压摆幅。底层电容 C_{11} 主要由内部的集电极-体电容 C_{CB1} 组成,而顶层电容 C_{12} 是一个额外的外部元件[14]。第二个 HBT 即 Q_2 在基极端口连接电容 C_B。该电容值由基极-发射极电容 C_{BE2} 的值决定。

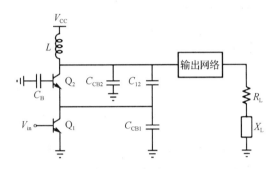

图 6.10　戊类模式双 SiGe HBT 堆叠放大器

图 6.11(b) 中 C_B 和 C_{BE2} 之间的容性分压确定了顶层晶体管的基极-发射极电压 V_{BE2},其相位与底层器件基极上的输入信号相同,而且 Q_2 的基极电压伴随集电极电压同步上升,从而防止 Q_2 的基极-集电极结击穿。对这里描述的双 HBT 堆叠放大器的一个初步简化分析显示其射频输出功率增加了 6 dB。相比于具有相同最大集电极效率的单晶体管戊类模式放大器,其对应的峰值电压摆幅是负载上的两倍。然而,在毫米波 HBT 堆叠放大器中,一个常见的现象是底层晶体管 Q_1 的摆幅减小,这不可避免地会使输出功率低于其最大值。为了保证 Q_2 的开关保持同步,将 Q_2 的基极电容作为中间结点的负载电容。这导致 Q_1 的最大电压摆幅降低,从而导致 R_L 上的整体电压摆幅降低。

利用图 6.12 所示的等效电路模型,可以分析在截止周期中各个 HBT 之间的电压摆幅。

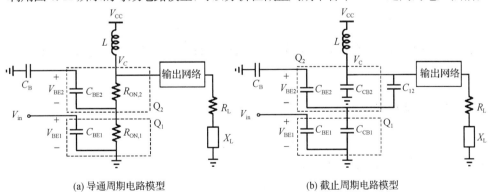

(a) 导通周期电路模型　　　　　　　　　　(b) 截止周期电路模型

图 6.11　戊类模式双 HBT 堆叠工作过程

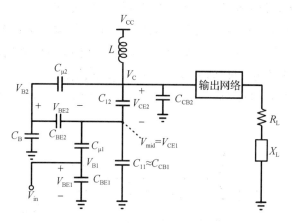

图 6.12　截止周期容性分压电路模型

　　理想情况下，Q_2 所承载的电压应尽可能接近 BV_{CBO}，以便从双 SiGe HBT 器件堆叠中获得最大的收益。因此，Q_1 所承载的电压摆幅对总电压的贡献要小得多，如图 6.12 中的 V_C 所示。Q_1 所承载的电压摆幅 V_{mid} 可表示为

$$V_{mid} = V_C \frac{C_{12}(C_{\mu2} + C_B) + C_{BE2}(C_{\mu2} + C_{12})}{(C_{11} + C_{12} + C_{BE2})(C_{\mu2} + C_B + C_{BE2}) - C_{BE2}^2} \tag{6-57}$$

　　这个中间电压是由器件的尺寸和连接到 Q_2 基极上的电容决定的，这与简化的开关分析不同，在简化的开关分析中，两个晶体管对输出电压摆幅的贡献相等。假设选择的外部电容 C_{12} 等于内部电容 C_{CB1}（简称 C_{11}），选择的基极电容 $C_B = C_{BE2}$，则式(6-57)可简化为

$$V_{mid} = \frac{V_C}{2} + \frac{C_B}{4C_{12}} \tag{6-58}$$

　　此外，该戊类模式双器件堆叠结构的射频输出功率为

$$P_{RF\text{-}2stack} = \left(\frac{1}{1-\gamma}\right)^2 P_{RF\text{-}Class\,E} \tag{6-59}$$

$$= 4\left(1 + \frac{C_B/4C_{12}}{1 - C_B/4C_{12}}\right)^{-2} P_{RF\text{-}Class\,E} \tag{6-60}$$

其中，$P_{RF\text{-}Class\,E}$ 表示单个 HBT 在戊类模式下工作所获得的射频功率，γ 为常数，可近似为

$$\gamma = \frac{V_{mid}}{V_C} \tag{6-61}$$

　　该放大器的集电极效率为

$$\eta_{max} = \frac{1}{1 + 2\omega\tau_{out}\chi} \tag{6-62}$$

其中，τ_{out} 和 χ 也是常数，它们分别由

$$\tau_{out} = R_{on}C_1 = R_{on}C_{CS} \tag{6-63}$$

和

$$\chi = \frac{\Gamma}{K_C(q_{max})} \tag{6-64}$$

表示,其中常数 τ_{out}, χ, γ 在第 5 章中推导和定义过,为简便起见,这里直接使用。式(6-60) 和式(6-62) 中的射频功率和效率表达式表明,戊类模式双 HBT 堆叠放大器的输出功率提升不会超过 6 dB,这主要是由于寄生效应,且总集电极效率随频率的衰退速度是单个 HBT 设计的两倍[9,14,15]。效率下降的原因是不能伴随堆叠直接缩放器件的尺寸(通常是为了保持一个恒定的导通损耗),这主要是由顶层 HBT 的集电极体电容造成的。

此外戊类模式双 HBT 堆叠放大器的性能指标还包括所需的输入功率、功率增益和 PAE,分别可以由以下公式确定,其中常数与第 5 章中所描述的戊类模式单个 HBT 的情况相同:

$$P_{in\text{-}2stack} = \frac{1}{2}(\omega\tau_{in})\alpha K_C(q_{max})\frac{V_T^2}{R_L}\Big[\ln(BV_{CBO}) + \ln(\omega) +$$

$$\ln\Big(\frac{K_{Class\,E} \cdot C_1/\mu m^2}{[1-\gamma] \cdot I_{DC,Q}/\mu m^2}\Big)\Big]^2 \tag{6-65}$$

$$G_{P\text{-}2stack} = \frac{1}{\omega}\Big(\frac{BV_{CBO}^2}{[1-\gamma]^2\tau_{in}\alpha}\Big)\Big(\frac{\psi^2}{K_C(q_{max})V_T^2}\Big)\Big[\ln(BV_{CBO}) +$$

$$\ln(\omega) + \ln\Big(\frac{K_{Class\,E} \cdot C_1/\mu m^2}{[1-\gamma] \cdot I_{DC,Q}/\mu m^2}\Big)\Big]^{-2} \tag{6-66}$$

$$PAE_{2stack} = \Big(1 - \frac{1}{G_P}\Big)\eta \tag{6-67}$$

其中,G_P 和 η 表示对应的戊类模式双器件堆叠量化特性。

2) 三 HBT 堆叠结构

在上一节提出的戊类模式双器件堆叠结构的基础上,可以得到图 6.13 中的三 SiGe HBT 堆叠电路,图 6.14 给出了描述导通和截止周期的相应电路模型。

从两个晶体管到三个晶体管的转换在理论上很简单,但在设计中确实需要更多的考虑。类似于图 6.12 中的容性分压电路,戊类模式三器件堆叠放大器的分压网络如图 6.15 所示。

图 6.15 中除了 Q₂ 的基极电压外,中间电压为 V_{mid1} 和 V_{mid2},可以用顶层的集电极电压 V_C 表示为

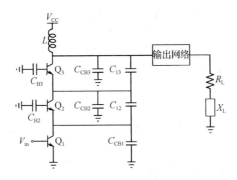

图 6.13 戊类模式三 SiGe HBT 堆叠放大器

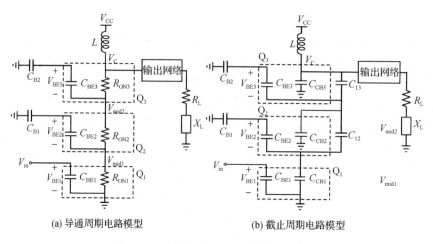

(a) 导通周期电路模型　　　　　　(b) 截止周期电路模型

图 6.14　戊类模式三 HBT 堆叠工作过程

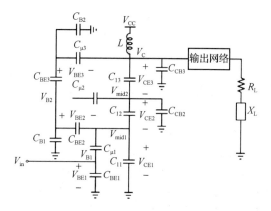

图 6.15　三堆叠器件截止周期的等效容性分压电路模型

$$V_{\text{mid1}} = \gamma_1 V_{\text{mid2}} \tag{6-68}$$

$$V_{\text{B2}} = \gamma_2 V_{\text{mid2}} \tag{6-69}$$

$$V_{\text{mid1}} = \gamma_3 V_{\text{C}} \tag{6-70}$$

其中，系数 $\gamma_1, \gamma_2, \gamma_3$ 分别由下式给出：

$$\gamma_1 = \frac{C_{12}(C_{\mu2} + C_{\text{B1}}) + C_{\text{BE2}}(C_{12} + C_{\mu2})}{(C_{11} + C_{12} + C_{\text{BE2}})(C_{\mu2} + C_{\text{B1}} + C_{\text{BE2}}) - C_{\text{BE2}}^2} \tag{6-71}$$

$$\gamma_2 = \frac{C_{12}(C_{\mu2} + C_{\text{BE1}}) + C_{\mu2}(C_{11} + C_{\text{BE2}})}{(C_{11} + C_{12} + C_{\text{BE2}})(C_{\mu2} + C_{\text{B1}} + C_{\text{BE2}}) - C_{\text{BE2}}^2} \tag{6-72}$$

$$\gamma_3 = \frac{C_{13}(C_{\mu2} + C_{\text{B2}}) + C_{\text{BE3}}(C_{13} + C_{\mu3})}{(C_{\mu3} + C_{\text{B2}} + C_{\text{BE3}})(C_{13} + C_{\text{CB2}} + K_1 + K_2 + C_{\text{BE3}}) - C_{\text{BE3}}^2} \tag{6-73}$$

常数 K_1、K_2 可由下式得到：

$$K_1 = C_{12}(1 - \gamma_1) \tag{6-74}$$

$$K_2 = C_{\mu 2}(1 - \gamma_2) \tag{6-75}$$

为了简化后续的表达式,外部电容 C_{12} 和 C_{13} 再次取与 $C_{CB1} = C_{11} = C_{CB2}$ 相同的值。另外,忽略电容 C_{12} 和 C_{13},选择剩余的电容为 $C_{B1} = C_{B2} = C_{BE1} = C_{BE2}$,以保证 Q_2 和 Q_3 的基极电压分别达到 V_{mid1} 和 V_{mid2} 值的一半[9,14]。在这些假设下,式(6-68)~式(6-73)这些描述中间结点电压的复杂公式可以简化为

$$V_{mid1} = \frac{V_{mid2}}{2} + \frac{C_B}{4C_{12}} \tag{6-76}$$

和

$$V_{mid2} = \frac{V_C}{2} + \frac{C_B}{4C_{12}/1.25} + \frac{2.5C_B}{4C_{12}} + \left(\frac{C_B}{4C_{12}}\right)^2 \tag{6-77}$$

从这一点上,可以分析戊类模式三器件堆叠情况下的关键性能指标(即输出功率、集电极效率、PAE 和所需的输入功率)。如果将晶体管中存在的传导损耗考虑在内,忽略其他可能的损耗,则戊类模式三器件堆叠放大器的射频输出功率可表示为

$$P_{RF-3stack} = \left(\frac{1}{1-\gamma_3}\right)^2 P_{RF,ClassE} \tag{6-78}$$

以及

$$\eta_{3stack} = \frac{1}{1 + 3\omega\tau_{out}\chi} \tag{6-79}$$

此外,戊类模式三器件堆叠放大器的 PAE、功率增益和射频输入功率可以通过将式(6.65)~式(6-67)中的 γ 替换为式(6-73)中给出的 γ_3 得到。由于次优化的 HBT 器件尺寸,三器件堆叠结构中的传导损耗会增加,但仍然需要电压和电流波形不重叠,就像在单晶体管戊类模式设计中一样。此外,为了提高堆叠结构中的功放性能,还需要考虑其他一些因素。

首先,通常通过增大晶体管的尺寸来克服因增加晶体管而引起的传导损耗增加。这对于确保输出功率能够随着堆叠中器件数量的增加而增加是必要的。顶层器件 Q_2 和 Q_3 在总电容中贡献的主要是寄生的集电极-体电容。这些电容与 C_{12} 和 C_{13} 不串联,从而可能导致超出电容设计限额的情况。在这些体电容 C_{CB2} 和 C_{CB3} 以及集电极-基极电容 C_{12} 和 C_{13} 存在的情况下,可以看出,体结点和集电极结点之间的等效并联电容为

$$C_{OFF-3stack} = (1 - \gamma_3)C_{13} + (1 - \gamma_2\gamma_3)C_{\mu 3} + C_{CB3} \tag{6-80}$$

因此,仅仅确保三器件堆叠结构的电压和电流波形不重叠,就会出现次优 HBT 缩放的缺陷,从而导致传导损耗增加。在堆叠设计($N \geqslant 3$)中设计更大的射频输出功率将不可避免地降低集电极效率。正如三 HBT 堆叠设计的中间电压公式所示,中间结点上两个基极电容所产生的负载将限制其底层器件的电压摆幅不超过 BV_{CBO}。随着越来越多的器件被添加到堆叠中,电压摆幅的增加(从而导致射频输出功率的增加)变得越来越小。从式(6-78)和式(6-79)的输出功率和效率表达式可以看出,为了使三器件堆叠设计中总电压摆幅增加,还

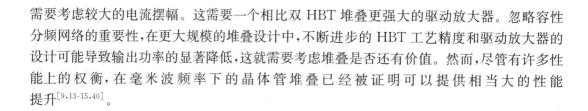

需要考虑较大的电流摆幅。这需要一个相比双 HBT 堆叠更强大的驱动放大器。忽略容性分频网络的重要性,在更大规模的堆叠设计中,不断进步的 HBT 工艺精度和驱动放大器的设计可能导致输出功率的显著降低,这就需要考虑堆叠是否还有价值。然而,尽管有许多性能上的权衡,在毫米波频率下的晶体管堆叠已经被证明可以提供相当大的性能提升[9,13-15,40]。

6.5 多栅单元堆叠式场效应晶体管放大器

场效应管器件的串联堆叠通常导致放大器非常紧凑,并且因为相对较低的功率合成损耗可实现效率的提升。考虑到堆叠器件中击穿电压可以相加,通过适当的设计,就有可能得到在各个晶体管之间平均分配的输出电压。在较简单的设计中,如本章前几节所述,射频信号由最底层器件输入,而上层的晶体管则通过无源端口连接到其各自的栅极上。选择容性端口使得从每个场效应晶体管的源极看进去的阻抗与 N 个器件的堆叠展现出的整体负载阻抗成正比。此外,附加电容是为了确保在堆叠中所有场效应管的栅极上可以具备合适的电压摆幅,从而缓解与栅极-漏极击穿电压有关的问题。场效应晶体管堆叠的分析表明,这种电压摆幅是通过容性分压而不是调谐结构实现的,这意味着栅极电容的选择在很大程度上与频率无关[1,33]。

在堆叠输出时往往通过选择增大负载阻抗来产生较大的电压摆幅。常见的做法是指定负载阻抗的实部为 50 Ω,这能够简化匹配过程,使我们仅需要考虑输出电容。这是可取的,因为它带来了更低的损耗和更大的带宽匹配。同时,由于输入信号只驱动底层器件,所以在特定的射频输出功率水平下输入阻抗也更大。此外,源极电流也随之减小,这就降低了在源极引入的寄生电感。到目前为止,所讨论的场效应晶体管堆叠放大器已经被制备出来,栅极宽度超过 200 μm,栅极端口上有较大的容性端口。在这种设计中,避免互连产生过量电感是一个需要重点考虑的因素,因为这会增加不稳定性并使匹配网络设计复杂化。此外,毫米波频率下的最大射频输出功率主要受到布局寄生效应、热不稳定性、其他在较高电流密度下存在的相关问题以及器件紧凑建模中的不准确性限制。

多栅单元结构是对迄今为止所讨论过的场效应管堆叠设计的一个改进[41]。该技术的目的是减少对传统场效应晶体管堆叠放大器的性能有着重要影响的寄生效应。与传统的方法类似,栅极端口也可以用无源电容连接,这可以在该技术所提供的金属化工艺中实现。这种架构造就了紧凑的结构,在器件尺寸和输出电流大小方面提供了很大的灵活性。此外,SOI CMOS 工艺的使用进一步减少了寄生和泄漏,同时在后级场效应晶体管之间提供了良好的隔离,并消除了体效应。SOI 技术的另一个好处是,由于掩埋氧化层,无源器件具有更大的固有品质因子[23,42,43]。这些特性使得 SOI 非常适合于毫米波电路的实现,尤其是堆叠放大器。另一方面,散热片位于衬底下的事实增加了每个场效应晶体管的热阻率。多栅方法提供了在场效应晶体管堆叠和底层硅衬底之间热连接的改进方法。

6.5.1　多栅单元架构

多栅设计的基本思想是将串联场效应晶体管的漏极和源极扩散区合并,得到一个具有多个栅区[41]的场效应晶体管,如图 6.16 所示。

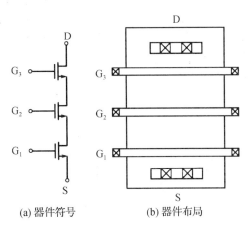

(a) 器件符号　　　　　(b) 器件布局

图 6.16　多栅场效应管

6.5.2　多栅场效应晶体管功率放大器的设计注意事项

图 6.17 给出了多栅单元和传统场效应晶体管堆叠结构内寄生效应的定性比较,接下来的章节将讨论这种寄生效应的起因和后果,以及其他在设计时需要重点考虑的问题。

1) 互连寄生

通过缩小栅极长度至亚微米尺度,CMOS 晶体管的工作频率已经超过了 400 GHz[24,25,44]。利用 CMOS SOI 工艺,现有报道的 N 沟道场效应管已经实现了 $f_\mathrm{T}=485\ \mathrm{GHz}$,$f_\mathrm{max}=430\ \mathrm{GHz}$[45]。然而应该指出的是,这些测量结果来源于 8 $\mu\mathrm{m}$ 栅极宽度的小型器件,尺寸更大的器件能够实现大功率工作,但大尺寸器件普遍具有更大的寄生参数,且参考端口位于更高的金属层,因此得到的 f_max 较低。如在 45 nm CMOS SOI 制程工艺下,一个宽 30 $\mu\mathrm{m}$ 的器件据报道有 $f_\mathrm{max}=285\ \mathrm{GHz}$[43]。为了改善功率放大特性并确保负载线阻抗接近 50 Ω,器件通常被设计得更宽,扩展到 200 $\mu\mathrm{m}$ 范围。这种尺度效应导致栅极电容和电阻参数与器件跨导之间不成比例地增加,从而导致最大工作频率有所降低,即

$$f_\mathrm{max} \approx \frac{1}{4\pi}\sqrt{\frac{g_\mathrm{m}}{R_\mathrm{G}C_\mathrm{GD}(C_\mathrm{GS}+C_\mathrm{GD})}} \qquad (6-81)$$

因此,平衡栅极电阻和电容成为一项重要而具有挑战性的任务。栅极输入处的电阻用 R_G 表示,由三个不同的成分组成:器件中的内部栅极电阻、来自外部引线的电阻和来自栅极结点外部扩展的电阻[46-48]。为了实现信号连接到栅极的走线,可以使用多个连接的金属层来降低引线电阻,并通过将栅多晶硅触点移近有源器件来降低栅极外部扩展电阻。此外,可

以通过实现栅极结点的双面触点来降低内部电阻。然而,所有这些技术都会导致与栅极结点有关的寄生电容的增加。因此,采用传统类型的布局使得 $f_{\max}$ 超过最佳 $R_{\mathrm{G}}(C_{\mathrm{GS}}+C_{\mathrm{GD}})$ 组合结构的最大值变得非常困难。

一种方法是使用比该技术提供的最小允许间距宽得多的栅极间距。通过更大的间距减小栅极触点电容,并产生更大的跨导以提高响应能力,最终得到更高的 f_{T}。消除中间结点上的触点进一步降低了栅极布线产生的电容,这更有利于在 $R_{\mathrm{G}}(C_{\mathrm{GS}}+C_{\mathrm{GD}})$ 设计中的电抗权衡。因此这种设计方法比传统的堆叠布局更有可能进一步减小 R_{G}。据报道,寄生串联电阻降低了 89%,同时导通电阻最大可降低 12%[41]。

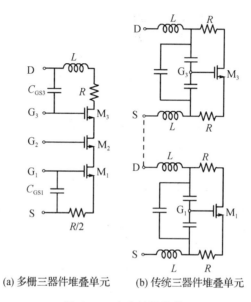

(a) 多栅三器件堆叠单元   (b) 传统三器件堆叠单元

图 6.17　寄生特性比较

2) 接触寄生

与源极和漏极触点有关的寄生电阻对总开关电阻的贡献相当大,特别是在功率放大器设计所使用的大尺寸器件中。改变布局以减少串联电阻几乎总是会导致寄生电容 C_{ds} 的增加——这类似于开关放大器中 R_{ON} 和 C_{OFF} 之间的权衡。层间的垂直布线也引入了额外的电感,尤其是在堆叠设计中,随着晶体管数量的增加,寄生效应愈发显著,因为寄生效应的大小与器件的数量成比例。简而言之,串联电阻通过增加电阻损耗降低了 PAE,而串联电感则压缩了带宽[49]。

参考图 6.17 中三器件堆叠结构的对比,在多栅场效应晶体管中,电流横向流经多栅场效应晶体管,可减少六分之四的垂直连接,则对应的寄生电容和寄生电感得以消除。然而,考虑到多栅结构需要一个全局的漏极布线来连接各个单元,因此不可能完全消除存在于最顶层晶体管漏极结点上的寄生电容。

3）散热设计

众所周知，SOI 工艺易受较强的自热效应困扰，在大功率放大器设计中这是一个大问题。SiO$_2$ 的导热系数［约为 1 W/(m·K)］明显低于纯 Si 的导热系数［约为 130 W/(m·K)］[50,51]。有源器件被浅槽沟隔离区横向包围，并置于顶部的介电层和底部的掩埋氧化层之间[46]。这种布局意味着场效应管是热绝缘的，以功率放大器的标准，当器件工作中电流密度较高时，会导致结温升高。此外，大部分热阻来自掩埋氧化层，这意味着减少衬底厚度对散热性能几乎没有影响。

在传统的场效应管堆叠设计中，靠近堆叠中间的晶体管不仅没有较好的散热通道，还会被相邻的场效应管加热。这种情况下，多栅设计体现出其可能的优势之一，即由于所有的晶体管叉指共享一个扩散层，连续的 Si 层意味着它们之间是热连接的，热量更容易通过金属连接到达源极结点。因此，第一个器件的地层源极接触在整体散热中起主要作用。采用改进的金属层和地层间的连接可以进一步改进散热，形成所谓的多栅 BEOL 电容器[41]。

4）低 Q 值栅电容

为了保持堆叠内中间结点的阻抗合适、不同器件上承载的电压均等，栅极电容的大小是至关重要的。传统的设计中通常采用尺寸较大的场效应晶体管，这意味着通常会引入一个较大的与栅极电容相连的寄生电感。此外，位于同一场效应晶体管内，栅极结点由于位于不同叉指间，其寄生电感可能有显著的变化。在毫米波波段，频率对阻抗的影响很大，这就导致器件间的阻抗差别较大，从而使器件电压分布存在差异，进而令带宽压缩，系统稳定性也得不到保证。由于扩展电阻和集肤深度效应，布线中存在欧姆损耗，则令大电容在毫米波频率下的 Q 因子较低，从而达不到目标增益，降低了堆叠结构的效率。相对于无源端口，可以通过有源驱动栅极结点来减少寄生效应形成的增益下降问题，但是这种工艺的空间利用率非常低[43]。

在多栅单元中，通过电容器的回路是局域的，所涉及的电容很小，这两个因素都降低了与栅极电容相关的寄生效应。

6.6　结束语

多有源器件的堆叠已被证明能明显增加输出功率。本章讨论了影响堆叠设计输出功率、PAE 和漏极/集电极效率的因素，并将分析扩展到准戊类模式架构中。在毫米波频率下，已经证明晶体管的堆叠被限制在三到四个器件，因为更多器件堆叠所产生的寄生效应将导致损耗的大幅增加。此外，本章还介绍了在 CMOS 和 SiGe 工艺下实现堆叠功率放大器的损耗感知设计方法。

参考文献

[1] Dabag, H. T., Hanafi, B., Golcuk, F., Agah, A., Buckwalter, J. F., Asbeck, P. M.: Analysis and design of stacked-FET millimeter-wave power amplifiers. IEEE Trans. Microw. Theory Tech. 61(4), 1543-1556 (2013)

[2] Pornpromlikit, S., Dabag, H. T., Hanafi, B., Kim, J., Larson, L. E., Buckwalter, J. F., Asbeck, P. M.: A Q-band amplifier implemented with stacked 45-nm CMOS FETs. In: Compound Semiconductor Integrated Circuit Symposium (CSICS), no. 2, pp. 1-4 (2011)

[3] Ampli, P., Kim, J., Dabag, H., Member, S., Asbeck, P., Buckwalter, J. F.: Q-Band and W-Band Power Amplifiers in 45-nm CMOS SOI. IEEE Trans. Microw. Theory Tech. 60(6), 1870-1877 (2012)

[4] Hashemi, H., Raman, S. (eds.): mm-Wave Silicon Power Amplifiers and Transmitters. Cambridge University Press, Cambridge, UK (2016)

[5] Law, C. Y., Pham, A.: A high-gain 60 GHz power amplifier with 20 dBm output power in 90 nm CMOS. In: IEEE International Solid-State Circuits Conference, pp. 2009-2011 (2010)

[6] Fritsche, D., Wolf, R., Ellinger, F.: Analysis and design of a stacked power amplifier with very high bandwidth. IEEE Trans. Microw. Theory Tech. 60(10), 3223-3231 (2012)

[7] Wu, H.-F., Cheng, Q.-F., Li, X.-G., Fu, H.-P.: Analysis and design of an ultrabroadband stacked power amplifier in CMOS technology. IEEE Trans. Circuits Syst. II Express Briefs 63(1), 49-53 (2016)

[8] Pornpromlikit, S., Jeong, J., Presti, C. D., Scuderi, A., Asbeck, P. M.: A watt-level stacked-FET linear power amplifier in silicon-on-insulator CMOS. IEEE Trans. Microw. Theory Tech. 58(1), 57-64 (2010)

[9] Datta, K., Roderick, J., Hashemi, H.: Analysis, design and implementation of mm-Wave SiGe stacked Class-E power amplifiers. In IEEE Radio Frequency Integrated Circuits (RFIC) Symposium, pp. 275-278 (2013)

[10] Chakrabarti, A., Krishnaswamy, H.: High-power high-efficiency class-E-like stacked mmWave PAs in SOI and Bulk CMOS: theory and implementation. IEEE Trans. Microw. Theory Tech. 62(8), 1686-1704 (2014)

[11] Helmi, S. R., Chen, J. H., Mohammadi, S.: High-efficiency microwave and mm-wave stacked cell CMOS SOI power amplifiers. IEEE Trans. Microw. Theory Tech. 64(7), 2025-2038 (2015)

[12] Kim, Y., Koh, Y., Kim, J., Lee, S., Jeong, J., Seo, K., Kwon, Y.: A 60 GHz broadband stacked FET power amplifier using 130 nm metamorphic HEMTs. IEEE Microw. Wirel. Compon. Lett. 21(6), 323-325 (2011)

[13] Farmer, T. J., Darwish, A., Huebschman, B., Viveiros, E., Hung, H. A., Zaghloul, M. E.: SiGe

HBT stacked power amplifier at millimeter-wave. Components 4，499-501 （2011）

[14] Datta，K.，Hashemi，H.：Performance limits，design and implementation of mm-wave SiGe HBT Class-E and stacked Class-E power amplifiers. IEEE J. Solid-State Circuits 49（10），2150-2171 （2014）

[15] Datta，K.，Roderick，J.，Hashemi，H.：A triple-stacked class-E mm-wave SiGe HBT power amplifier. In：IEEE MTT-S International Microwave Symposium Digest，pp. 12-14 （2013）

[16] Chakrabarti，A.，Krishnaswamy，H.：High power，high efficiency stacked mmWave Class-E-like power amplifiers in 45 nm SOI CMOS. In：IEEE Custom Integrated Circuits Conference，pp. 1-3 （2012）

[17] Chakrabarti，A.，Sharma，J.，Krishnaswamy，H.：Dual-output stacked class-EE power amplifiers in 45 nm SOI CMOS for Q-band applications. In：Technical Digest—IEEE Compound Semiconductor Integrated Circuit Symposium （CSIC），pp. 45-48 （2012）

[18] Helmi，S. R.，Chen，J.，Mohammadi，S.：A stacked cascode CMOS SOl power amplifier for mm-wave Applications. In：IEEE MTT-S International Microwave Symposium Digest，pp. 3-5 （2014）

[19] Gavell，M.，Angelov，I.，Ferndahl，M.，Zirath，H.：A high voltage mm-wave stacked HEMT power amplifier in 0. 1 um InGaAs technology. In：IEEE MTT-S International Microwave Symposium Digest，pp. 96-98 （2015）

[20] Lee，C.，Kim，Y.，Koh，Y.，Kim，J.，Seo，K.，Jeong，J.：A 18 GHz broadband stacked FET power amplifier using 130 nm metamorphic HEMTs. IEEE Microw. Wirel. Compon. Lett. 19（12），828-830 （2009）

[21] Ezzeddine，A. K.，Huang，H. C.：Ultra-broadband GaAs HIFET MMIC PA. In：IEEE MTT-S International Microwave Symposium Digest，pp. 1320-1323 （2006）

[22] Cathelin，A.，Martineau，B.，Seller，N.，Douyère，S.，Gorisse，J.，Pruvost，S.：Design for millimeter-wave applications in silicon technologies （Session Invited）. In：33rd European Solid State Circuits Conference （ESSCIRC），pp. 464-471 （2007）

[23] Ma，K.，Mou，S.，Seng Yeo，K.：A study of CMOS SOI for RF，microwave and millimeter wave applications. In：International SoC Design Conference （ISOCC），pp. 193-194 （2015）

[24] Frank，D. J.，Dennard，R. H.，Nowak，E.，Solomon，P. M.，Taur，Y.，Wong，H. S. P.：Device scaling limits of Si MOSFETs and their application dependencies. Proc. IEEE 89(3)，259-287 （2001）

[25] Taur，Y.，Buchanan，D. A.，Chen，W.，Frank，D. J.，Ismail，K. E.，Shih-Hsien，L. O.，Sai-Halasz，G. A.，Viswanathan，R. G.，Wann，H. J. C.，Wind，S. J.，Wong，H. S.：CMOS scaling into the nanometer regime. Proc. IEEE 85(4)，486-503 （1997）

[26] Gu，Q. J.，Xu，Z.，Chang，M. F.：Two-way current-combining-band power amplifier in 65-nm CMOS. IEEE Trans. Microw. Theory Tech. 60(5)，1365-1374 （2012）

[27] Yao，T.，Gordon，M. Q.，Tang，K. K. W.，Yau，K. H. K.，Yang，M. T.，Schvan，P.，Voinigescu，

S. P. : Algorithmic design of CMOS LNAs and PAs For 60-GHz radio. IEEE J. Solid-State Circuits 42(5), 1044-1056 (2007)

[28] Ezzeddine, B. A. K., Huang, H. C., Singer, J. L. : UHiFET—A new high-frequency high-voltage device. In: IEEE MTT-S International Microwave Symposium, pp. 3-6 (2011)

[29] Acar, M., Annema, A. J., Nauta, B. : Generalized design equations for Class-E power amplifiers with finite DC feed inductance. In: 36th European Microwave Conference (EuMC), pp. 1308-1311 (2006)

[30] Datta, K., Roderick, J., Hashemi, H. : A 20 dBm Q-band SiGe class-E power amplifier with 31% peak PAE. In Proceedings of the Custom Integrated Circuits Conference, pp. 4-7 (2012)

[31] Özen, M., Acar, M., Van Der Heijden, M. P., Apostolidou, M., Leenaerts, D. M. W., Jos, R., Fager, C. : Wideband and efficient watt-level SiGe BiCMOS switching mode power amplifier using continuous class-E modes theory. In: Digital Paper—IEEE Radio Frequency Integrated Circuits Symposium, pp. 243-246 (2014)

[32] Apostolidou, M., Van Der Heijden, M. P., Leenaerts, D. M. W., Sonsky, J., Heringa, A., Volokhine, I. : A 65 nm CMOS 30 dBm class-E RF power amplifier with 60% PAE and 40% PAE at 16 dB back-off. IEEE J. Solid-State Circuits 44(5), 1372-1379 (2009)

[33] Balteanu, A., Sarkas, I., Dacquay, E., Tomkins, A., Rebeiz, G. M., Asbeck, P. M., Voinigescu, S. P. : A 2-bit, 24 dBm, millimeter-wave SOI CMOS power-DAC cell for watt-level high-efficiency, fully digital m-ary QAM transmitters. IEEE J. Solid-State Circuits 48(5), 1126-1137 (2013)

[34] Balteanu, A., Sarkas, I., Dacquay, E., Tomkins, A., Voinigescu, S. P. : A 45-GHz, 2-bit power DAC with 24.3 dBm output power, >14 Vpp differential swing, and 22% peak PAE in 45-nm SOI CMOS. In: IEEE Radio Frequency Integrated Circuits Symposium (RFIC), pp. 3-6 (2012)

[35] Acar, M., Annema, A. J., Nauta, B. : Analytical design equations for Class-E power amplifiers. IEEE Trans. Circuits Syst. I Regul. Pap. 54(12), 2706-2717 (2007)

[36] Kee, S. D., Aoki, I., Hajimiri, A., Rutledge, D. : The class-E/F family of ZVS switching amplifiers. IEEE Trans. Microw. Theory Tech. 51(6), 1677-1690 (2003)

[37] Wang, C., Larson, L. E., Asbeck, P. M. : Improved design technique of a microwave class-E power amplifier with finite switching-on resistance. In: IEEE Radio and Wireless Conference (RAWCON), pp. 241-244 (2002)

[38] Sokal, N. O., Sokal, A. D. : Class E-A new class of high-efficiency tuned single-ended switching power amplifiers. IEEE J. Solid-State Circuits 10(3), 168-176 (1975)

[39] Chakrabarti, A., Krishnaswamy, H. : An improved analysis and design methodology for RF Class-E power amplifiers with finite DC-feed inductance and switch on-resistance. In: IEEE International Symposium on Circuits and Systems, pp. 1763-1766 (2012)

[40] Laskin, E., Chevalier, P., Chantre, A., Sautreuil, B., Voinigescu, S. P. : 165-GHz transceiver in SiGe technology. IEEE J. Solid-State Circuits 43(5), 1087-1100 (2008)

[41] Jayamon, J. A., Buckwalter, J. F., Asbeck, P. M. : Multigate-cell stacked FET design power

amplifiers. IEEE J. Solid-State Circuits 51(9), 2027-2039 (2016)

[42] Gianesello, F., Gloria, D., Raynaud, C., Montusclat, S., Boret, S., C-ement', C., Tinella, C., Benech, P., Fournier, J. M., Dambrine, G.: State of the art integrated millimeter wave passive components and circuits in advanced thin SOI CMOS technology on high resistivity substrate. In: Proceedings of IEEE International SOI Conference, vol. 2005, pp. 52-53 (2005)

[43] Inac, O., Uzunkol, M., Rebeiz, G. M.: 45-nm CMOS SOI technology characterization for millimeter-wave applications. IEEE Trans. Microw. Theory Tech. 62(6), 1301-1311 (2014)

[44] Yan, R. H., Ourmazd, A., Lee, K. F.: Scaling the Si MOSFET: from bulk to SOI to bulk. IEEE Trans. Electron Devices 39(7), 1704-1710 (1992)

[45] Plouchart, J.: Applications of SOI technologies to communication. In: IEEE Compound Semiconductor Integrated Circuit Symposium (CSICS), pp. 1-4 (2011)

[46] Doan, C. H., Emami, S., Niknejad, A. M., Brodersen, R. W.: Millimeter-wave CMOS design. IEEE J. Solid-State Circuits 40(1), 144-154 (2005)

[47] Daniels, R. C., Murdock, J. N., Rappaport, T. S., Heath, R. W.: 60 GHz wireless: up close and personal. IEEE Microw. Mag. 11(7) SUPPL. (2010)

[48] Rappaport, T. S., Murdock, J. N., Gutierrez, F.: State of the art in 60-GHz integrated circuits and systems for wireless communications. Proc. IEEE 99(8), 1390-1436 (2011)

[49] Pozar, D. M.: Microwave Engineering, 4th edn. Wiley, Hoboken, NJ (2012)

[50] Hu, C. C.: Modern Semiconductor Devices for Integrated Circuits. Pearson Education, Inc., Upper Saddle River, NJ (2009)

[51] Neamen, D. A.: Semiconductor Physics and Devices: Basic Principles. McGraw-Hill, New York City, NY (2003)

第7章 毫米波功率放大器性能增强技术

将射频和微波功率放大器的设计原理扩展到毫米波波段时,必然会出现一些复杂的问题。虽然功率放大器的主要工作原理基本上是相似的,但为了满足所需的性能指标,通常会在器件结构和工艺中灵活地引入相关技术。在毫米波系统中实现高品质因子无源放大的难度较大,且电路寄生参数也较为复杂,大大削弱了功率放大器电路的性能。本章将详细介绍一些传统上用于改进射频和微波功率放大器的线性度、效率和输出功率的技术,并讨论它们在毫米波波段内的实现。在本章中,参考相关的文献结论,我们会比较每一种方法所带来的挑战。

7.1 效率及线性度的提升

7.1.1 效率提升技术的基本原理

首先我们选择理想的乙类模式放大器作为讨论效率提升技术的起点。如图7.1所示为乙类模式下的电压和电流波形。

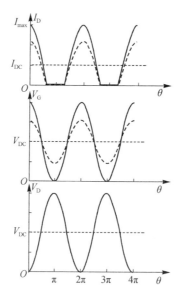

图 7.1 乙类模式的电压和电流波形;虚线为 6 dB 的回退条件,实线为最大驱动条件

图 7.1 所示器件工作时的偏置电压恰好等于阈值电压,且输出电流将随输入驱动信号幅度的变化而呈现最大线性摆幅。按照本书的惯例,这一电流用 I_{max} 表示。负载网络由与某谐振网络并联的电阻组成,其作用是作为一个谐波端口。负载电阻实际值的选择是为了使射频电压达到最大振幅。假设没有拐点电压,负载电阻可用式(7-1)计算,射频功率值和直流功率值分别由公式(7-2)与(7-3)计算得到

$$R_{opt} = \frac{2V_{DC}}{I_{max}} \tag{7-1}$$

$$P_{RF} = \frac{V_{DC}I_{max}}{4} \tag{7-2}$$

$$P_{DC} = \frac{V_{DC}I_{max}}{\pi} \tag{7-3}$$

由上述公式可知理想效率为 78.5% 或 π/4。在低于最大允许输入功率的某些特定条件下,放大器会出现一些有趣的复杂情况。器件跨导能够被认定为线性的,最大的原因是射频电流波形不受某种因素的影响,仍可呈现出与驱动相同的振幅形状。此外,系数 p 表示输入驱动的振幅减少到理想值以下的程度。因此,输出电流的基波分量可由式(7-4)表示,对应的电压振幅值由式(7-5)表示

$$I_1 = \frac{I_{max}}{2p} \tag{7-4}$$

$$V_1 = \frac{I_{max}R_{opt}}{2p} = \frac{V_{DC}}{p} \tag{7-5}$$

于是射频输出基波功率可用式(7-6)计算,需要的直流电源功率由式(7-7)计算得到

$$P_{RF} = \frac{V_{DC}I_{max}}{4p^2} \tag{7-6}$$

$$P_{DC} = \frac{V_{DC}I_{max}}{p\pi} \tag{7-7}$$

那么传输效率为

$$\eta = \frac{\pi}{4p} \tag{7-8}$$

由上述公式可以看出,当输入功率回退 6 dB 时输出功率也将产生 6 dB 的衰减,但其效率由 π/4 下降到 π/8(78.5% 至 39%)[1,2]。随着越来越多无线波段标准的发布和频谱可用范围的减少,在更小的带宽内实现高数据速率的需求变得越发重要。在过去几十年间,这种趋势随着已开发部署的频谱效率调制方案的增加而更加明显。从设计的角度来看,功率放大器应满足必要的效率和线性技术参数以适应振幅和相位的调制设计方案。不幸的是,在回退条件下,乙类放大器往往会偏离其理想化的线性特性,但是在驱动电平接近截止点时发生的跨导降低将在较低的驱动电平下造成增益大幅衰减。功率回退水平是由信号的峰值平均功率比决定的。为了便于分析,假设驱动电平永远不会低到足以产生增益滑落效应。

以为 WiMAX[①] 基站设计的功率放大器为例，它对于功率放大器的规范标准如下：

- 平均射频输出功率，$P_{RF} = 2$ W
- 误差向量幅度（Error Vector Magnitude，EVM），$EVM < 2\%$
- 邻信道功率比，（Adjacent Channel Power Ratio，ACPR），$ACPR < 45$ dBc

802.16 标准使用的是正交频分复用技术（OFDM），共 200 个子载波频率，每个子载波频率采用 64QAM 调制。为了保障输出功率的线性度，驱动电平应回退约 12 dB，相应的 p 值为 4。此条件下，输出功率达到饱和值 32 W，其效率从 78.5% 降至 19.2%。

在功率回退下观察到的效率降低的主要原因是最佳输出电阻 R_{opt} 随着驱动电平的变化而变化。这就意味着和最大驱动相比，功率回退时的输入驱动需要一个更大的电阻来产生最大的输出电压摆幅。将负载电阻翻倍至 $2R_{opt}$，同时在 6 dB 的回退条件下工作，放大器效率将恢复到 78.5%。通常，给定电压降低系数 p，负载电阻的最优值可用公式（7-9）表示

$$R_{opt} = \frac{V_{DC}}{I_{max}} \cdot 2p \tag{7-9}$$

那么射频和直流功率水平为了适应上述电阻的变化，其计算公式分别为式（7-10）和式（7-11）。如预期的那样，无论负载电阻如何变化，直流功率都保持不变。此条件下的效率为 78.5% 或 $\pi/4$，与初始的乙类模式相同。

$$P_{RF} = \frac{V_{DC} I_{max}}{4p} \tag{7-10}$$

$$P_{DC} = \frac{V_{DC} I_{max}}{p\pi} \tag{7-11}$$

从式（7-9）中可见，根据输入驱动改变负载电阻值的方法可最大限度地提高效率。假设放大器能够最大限度地提高效率，但放大器仍然会是非线性的，同时输出功率受限于系数 p（相较之前为 p^2）。那么，如何动态地改变负载网络，使其与输入信号的调幅保持一致呢？幸运的是，线性度和负载电阻的问题可以通过 Doherty 架构来同时解决[1,4-12]。

在处理信号振幅变化时的基本问题是放大器只有在输入信号达到峰值时才能满负荷工作。在低信号电平时，放大器的性能将处于峰值以下很远。该问题在一定程度上可以通过减小导通角操作来解决，即输出峰值电流跟随输入电流的变化关系，但是效率降低仍然是不可避免的。在实际应用中经常采用的一种方法是改变电源电压值，使得在低于最大包络的时段内降低放大器的输出功率容量，这就是众所周知的包络跟踪技术[13-17]。

7.1.2 功率放大器线性化技术

近年来线性高频功率放大器得到了显著发展，这方面有着大量的相关会议与文献。本章前几节讨论了用于毫米波系统设计的效率和线性度增强技术，这类技术对于重视电池续

---

① IEEE 802.16e。

航和散热调节的移动系统开发非常关键。在一些应用中,效率排在了线性度的后面,如多信道基站发射机。考虑到频谱拥塞和窄带运行成本,相较于移动通信系统,频谱失真水平的合规标准要严格得多(高 30～40 dB)[18]。在单信道系统中,互调失真电平也需要显著降低。由于对线性度严格的要求,大多数射频功率放大器采用多信道的方式,如图 7.2 所示。

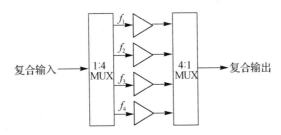

图 7.2　多信道功率放大器架构

如图 7.2 所示的多路复用器网络的设计往往是实现多信道功率放大器的主要技术问题,特别是在毫米波频率下。此外,无源多路复用技术通常缺乏频率捷变。

线性化技术通常会利用输入信号包络的振幅和相位信息来控制输出校正机制的功能[18]。各种线性化技术通常对应着不同的输出信号应用校正的方法。高速数字信号处理硬件的技术进步为功率放大器的设计提供了许多新的可能性,被称为"数字线性化"。甚至前馈式模拟技术也已受益于数字化技术,进而新增了一些控制和传感功能。

1) 线性化介绍

一般来说,功率放大器线性化利用了输入端某一射频包络中包含的振幅和相位信息。上述信息将作为输出和输入信号之间的比较模板实现适当的校正。不同的校正方法是区分线性化技术的主要因素,这个概念可通过图 7.3 所示的两种方法加以说明。

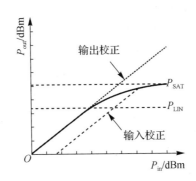

图 7.3　一般放大器的功率曲线,说明了两种不同的线性化方式

对功率放大器的输出校正需要产生大量功率来达到预期效果,其优点是能提升线性功率放大器的功率容量[18]。此类校正方法不适用于校正功率放大器输入信号,因为该方法会使得复合输入信号淹没于功率放大器中已存在的非线性信号中,这将对功率放大器产生严重的后果,同时也会大大降低线性化过程的附加价值。

如果不采用多信道功率放大方案(如图7.2所示),典型的射频功率放大器应保持互调失真(Intermodulation Distortion,IMD)与相邻信道功率(Adjacent Channel Power,ACP)的比值在 -60 dBc 左右。功率放大器为了适应此互调失真规范,其线性化方案主要作用在功率曲线的左下方区域(如图7.3所示)。放大图中这一部分,虚线与实际的放大器响应似乎完全一致,表示振幅-相位调制失真和增益压缩在极小范围内。预失真是为了使功率放大器线性化而校正输入信号振幅和相位分量的技术。另一方面,前馈技术涉及输出校正,它是在多载波系统中实现绝大多数功率放大器的首选方法[19-21]。在相关领域,前馈线性化也能提高功率放大器输出功率性能一直是一个有争议的话题。一般来说,前馈系统可以分为三类:回退功率型线性功率放大器、修复型线性功率放大器以及两者结合型。回退功率型线性功率放大器需要功率放大器在初始阶段时就功率回退,否则尝试线性化也没有意义。此外,在具有非常高 PAPR 信号的系统中,峰值功率恢复模式下的线性化也可以被认为有效地提高了效率。

另一种形式的预失真(或输入校正)技术是使用反馈环路。在低带宽系统中(即窄带系统),反馈电路基于系统输出的测量值将对系统的输入产生一个控制信号。考虑到反馈信号(预失真)对于任何输入信号级别都是独特的,使用数字技术产生这种反馈信号能够有效克服模拟技术稳定性差的缺点。数字和模拟技术的区别在于模拟反馈电路实时计算并应用校正信号,而数字反馈电路对当前信号的校正依赖于先前应用于与当前信号具有相同振幅的信号的校正方式。如果功率放大器的失真特性自上一个校准周期以来发生了变化,我们就可以假设线性器件没有发挥它的最大潜力。本节稍后将讨论功率放大器设计中出现的记忆问题。

2)预失真理论概述

模拟预失真已被广泛地用于消除非线性,同时也能满足部分线性化的需求,例如将功率放大器的工作区域扩展到压缩区内以提升效率[18]。

三阶功率放大器模型如式(7-12)所示:

$$v_o = a_1 v_p + a_3 v_p^3 \tag{7-12}$$

式中,v_p 表示预失真电路的输出,因此该信号也是驱动功率放大器的输入信号。v_o 是功率放大器的输出。当预失真电路受输入信号 v_{in} 的激励时,预失真电路的输出可以用式(7-13)所给出的特征函数来描述,那么功率放大器的输出如式(7-14)所示:

$$v_p = b_1 v_{in} + b_3 v_{in}^3 \tag{7-13}$$

$$v_o = a_1(b_1 v_{in} + b_3 v_{in}^3) + a_3 (b_1 v_{in} + b_3 v_{in}^3)^3 \tag{7-14}$$

上式可以展开,得到

$$v_o = a_1 b_1 v_{in} + (a_1 b_3 + a_3 b_1) v_{in}^3 + 3a_3 b_1^2 b_2 v_{in}^5 + 3a_3 b_3^2 b_1 v_{in}^7 + a_3 b_3^3 v_{in}^9 \tag{7-15}$$

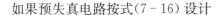

如果预失真电路按式(7-16)设计

$$b_3 = -\frac{a_3 b_1}{a_1} \tag{7-16}$$

那么就可以消除最初由功率放大器所引起的三阶失真分量。但是这样做会造成其他失真,甚至可达到九阶失真。因此功率放大器和预失真电路组合会产生额外的失真项,但如果以相同的信号电平驱动同样的功率放大器时失真项会消失。换句话说就是预失真电路必须产生更高阶项来消除过程中产生的失真项。这一概念被认为是预失真的第一定理[18]。

根据这个定理,预失真第二定理为:在预失真电路输出端失真频谱将至少等于(但通常会大大超过)未校正的功率放大器输出信号的带宽。不用说,这两种情况的发生是在相同的驱动条件下。第二定理对预失真电路的设计有着深远的影响。预失真的信号带宽与未经校正的功率放大器输出之间的比率大约在 $3\sim5$ 之间(这个数字仍存在争议)。上述观察结果对数字信号处理(Digital Signal Processing, DSP)硬件采样率和时钟速度提出了更严格的要求。预失真过程引入高阶失真项可能会违反相邻信道功率(ACP)规范,而未经校正的功率放大器不会存在此问题。

到目前为止,一直假设实际的线性化是针对发生在载波频率附近的失真(至少在工作带宽内)。可以看出,上述失真完全是由奇次非线性引起的[18],那么我们所需的功率放大器模型只需包含奇次项就足够了。然而,在分析预失真-功率放大器组合器件时需要考虑偶次项。在式(7-12)中添加一个偶次项,那么预失真电路的输出将不再使用三阶非线性公式,而是二阶非线性公式,如式(7-18)所示:

$$v_o = a_1 v_p + a_2 v_p^2 + a_3 v_p^3 \tag{7-17}$$

$$v_p = b_1 v_{in} + b_2 v_{in}^2 \tag{7-18}$$

那么功率放大器的输出变成

$$v_o = a_1(b_1 v_{in} + b_2 v_{in}^2) + a_2(b_1 v_{in} + b_2 v_{in}^2)^2$$
$$+ a_3(b_1 v_{in} + b_2 v_{in}^2)^3 \tag{7-19}$$

$$v_o = a_1 b_1 v_{in} + v_{in}^2(a_1 b_2 + a_2 b_1^2) + v_{in}^3(2a_2 b_1 b_2 + a_3 b_1) +$$
$$v_{in}^4(a_2 b_2^2 + 3a_3 b_1^2 b_2) + 3a_3 b_2^2 b_1 v_{in}^5 +$$
$$a_3 b_2^3 v_{in}^6 \tag{7-20}$$

与上文分析相似,这里我们选择预失真设计如式(7-21)所示:

$$b_2 = -\frac{a_3}{2a_2} \tag{7-21}$$

那么此设计将能消除三阶非线性。尽管此技术产生了多个新的非线性项,但是它仅在五阶失真分量引入与载波信号相近的失真项时可能存在问题。另一方面,在典型的窄带通信系统中,引入二阶失真分量是不可能的,而应在基带或二次谐波中引入二阶失真分量。

3) 数字预失真

功率放大器线性化技术的结果几乎完全依赖于数字预失真(Digital Predistortion,

DPD），这可能是数字信号处理行业快速发展的结果[12,14,22-25]。另一个原因可能是在封装完备的射频功率放大器上新增了一个输入端口，该端口将数字化基带信号进行上转换（变频）并作用于功率放大器上。这样的输入只能在一个完整的发射机前端使用，在以某种形式采用射频多路复用的系统中，这种基带信号可能是不适用的。但在接下来的分析中，我们先假设这个基带信号是可用的。图7.4为具有简化数字预失真电路的功率放大器系统。

假设功率放大器是准静态的，则输出包络与输入信号之间单调相关

$$V_o = f\{V_i(\tau)\} \tag{7-22}$$

式中，V_i 和 V_o 分别表示输入与输出信号的振幅，τ 为对上述两者进行测量的时间常数[18]。利用之前的测量数据可以构造静态查找表（Lookup Table，LUT）。如图7.4所示的系统可被认为是第一代的数字预失真系统，这里我们将进一步讨论其缺点。第一代系统是完全开环的，导致对功率放大器特性的任何改变（如温度的变化等）都会使得校正过程快速失效。失效度将取决于偏离最初测量特性的量级。即使频繁地使用静态查找表进行校准，但其短期内产生的变化也会表现得非常明显。这些效应可以用"记忆效应"来描述，这种效应有许多潜在的原因和显著的表现。继第一代数字预失真系统之后，通过自适应反馈系统[24,26-29]、更高效的数字预失真算法[30-32] 和功率放大器的设计改进等方式，都有效提升了预失真器的性能[14,33]。

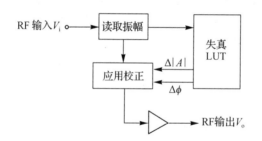

图 7.4　数字预失真处理

在系统中引入自适应闭环结构意味着功率放大器需要自有的接收器，可与数字中频信号进行比对。图7.5对此概念进行了解释。为了简单起见，IQ 信号由单个结点来表示，调制和解调电路本质上为正交的。

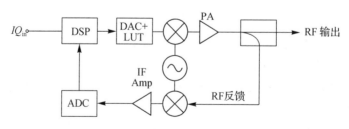

图 7.5　自适应预失真放大器

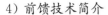

4) 前馈技术简介

前馈意味着校正信号施加在放大器的输出端,与校正信号施加在输入端的反馈技术相反。两者只是同一概念的不同实现而已。公平地说,前馈技术与反馈技术具有相同的益处,除了稳定性与带宽。当然,前馈技术也存在自身的问题。首先,由于校正信号应用于输出端,所以需要将信号放大到适当的水平,以便对信号的调制达到预期效果。因此,需要额外的放大器将其自身的失真特性引入环路,并通过设置单个有效环路以达到校正度的上限。此外,高精度的增益和相位跟踪在整个系统中也是必要的,校正特性取决于环路在频率和温度变化下的运行精度。与数字预失真技术相比,由于前馈校正技术不受记忆效应影响而体现出更大的优越性。图 7.6 为一个简单的前馈系统。

对未失真的输入信号进行采样并延迟一段时间,然后将其与负采样功率放大器的输出信号相加。如果功率放大器没有引入额外的增益或相位失真(由压缩或 AM-PM 效应引起),则两个样本相同,其相减的差为零。相反,增益或相位失真的存在会在射频范围产生误差信号,然后该信号被放大到原始输出样本的水平,并在输出端口合并。在合并前,用延迟线补偿误差放大器中存在的延迟,如此,校正过程消除了相位误差和振幅误差。此外,在射频范围中进行信号减法有两个意义:首先,校正带宽仅受系统组件跟踪输出信号振幅和相位的能力的限制;其次,数字化 IQ 增益和相位匹配中产生的误差不会影响上述减法过程[34]。

前馈技术的一些问题需要更详细的解决方案,如针对误差放大器引起的非线性失真、增益和相位跟踪的缺陷及其影响、放大器效率等,即[1,18,35]:

- 前馈技术校正了增益压缩,还是仅仅抵消了三阶互调失真?
- 主放大器和误差放大器的输出功率是否被输出耦合器吸收到一个量级?
- 在主功率放大器的采样输出中加入自适应控制环路是否有益?

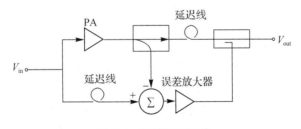

图 7.6　前馈校正系统

5) 前馈放大器增益压缩

前馈环路中的误差放大器能够增加主放大器的输出功率,但这一点并不总能被利用。该环路的基本目的是校正增益压缩并移除影响较大的频谱失真项。误差放大器的功率容量和环路优化决定了环路的性能。当放大器包含某种形式的三阶失真时,用双音输入信号驱动放大器将得到一个特定的输出,正如本节前面所讨论的。三阶功率放大器特性如式(7 –

12)所示,双音输入信号为

$$v_{in} = v\cos\omega_1 t + v\cos\omega_2 t \tag{7-23}$$

得到的输出信号与式(7-14)相似,符号略有不同。那么两个基频分量的振幅为

$$v_{o,\omega_1} = v_{o,\omega_2} = a_1 v + \frac{9}{4}a_3 v^3 \tag{7-24}$$

三阶互调振幅为 $\frac{3}{4}a_3 v^3$。那么功率放大器的输出电压可以写成

$$v_o = (a_1 v + \frac{9}{4}a_3 v^3)(\cos\omega_1 t + \cos\omega_2 t) +$$
$$\frac{3}{4}a_3 v^3 [\cos(2\omega_1 - \omega_2)t + \cos(2\omega_2 - \omega_1)t] \tag{7-25}$$

图 7.6 中的前馈环路将输出信号削弱了 α 倍,然后从延迟的输入中减去产生的信号。考虑到这一点,我们可以将误差放大器的输入定义为

$$v_e = \left[\left(1 - \frac{a_1}{\alpha}\right) - \frac{1}{\alpha}\frac{9}{4}a_3 v^3\right](\cos\omega_1 t + \cos\omega_2 t) -$$
$$\frac{1}{\alpha}\frac{3}{4}a_3 v^3[\cos(2\omega_1 - \omega_2)t + \cos(2\omega_2 - \omega_1)t] \tag{7-26}$$

由式(7-26)可知,选择适当的采样因子 α,在减法运算中会导致基频分量的抵消,同时应该考虑输入振幅 v 的影响。例如,当振幅相当小时,采样因子被设置为 $\alpha = 1/a_1$,此时功率放大器为线性的且无需校正,而较大的振幅会导致增益压缩还是增益过大取决于 a_3 的正负。这反过来又会显著增加馈送到误差放大器的基频的功率水平。需要注意的是,由误差放大器产生的互调失真分量很大程度上是由式(7-26)中的剩余载波分量导致,它与输入信号振幅的9次方成比例。利用前馈环路的设计来最小化这些分量是至关重要的,而真正好的优化设计不是单单设计 α 的值。

6) 输出耦合器对前馈性能的影响

到目前为止,对前馈系统(如图 7.6 所示)的分析还没有考虑输出耦合器对前馈线性化技术性能的影响。图 7.7 为定向耦合器的示意图。

假设 $\beta = 10$ dB,输入端口 1 和 3 的功率分别为 $P_1 = 9$ W 和 $P_3 = 1$ W,信号相位一致,那么输出端口 4 的输出功率为 10 W。在这种情况下,端接端口 2 不会消耗任何功率,因此当 $P_1/P_3 = 9$ 时,输出端口 4 的输出功率为

$$P_4 = P_1 + P_3 \tag{7-27}$$

此外,如果 $P_1/P_3 = \beta - 1$,则电路为理想化连接。端接端口 2 的电压为

$$v_2 = \left(\frac{1}{\sqrt{\beta}}\right)v_1 - v_3\sqrt{1 - \frac{1}{\beta}} \tag{7-28}$$

而端口 3 的电压 v_3 是

$$v_3 = \frac{1}{\sqrt{\beta-1}} v_1 - \sqrt{\frac{\beta}{\beta-1}} v_2 \qquad (7-29)$$

将 v_2 设置为 0，那么结果为

$$v_1 = v_3 \sqrt{\beta-1} \qquad (7-30)$$

结果与 $P_1/P_3=\beta-1$ 相符。所以，通过 β 值的设计是有可能在某个点上达到理想合成的，偏离这个工作点将降低耦合器电路的合成性能，这通常发生在功率回退的阶段。虽然可以通过 β 的选择使功率合成在特定的输出压缩水平上趋于理想，但是该设计却并不适用于合成信号的相位关系。因此，偏离正交相位偏移进一步降低了前馈环路的合成性能与有效性。

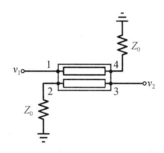

图 7.7　端口 1 和端口 3 馈送两个同相信号的正交定向耦合器

7) 自适应前馈环路

误差放大器产生了与主 PA 不匹配的 IMD 分量，而前馈环路在最优增益和相位条件下运行时，该环路可以省略 IMD 分量，无论 α 的值如何。环路校正能够在任何信号条件下调整，如果以足够慢的速度取消有源组件（这样就不会干扰正常的环路工作），这么一来就能够有效地提升线性化性能。假设前馈环路可以提供数字化信号的前采样，数字信号处理就可用于驱动自适应衰减信号，这与数字预失真完全一致。简易无记忆的 DPD 可以有效地线性化环路输入信号，环路运行后将消除任何与记忆效应相关的失真。与独立前馈系统相比，此环路需要一个更低功率的误差放大器，但此混合技术非常有效[34-37]。

8) 直接和间接反馈技术

利用反馈环路来减少电子线路中的不确定性是由来已久的做法。输入和输出信号之间进行比较的一个重要特征是这两个信号不是同时出现的，严格地说，直接比较是不可能的。如果设备本身的运行速度比信号馈送到系统的速度快得多，那么就这两个信号的时间起点而言可以认为它们是足够接近的。常见负反馈框图如图 7.8 所示，当信号进入千兆赫范围时，其性能会持续下降。

负反馈环路由复合增益为 G 的放大器和反馈比为 β 的附加电路组成。其增益为

$$G = \frac{A}{1+\beta A} \qquad (7-31)$$

式中,A 为放大器的内部增益。负反馈环路的功能相当简单:反馈电路对输出信号 v_{out} 的一部分进行采样,并在输入信号 v_{in} 中将其减去。通过调节反馈比来满足应用器件的特定需求。随着系统工作频率的增加,A 的相位特性将会发生明显的变化,所以应确保 β 的相位与 A 的相位相匹配,使相减特性得以满足。此外,当频率进一步增加,增益愈加难以获得,微波和毫米波系统并不适合直接反馈技术。

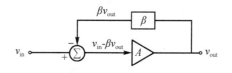

图 7.8　直接反馈放大器

我们可以把线性定义为放大器保留任何类型调制信号的振幅和相位变化的能力。考虑到前文提到的线性和带宽问题,在基带而不是射频上实现反馈似乎是一个好主意。这些方法被归类为间接反馈,示例框图如图 7.9 所示。功率放大器的输入和输出端口与峰值检波器电路耦合,其中差分放大器提供校正信号。此信号随后以自动增益控制(Automatic Gain Control,AGC)的形式被馈送到功率放大器中。峰值检波器即为简单的串联二极管,但其他替代形式通常也是适用的。

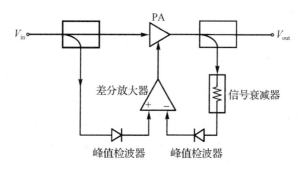

图 7.9　间接反馈系统

强制输出包络与输入包络相似(理想情况下即为相等)是一个降低频谱失真的方法。然而,这个方法的前提是假设功率放大器在远离饱和区的某点上运行。此外,图 7.9 所示的反馈系统仅适用于一定程度的线性化,因为包络校正根本无法增加功率放大器设计固有的饱和功率。当射频输出的包络进入放大器的压缩区时,包络校正的有效性会迅速降低。另一方面,大幅降低输入功率又会对差分视频放大器提出更高的增益要求,从而导致潜在的不稳定性和带宽问题。

由包络检测和视频处理引入的时延从根本上限制了间接反馈法的性能,并且随着射频输入带宽的增加,延时的影响越来越严重。采用下变频代替直接检测可以在一定程度上解决视频带宽问题,这也是相位校正的一个可选方案。这一思路产生了所谓的笛卡尔环路。

9) 笛卡尔反馈

图 7.10 为典型的笛卡尔环路框图,其中的驱动放大器由传递函数 $H(s)$ 表示,它用于建模环路增益和其他由反馈校正引入的动态行为[38]。驱动放大器将基带信号输入到正交上变频混频器中,两路输出信号实现合成并馈送到功率放大器。图 7.10 中,一部分输出信号由定向耦合器采样,当然其他耦合方法也是适用的。

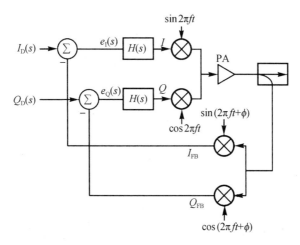

图 7.10　笛卡尔反馈系统

然后,耦合的输出信号转换回基带输入,从基带的原始 I 和 Q 数据输入 $[I_D(s), Q_D(s)]$ 将其减去。相减过程中 I 和 Q 通道产生两个误差信号,即 $e_I(s)$ 和 $e_Q(s)$。笛卡尔环路在理想情况下,当 ϕ 为零时,可被视作两个去耦反馈环路,如图 7.10 所示。然而,在实际系统中需要保证上述条件以使环路能达到预期功能。I 和 Q 通道的连接长度不匹配、功率放大器传播延迟以及天线无功负载造成的载波相位偏移都可能使 ϕ 不为零。更糟糕的是,ϕ 的值会随温度漂移,并且会随着器件工艺的差异而变化,也会因输出功率和射频载波的变化而变化。具有非零 ϕ 的笛卡尔环路被认为是不匹配的,I 和 Q 环路因此而耦合,进而可能破坏系统稳定性。

为了定量分析相位失配对系统的影响,将解调的基带数据记为 S_{FB},表示相对于 S 相位偏移 ϕ。S_{FB} 的表达式为

$$I_{FB} = (I\sin\omega t + Q\cos\omega t) \cdot \sin(\omega t + \phi) \tag{7-32}$$

$$Q_{FB} = (I\sin\omega t + Q\cos\omega t) \cdot \cos(\omega t + \phi) \tag{7-33}$$

其中,射频载波由 $\omega = 2\pi f$ 表示。假设大于或等于 2ω 的分量被完全过滤,那么式(7-32)与式(7-33)则变为

$$I_{FB} = \frac{1}{2}(I\cos\phi + Q\sin\phi) \qquad (7-34)$$

$$Q_{FB} = \frac{1}{2}(-I\sin\phi + Q\cos\phi) \qquad (7-35)$$

显然,当 ϕ 为非零值时,下变频混频器的输出信号将同时包含 I_{FB} 和 Q_{FB} 信号,表明这两个环路是耦合的。

为了分析 $\phi \neq 0$ 时系统的稳定性,我们可以使用图 7.8 所示的直接反馈框图,略做调整,即如图 7.11 示。

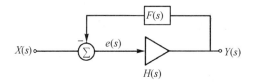

图 7.11　简单的负反馈系统

用 $X(s)$ 表示 v_{in},$Y(s)$ 表示 v_{out},环路滤波器和放大器传递函数用 $F(s)$ 和 $H(s)$ 表示,那么误差信号 $e(s)$ 可写为

$$e(s) = \frac{X(s)}{1 + F(s)H(s)} \qquad (7-36)$$

环路传递函数(或环路增益)是 $L(s) = F(s)H(s)$,系统通带中 $L(s)$ 应该尽可能地大。此外,$L(s)$ 用于表示解调器、功率放大器和混频器引入系统的任何动态特性。前文将相位失配定义为 ϕ,那么与笛卡尔反馈系统(如图 7.10 所示)相关的误差表达式可以定义为

$$e_I(s) = I_d(s) - L(s)e_I(s)\cos\phi - L(s)e_Q(s)\sin\phi \qquad (7-37)$$

$$e_Q(s) = L(s)e_I(s)\sin\phi - e_Q(s)L(s)\cos\phi \qquad (7-38)$$

只要系统是在线性分析中定义的,Q_d 可以被设置为零而不损失通用性[38],那么利用式 $(7-36)$ 和式 $(7-37)$ 能够得到同相误差信号表达式为

$$e_I(s) = \frac{X(s)}{1 + L(s)\cos\phi + \dfrac{[L(s)\sin\phi]^2}{1 + L(s)\cos\phi}} \qquad (7-39)$$

该过程有效地将反馈系统简化为单输入系统,环路传输系数 $L_{eff}(s, \phi)$ 可被定义为

$$L_{eff}(s, \phi) = L(s)\cos\phi + \frac{[L(s)\sin\phi]^2}{1 + L(s)\cos\phi} \qquad (7-40)$$

在具有完美相位匹配的理想条件下,L_{eff} 简化为 $L(s)$。另一方面,在 $\phi = \pi/2$ 的最差情况下,环路传输系数变为 $L_{eff} = [L(s)]^2$。由于相位失配程度如此之高,大多数环路滤波器传递函数都会产生不稳定的行为。一般来说,相位校准在 0 和 $\pi/2$ 之间变化时,稳定性会有所下降。

7.1.3　Doherty 放大器

1) 工作原理

Doherty 放大器可以用来提高效率,这也可以被视为一种系统节能技术。用于调幅(Amplitude Modulated,AM) 系统的线性放大器的效率往往非常低,因为这种设计方案的调制指数在 $0.2 \sim 0.3$[39]。Doherty 架构旨在解决具有高 PAPR(一般大于 5 dB) 的信号的效率问题,如 OFDM、WCDMA 和 CMDA2000 相关的信号[40]。上述调制技术被广泛应用于移动通信系统,而 Doherty 放大器在提高功耗和电池寿命方面提供了非常有效的方法。

Doherty 架构的一个有趣特点是,它可以被认为是一种有源负载牵引技术,可以通过图 7.12 中的电路来解释。

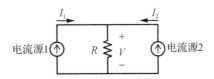

图 7.12　具备两个电流源的有源负载牵引技术

当右边电源的电流设置为零(断路)时,左边电源将仅作用于电阻 R_L。因此,将左、右电源所产生的电流分别标记为 I_1 和 I_2,那么负载电阻上的电压是

$$V_L = R_L(I_1 + I_2) \tag{7-41}$$

这意味着如果将电流源 1 看作只有一个电阻连接在它的终端上,那么这个电阻值为

$$R_1 = R_L\left(1 + \frac{I_2}{I_1}\right) \tag{7-42}$$

对于电流源 2 而言,等效电阻的值为

$$R_2 = R_L\left(1 + \frac{I_1}{I_2}\right) \tag{7-43}$$

上述表达式当然可以把电压和电流信号写成具有不同相位和幅值的复数形式,同时把电阻写成复阻抗,从而令其在交流电路中也适用,其中复阻抗可写为

$$Z_1 = R_L\left(1 + \frac{I_2}{I_1}\right) \tag{7-44}$$

可见,通过改变电流 I_2,可以改变(或牵引)电流源 1 的阻抗(即 Z_1)。因此,如果 I_1 和 I_2 同相,则可以将 Z_1 的值转换为包含更大的电阻分量,而通过 I_1 和 I_2 之间的相位偏移,也可以减小此电阻分量。延伸这一概念,当上述两个电流源表示两个晶体管的输出跨导发生器(它们的驱动信号是同相的),那么其中一个器件的输出阻抗可根据式(7-44)修改。通常相同器件并联时,每个器件的阻抗是根据晶体管数量缩放的负载阻抗,当然必须满足器件的偏置条件、输入驱动电压和相关参数均相同。

Doherty 架构的基本框图如图 7.13 所示,这两个放大器在不同文献中命名各异,称其为主/辅助放大器和载波/峰值放大器最为常见[2,18,39,41]。

在上述系统中,将输入驱动电平降低到某个点以下将导致辅助放大器关闭,此时该放大器对总输出功率不再有贡献,也不再产生电流。主放大器是通过外部控制电路或在乙类模式下工作。在截止点以上(回退约 6 dB),两个放大器的输出功率将合成总功率。因此,假设两个器件具备相同的最大电流,在低于这个回退点的驱动电平时,器件外围则减少了 50%。这使在回退功率水平下效率产生了显著的提高,而放大器的全部功能是在更高的驱动电平下维持的。

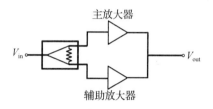

图 7.13　Doherty 功率放大器结构

Doherty 放大器的有源负载牵引特性除了提高效率外还有其他好处。在特定的匹配条件下,主放大器可以在整个上 6 dB 输入驱动(0～6 dB 回退)下都保持最大效率(至少与之相近)。Doherty 放大器概念的关键是使主放大器以最高电压工作,而辅助放大器处于激活状态。上述过程是通过调控负载电阻值来实现的,负载牵引特性使得负载电阻值会随着输入驱动的增大而减小。更进一步,理想情况下,此过程还确保了主放大器继续以最大电压摆幅运行,从而具备最大的效率。此外,在上述功率范围内工作时,输出功率与输入功率成比例,这意味着在线性范围内表现出平方根特性。另一方面,辅助放大器展现出向上负载牵引效应,这意味着输出功率与输入电压的立方成比例。在 Doherty 功率放大器的输出端,上述两种不同的响应合成为一个线性响应,使得输入驱动电平范围(超过 6 dB 以上)内的效率都接近其最大值,如图 7.14 曲线所示。

Doherty 功率放大器的概念电路图如图 7.15 所示。

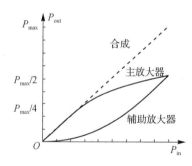

图 7.14　Doherty 功率放大器功率曲线

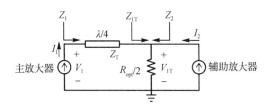

图 7.15　Doherty 功率放大器等效电路示意图

设每个放大器能够提供的最大电流摆幅为 I_{max}，那么每个放大器的最大线性值将是 $I_{max}/2$。四分之一波长转换器(图 7.15 中)是电路的重要组成部分,它的作用如同一个阻抗变换器,目的是使作用在主放大器上的电阻值随着辅助放大器电流(I_2)的增加而减小[2,18,39]。

图 7.15 中的电流幅值可以用式(7-45)和式(7-46)表示

$$I_1 = \frac{I_{max}}{4}(1+\xi) \tag{7-45}$$

$$I_2 = \frac{I_{max}}{4}\xi \tag{7-46}$$

其中,ξ 受到相应功率回退的影响,其值为 1 时表示最大驱动电平,0 表示 6 dB 的功率回退。式(7-44)中的负载牵引特性可用于确定负载两端的阻抗,其值为

$$Z_{1T} = \frac{R_{opt}}{2}\left(1+\frac{I_2}{I_{1T}}\right) \tag{7-47}$$

$$Z_2 = \frac{R_{opt}}{2}\left(1+\frac{I_{1T}}{I_2}\right) \tag{7-48}$$

$I_{1T}=I_2=I_{max}/2$ 是能产生最大功率的条件,相应的阻抗为 $Z_{1T}=Z_2=R_{opt}$。最佳负载线阻抗 R_{opt} 取决于工作模式,如对于乙类模式放大器,有

$$R_{opt} = V_{DC}\left(\frac{2}{I_{max}}\right) \tag{7-49}$$

图 7.15 中阻抗变换器的特征阻抗等于 Z_T(目前未知),其电压和电流信号之间的关系如下式所示:

$$V_{1T}I_{1T} = V_1 I_1 \tag{7-50}$$

$$\left(\frac{V_{1T}}{I_{1T}}\right)\left(\frac{V_1}{I_1}\right) = Z_T^2 \tag{7-51}$$

值得注意的是,四分之一波短传输线在两端信号之间引入了 90°的相位差,但这在式(7-50)和式(7-51)中未反映出。将式(7-50)和式(7-51)转为 I_{1T} 的值并代入式(7-47)中可以得到

$$Z_{1T} = \frac{R_{opt}}{2}\left(1+\frac{I_2 Z_T}{V_1}\right) \tag{7-52}$$

此时,主放大器的阻抗就可以表示为

$$Z_1 = \frac{Z_T^2}{Z_{1T}} \tag{7-53}$$

$$= \frac{2Z_T^2}{R_{opt}\left(1 + \frac{I_2 Z_T}{V_1}\right)} \tag{7-54}$$

而主放大器的输出电压就可以写为

$$V_1 = Z_1 I_1 \tag{7-55}$$

$$= \frac{2Z_T^2 I_1}{R_{opt}\left(1 + \frac{I_2 Z_T}{V_1}\right)} \tag{7-56}$$

进一步地我们可以将 I_1 和 I_2 代入输出电压中,并考虑功率回退因子 ξ:

$$V_1 = \frac{Z_T^2 \frac{I_{max}}{2}(1 + \xi)}{R_{opt}\left(1 + \frac{\frac{I_{max}}{2}\xi Z_T}{V_1}\right)} \tag{7-57}$$

$$V_1 = \left(\frac{Z_T}{R_{opt}}\right)\left(\frac{I_{max}}{2}\right)[Z_T + \xi(Z_T - R_{opt})] \tag{7-58}$$

如果我们设置 $Z_T = R_{opt}$,那么 V_1 将不再依赖于 ξ 的影响,式(7-58)的最后一项就变为 0,输出电压就可以简化为

$$V_1 = R_{opt}\left(\frac{I_{max}}{2}\right) \tag{7-59}$$

这恰好也是 V_{DC} 的理想最大值。这种特性的一个重要后果是,增加的电流摆幅与辅助放大器的有源反向负载牵引机制相结合,从而使主放大器在其输出处具有恒定幅值的电压。此外,如前所述,放大器的效率将在整个 6 dB 范围内保持或非常接近其最大值。

从前面的讨论中可以确定,恒定的输出电压与随输入电压成比例增加的功率输出相关,这意味着响应是非线性的。此时,辅助放大器对于总功率有一部分贡献,总功率是两个放大器功率的总和。图 7.15 中的负载电压 V_{1T} 可以由主放大器的电流 I_1 表示为

$$V_{1T} I_{1T} = V_1 I_1 \tag{7-60}$$

$$\left(\frac{V_{1T}}{I_{1T}}\right)\left(\frac{V_1}{I_1}\right) = Z_T^2 \tag{7-61}$$

也可以写成

$$\left(\frac{V_{1T}}{I_1}\right) = \left(\frac{I_{1T}}{V_1}\right) Z_T^2 \tag{7-62}$$

$$V_{1T} = I_1 Z_T \tag{7-63}$$

由于我们之前已经确定了 $Z_T = R_{opt}$,那么电压 V_{1T} 可就写成

$$V_{1T} = I_1 R_{opt} \tag{7-64}$$

由于主放大器的电流与其输入电压成线性关系(在整个功率范围内均如此),因此可以得出结论,负载电压也与输入电压成线性关系。此外,式(7-64)中的电压是通过值为 $R_{\text{opt}}/2$ 的电阻观察到的,因此从最大输入驱动得到的射频输出功率将比单个放大器的输出功率大 2 倍[18,39]。Doherty 放大器的电压和电流响应如图 7.16 所示,阐明了先前提到的线性关系。

输入功率上 6 dB 区域对应主放大器的最大效率区域,辅助放大器也正好在此区域中处于激活状态。辅助放大器的输出电压线性下降到 6 dB 回退点时,其效率将不能达到最佳。此外,它对总效率的影响取决于它能贡献的功率,比如在较低的信号电平下,其功率贡献将相当低,那么它对总效率的影响也就相当有限了。输入驱动和辅助放大器的工作方式都会对总效率产生很大的影响,通过对主放大器的分析,将能得到总效率在上 6 dB 回退区的表达式。对应于乙类工作模式,首先我们假设两个放大器在最大输入驱动下都能达到最大效率 $\pi/4$,那么可以先得到较低区域的总效率为

$$\eta_{\text{T}} = \frac{2v_{\text{in}}}{V_{\text{max}}}\left(\frac{\pi}{4}\right), \ 0 < v_{\text{in}} < \frac{V_{\text{max}}}{2} \tag{7-65}$$

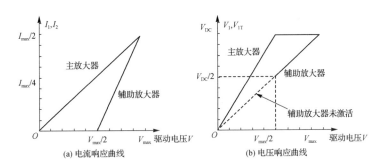

图 7.16　Doherty 放大器的电流和电压响应曲线

反之,在上 6 dB 回退区工作时,两个放大器都对总输出功率有贡献,那么总功率可以写成

$$P_{\text{T}} = \frac{I_1^2 R_{\text{opt}}^2}{2} \cdot \frac{2}{R_{\text{opt}}} = I_1^2 R_{\text{opt}} \tag{7-66}$$

将式(7-49)中的 R_{opt} 代入式(7-66),则总功率可变成

$$P_{\text{T}} = \left(\frac{I_{\text{max}}}{2}\right)\left(\frac{v_{\text{in}}}{V_{\text{max}}}\right)V_{\text{DC}} \tag{7-67}$$

主放大器在上 6 dB 区域工作时所消耗的直流功率为

$$P_{\text{DCM}} = \left(\frac{v_{\text{in}}}{V_{\text{max}}}\right)\left(\frac{I_{\text{max}}}{\pi}\right)V_{\text{DC}} \tag{7-68}$$

同样,辅助放大器的直流功率为

$$P_{DCM} = 2\left(\frac{v_{in}}{V_{max}} - 0.5\right)\left(\frac{I_{max}}{\pi}\right)V_{DC} \tag{7-69}$$

那么此时总直流功率为

$$P_{DC} = \left(\frac{I_{max}}{\pi}\right)\left[3\left(\frac{v_{in}}{V_{max}}\right) - 0.5\right]V_{DC} \tag{7-70}$$

总而言之,通过将总功率 P_T 和总直流功率 P_{DC} 结合起来,总效率可以用输入电压的函数来表示,得到

$$\eta = \frac{\pi}{2}\left[\frac{(v_{in}/V_{max})^2}{3(v_{in}/V_{max}) - 1}\right] \tag{7-71}$$

将输入驱动电平设置为其最大值,即令 $v_{in} = V_{max}$,得到式(7-71)中的效率为 $\pi/4$。同样地,通过在输入驱动器上实现 6 dB 回退,即令 $v_{in} = 0.5V_{max}$,得到相同的结果,与上文关于总效率的结论一致。在 6 dB 回退点以下时,组合系统的效率将表现出准乙类放大器的效率跌落。

2)变压耦合 Doherty 功率放大器

功率放大器的一个常见特征是其功率附加效率(PAE)指标在最大驱动电平下趋于良好,但会随着输入驱动电平的减少而降低。由于复调制同时依赖于信号的振幅和相位,即具有高 PAPR 的信号,所以要求功率放大器能够在大范围驱动电平内保持高效率。这对毫米波系统来说也是适用的,譬如近几年 60 GHz 通信系统(基于复调制方案)的发展。本节所讨论的 Doherty 放大器为射频和微波功率放大器的效率保证提供了可行的解决方案,但是在毫米波波段中实现这样的拓扑结构仍需进一步调整。

图 7.17 所示为典型的 Doherty 放大器。主放大器输出端的传输线处新增了阻抗 $Z_2 = 2R_L$。

首先要注意的是,在硅衬底上实现的毫米波四分之一波长传输线具有损耗。上述设计令丙类辅助放大器的实际应用变得困难,这也是文献报道的 Doherty 结构在效率和线性度方面的改进有限的主要原因[21]。在对传统 Doherty 放大器应用改进的过程中,发现基于变压器和有源相移结构能有效改进其在毫米波波段的特性。首先讨论前一种方法。

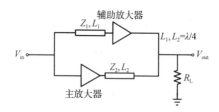

图 7.17 传统拓扑结构的射频 Doherty 放大器

图 7.18 展示了由一组丙类、甲乙类放大器与组合变压器共同使用来实现的组合式变压耦合 Doherty 放大器[42]。此结构下的主放大器对于输入端的任何驱动电平都是有效的,而

丙类辅助放大器只对低于某一点回退驱动电平时的总输出功率有贡献。当在某些运行阶段需要较低的输出功率时,正如我们所讨论的那样,Doherty 放大器可以帮助节能。组合变压器还需要高输出阻抗的放大器,来进一步在回退功率水平下提高效率。然而,因尺寸小型化,CMOS 放大器的短沟道效应和寄生电容等使其难以实现高输出阻抗[43-45]。

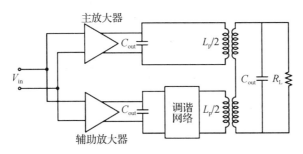

图 7.18　基于变压耦合的 Doherty 放大器电路原理图

3) 有源相移 Doherty 功率放大器

毫米波 CMOS 晶体管因具有高 f_T 值和小传输线尺寸而有利于实现片上 Doherty 放大器的制备。另一方面,低可实现增益问题对 Doherty 功率放大器的设计也提出了挑战。单级放大器的电流增益受限于 ω_T/ω,其中 $\omega_T = 2\pi f_T$ 为短路增益截止频率。当 $R_L = R_S$ 时,功率增益 G_P 受限于

$$G_P \leqslant \left(\frac{\omega_T}{\omega}\right)^2 \tag{7-72}$$

式中,R_S 为电源内阻[9]。例如,当工作频率为 45 GHz,$f_T \approx 200$ GHz 时,单级放大器可以理想地产生约 14 dB 的功率增益。然而,由于硅基无源器件及其相应寄生参数会产生很大的损耗,所以增益不太可能会高于 7~8 dB。此外,在 PAE 方面,6 dB 增益的放大器在最大输入驱动下,2 dB 的增益降低将导致 13% 的 PAE 降低;而对于 16 dB 增益的放大器,同样的增益降低只会导致 1.5% 的 PAE 降低。因此,只要是低增益的单级放大器,即使功率增益微小的变化也会对 PAE 产生显著影响。

导致增益问题的另一个因素是硅基工艺无源器件固有的低品质因子。在 45 GHz 的工作频率下,四分之一波长传输线将导致大约 0.7 dB 的损耗[46-48]。目前关于增益问题的解决方案很多,例如,在主放大器和辅助放大器中加入一个前置驱动放大器或引入额外的驱动级[49]。然而,在上述类型的配置中,与回退驱动电平相关的效率损失可能非常大。有源相移法是用前置放大器取代四分之一波长传输线以引入类似的相移,从而克服相关的效率损失。这种放大器的结构框图如图 7.19 所示。

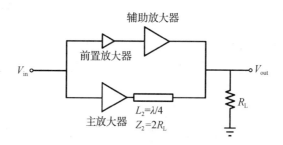

图 7.19 Doherty 相移放大器示意图

如图 7.19 所示,主放大器输出端传输线的阻抗为 $Z_2 = 2R_L$,当辅助放大器不工作时,主放大器对应的阻抗为

$$Z_{\text{main-LP}} = \frac{Z_0^2}{R_L} = 4R_L \tag{7-73}$$

实际上,辅助放大器将逐渐激活;当辅助放大器提前激活并将其最大输出电流的 10% 推送到负载时,由于 Doherty 结构的负载牵引作用,主放大器会实现一个较低的阻抗[9],导致总效率降低了 10%。另一种解决方案是将辅助放大器偏压到丙类模式,但这将导致增益显著降低。自适应偏置方案将监测输入功率,并相应地改变栅极偏置电压,目的是使放大器在较低功率水平下保持运行在丙类模式,而在较高功率水平下转换到甲乙类模式[34,50,51],这会令辅助放大器在低功率水平下完全关闭,同时在较高的驱动电平下仍然能够实现足够的功率增益。

4) Doherty 毫米波放大器参数比较

本节将文献中的毫米波 Doherty 放大器的详细资料总结在表 7.1 中。

表 7.1 各类已报道的 Doherty 毫米波放大器参数比较

参考文献	[9]	[52]	[53]	[10]	[5]
f_0/GHz	42	77	45	60	42
电源/V	2.5 和 1.2	0.9	2.5	1.6	5
方法	有源相移	变压耦合	慢波共面波导 (CPW)	完全集成	准 Doherty 预/后失真线性化
工艺	45 nm CMOS SOI	40 nm CMOS	45 nm CMOS SOI	0.13 μm RF CMOS	0.15 μm GaAs HEMT
P_{sat}/dBm	18	16.2	18	7.8	21.8
G_P/dB	8	10	7	13.5	7
回退 PAE/%	21	5.7	17	—	+6%[a]
最大 PAE/%	20	12	23	3	—

[a] 相对于平衡结构,漏极效率提高了 6%。

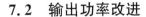

7.2　输出功率改进

毫米波功率放大器设计的输出功率通常取决于两个无线链路之间的工作距离、接收机性能和系统运行环境。例如，短距离（低于 $50 \sim 100$ m）的 WiFi 连接需要大约 10 dBm 的射频功率，而较长距离的连接，如无线回程设备需要大约 20 dBm 的射频功率。由于一些特定的原因，小尺寸的 CMOS 功率放大器在毫米波频率下产生瓦级射频输出功率的能力非常有限。最显著的是，由于在毫米波波段的寄生效应，大尺寸晶体管能够获得的增益相对较低，直接影响到器件的功率处理能力。实现功率合成架构是增加毫米波功率放大器射频输出功率的有效方法之一，由于实现这种架构仍存在很多问题，本节将深入讨论。

7.2.1　片上功率合成技术的性能指标

片上功率合成技术的性能主要取决于输出功率方面的空间效率，这可以用两个不同的指标来表示：面积效率和空间功率密度[54-59]。

1）面积效率

在毫米波 CMOS 中实现的复杂多路功率合成器和分配器往往会导致总芯片面积的指数级增长。在毫米波频率下，多路合成器网络中损耗的叠加使得功率放大器的输出功率趋于饱和[54]。因此，量化所谓的面积效率可以成为一个有效的衡量标准，以确定芯片面积是如何被利用的，计算方式如下：

$$\eta_{\text{AREA}} = \frac{\text{有效面积（分配器 ＋ 合成器）}}{\text{组合 PA 单元的数量}} \text{mm}^2 \tag{7-74}$$

2）空间功率密度

从合成器设计实现和热管理角度来看，更高的输出功率将需要更大的芯片面积，这似乎是相当直观的。在计算空间功率密度时，芯片面积应该包括合成器和分配器的面积。空间功率密度（或面积功率密度）可用式（7-75）计算：

$$\text{空间功率密度} = \frac{P_{\text{out}}}{\text{有效面积（分配器 ＋ 合成器）}} \text{mW/mm}^2 \tag{7-75}$$

7.2.2　平面功率合成

1）Wilkinson 功率合成器

Wilkinson 合成器是广泛应用的合成器网络之一，其结构如图 7.20 所示[60]。Wilkinson 合成器是 T 型分配器（无损，但无法匹配所有端口）和阻性分配器（匹配所有端口，但各端口互不隔离）的改进版[41]。此外，Wilkinson 分配器可以设计成在其输出端口之间提供不相等的功率分配，而在多个（大于 2）输出之间分配功率只需级联的 Wilkinson 分配器网络就可实现。

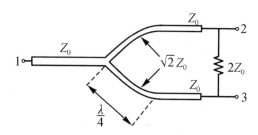

图 7.20　Wilkinson 功率分配器/合成器

图 7.21 显示了一个平面功率合成结构,该结构使用 Wilkinson 分配器/分频器在并联功率放大器中分配射频功率。这种合成器具有高隔离性、结构简单和低插入损耗等优点[41]。此外,Wilkinson 合成器易于同相合成,如图 7.21 所示。

附加电阻(均设置为 $2Z_0$)有助于实现良好的隔离,因为它们用于奇次谐波的吸收。在输出并联的合成功率放大器中,为避免在组合放大器块之间激发奇模振荡,高度隔离是必需的[61]。此外,应设置如图 7.20 所示的阻抗来保持输出端口之间的相位关系,即图中相对于系统的特征阻抗,除四分之一波长结构($\sqrt{2}Z_0$)以外的所有传输线设置为 Z_0。

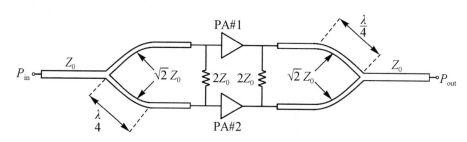

图 7.21　Wilkinson 分配器/合成器实现的功率合成放大器的平面图

幸运的是,通过使用薄膜微带(TFMS)结构,可以在标准毫米波 CMOS 工艺中相对轻松地实现上述两个四分之一波长结构[54,62]。如前所述,可以通过级联多个 Wilkinson 分配器/合成器网络来实现更大的并联功率放大器结构,从而产生更高的射频功率输出,如图 7.22 所示。

图 7.22 所示的结构理想情况下将产生四倍于单个放大器的输出功率(扣除 Wilkinson 网络的相关插入损耗),并且由于使用了 Wilkinson 合成器,因此来自四个放大器的输出信号能够实现同相合成。

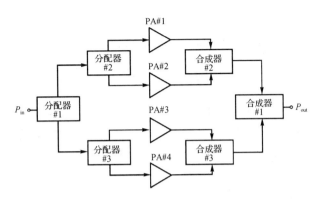

图 7.22　Wilkinson 分配器/合成器实现的四路并联功率放大器

2) 容性合成器

图 7.23 展示了一种带有 RC 负载网络的理想化容性合成器[63]。如果将共模输入作用于左边的合成器端口,则图 7.23 所示的电路可以简化为等效的单支路电路,如图 7.24 所示。

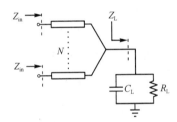

图 7.23　容性合成器电路

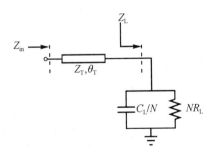

图 7.24　等效容性分配器电路

等效负载阻抗由下式确定:

$$Z_{\mathrm{L}} = \left(\frac{1}{R_{\mathrm{L}}} + \mathrm{j}\omega C_{\mathrm{L}} \right)^{-1} \tag{7-76}$$

图 7.24 中 θ_{T} 为线长，Z_{T} 为线阻抗。N 路合成器的总输入阻抗为

$$Z_{\mathrm{in}} = Z_{\mathrm{T}} \frac{N Z_{\mathrm{L}} + \mathrm{j} Z_{\mathrm{T}} \tan\theta_{\mathrm{T}}}{Z_{\mathrm{T}} + \mathrm{j} N Z_{\mathrm{L}} \tan\theta_{\mathrm{T}}} \tag{7-77}$$

现在，通过将上述组合电路视为具有多个输入和单个输出的阻抗转换器，有助于在其输入端口反映负载阻抗（即 $Z_{\mathrm{in}} = Z_{\mathrm{L}}$），可以快速确定线路参数。因此，线阻抗可由式(7-78)确定，电气长度则由式(7-79)确定：

$$Z_{\mathrm{T}} = R_{\mathrm{L}} \sqrt{\frac{N}{1 + \omega^2 R_{\mathrm{L}}^2 C_{\mathrm{L}}^2}} \tag{7-78}$$

$$\theta_{\mathrm{T}} = \arctan\left(\frac{N-1}{2} \cdot \frac{1}{\omega C_{\mathrm{L}} Z_{\mathrm{T}}} \right) \tag{7-79}$$

式(7-78)所示线阻抗的变化作为输出电容 C_{L} 的函数被绘制在图 7.25 中，频率设置为 77 GHz（毫米波汽车雷达常用波段）。线阻抗随负载电容 C_{L} 的增大而从最大值逐渐减小，同时不同路合成器间的线阻抗差异会变小。此外，如图 7.26 所示，电气长度随着 C_{L} 的增大而减小。

因此，在输出端口的容性负载令合成器网络中的传输线更短更宽。此外，在输出电容值超出 $C_{\mathrm{L}} \approx 150$ fF 的较大范围内，电气长度基本保持为恒定值。对于采用四分之一波长的传统阻性合成器，较短和较宽传输线的总功率损耗相对较低[64-67]。然而，对应的带宽显著减少，必须在所需的带宽和可接受的传输损耗之间找到平衡。

如前所述，图 7.23 中容性合成器网络的目的是实现 $Z_{\mathrm{in}} = Z_{\mathrm{L}}$，这一要求可以通过偏差参数 Δ_{T} 进行量化，如式(7-80)所示。

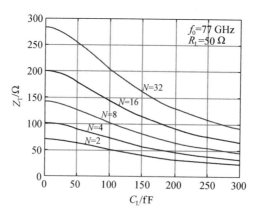

图 7.25　线阻抗与多路合成器输出电容的关系，输出电阻 R_{L} 为 50 Ω

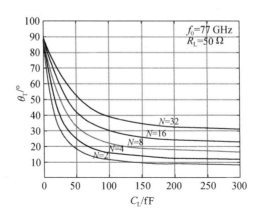

图 7.26　电气长度与多路合成器输出电容的关系，输出电阻 R_L 为 50 Ω

$$\Delta_T = 20\log\left|\frac{Z_L - Z_{in}}{Z_L + Z_{in}}\right| \text{dB} \tag{7-80}$$

Δ_T 值越小显然会使得 Z_{in} 越接近 Z_L，从而改进匹配。

Bode-Fano 准则可用于分析与合成器相关的带宽限制，其表达式如下：

$$\int_0^\infty \ln\frac{1}{\Gamma(\omega)}d\omega \leqslant \frac{\pi}{R_L C_L} \tag{7-81}$$

例如，假设在期望带宽之外全反射（即 $|\Gamma|=1$），带内信号 -20 dB 反射，那么式（7-81）中列出的准则变为

$$2\pi\Delta f \cdot \ln\frac{1}{0.1} \leqslant \frac{\pi}{50 \cdot 150 \times 10^{-15}} \tag{7-82}$$

其中，负载电阻设置为 50 Ω，负载电容保守选择为 150 fF。在规定参数下，允许的阻抗变换带宽为 29.85 GHz，这可以通过降低输出电容大幅度提高。

传输线功率损耗与传输线的长度密切相关，而与传输线的宽度关系不大。具有传播常数 γ 的平面传输线的 ABCD 矩阵如下：

$$\begin{bmatrix} A & B \\ C & D \end{bmatrix} = \begin{bmatrix} \cosh\gamma L & Z_T\sinh\gamma L \\ Y_T\sinh\gamma L & \cosh\gamma L \end{bmatrix} \tag{7-83}$$

式中，$L=\lambda\theta_T/2\pi$ 为传输线的实际长度，$Z_T=1/Y_T$ 表示特征阻抗[41,68]。未知传播常数的值可以通过 ABCD 矩阵得到：

$$Z_T = \sqrt{B/C} \tag{7-84}$$

$$\gamma = \alpha + \mathrm{j}\beta = \frac{1}{L}\text{arsinh}\sqrt{B/C} \tag{7-85}$$

通过传输线传播信号造成的功率损失主要分为三类：辐射、介电损耗和金属损耗（占总损耗的大部分）。金属损耗又可以在顶层和底层之间进一步划分，通常情况下，越宽的传输

线越能减少顶层的金属损耗,对应而言,底层的金属损耗则会增加。第二类情况主要是由于具有更宽传输线的底层电流密度会增加[63]。

将四个功率放大器单元的输出功率组合在一起的多路合成方案可以使用前面讨论的容性合成器来实现,其结构如图7.27所示。图7.27两侧的传输线之间的传输功率损失可由下式得出:

$$P_{\text{loss}} = 20\log(e^{\alpha\lambda2\theta_T/2\pi}) \tag{7-86}$$

对于典型的65 nm CMOS工艺,其中 $Z_L = 35\ \Omega$,容性合成器与传统的四分之一波长合成器网络相比,可以减少约1 dB的功率损耗[58,69-71]。此外,阻性合成器更倾向于直接合成而非级联,因为级联需要给传输线预留两倍的器件面积;容性合成器则不受上述限制,具有额外的自由度。

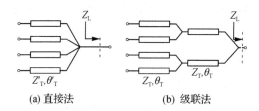

(a) 直接法   (b) 级联法

图7.27 四路功率合成

最后一个需要考虑的特征是哪一种负载安排与假设的并联 $R_L C_L$ 网络性能相似(或更好)。将设置更改为串联 $R_L C_L$ 组合意味着负载阻抗变为

$$Z_L = \frac{1}{j\omega C_L} + R_L \tag{7-87}$$

线阻抗为

$$Z_T = R_L \sqrt{N\left(1 + \frac{1}{\omega^2 R_L^2 C_L^2}\right)} \tag{7-88}$$

电气长度为

$$\theta_T = \arctan\left(\frac{N-1}{2N} \cdot \omega C_L Z_T\right) \tag{7-89}$$

对于并联 $R_L L_L$ 网络,根据上述过程,负载阻抗变为

$$Z_L = \left(\frac{1}{R_L} + \frac{1}{j\omega L_L}\right)^{-1} \tag{7-90}$$

线阻抗为

$$Z_T = R_L \sqrt{N\left(1 + \frac{R_L^2}{\omega^2 L_L^2}\right)^{-1}} \tag{7-91}$$

电气长度为

$$\theta_T = \arctan\left(\frac{N-1}{-2} \cdot \frac{\omega L_L}{Z_T}\right) \qquad (7-92)$$

最终，$Z_L = j\omega L_L + R_L$ 的串联 $R_L C_L$ 网络的线阻抗为

$$Z_T = R_L \sqrt{N\left(1 + \frac{L_L^2}{\omega^2 R_L^2}\right)} \qquad (7-93)$$

电气长度为

$$\theta_T = \arctan\left(\frac{N-1}{-2N} \cdot \frac{Z_T}{\omega L_L}\right) \qquad (7-94)$$

上述情况可以根据负载阻抗和所需的传输线尺寸进行比较。对于这一分析，$N=4$ 将被用于类似于前面关于四路合成放大器网络的讨论。首先分析串联和并联 RC 这两种负载终端，从线路阻抗和电气长度两方面进行理论比较，如图 7.28 所示。

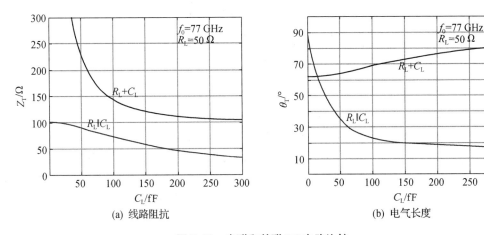

(a) 线路阻抗   (b) 电气长度

图 7.28　串联和并联 RC 电路比较

首先，考虑到串联 RC 负载网络。在线阻抗 Z_T 方面，输出电容的大小对线阻抗差异的影响很大。此外，即使在最大输出电容为 300 fF 的情况下，串联电路的线阻抗也在 100 Ω 左右，与并联网络的 50 Ω 特征阻抗相差更大。每个放大器都可能会设计一个连接有 50 Ω 负载的输出网络，并且线阻抗越接近这个值时产生的失配损耗就越低。就线路的电气长度而言，串联 RC 需要更长的线路长度才能达到相同的阻抗值。这是一个难以平衡的问题，因为较长的线路会导致更大的面积占用以及功率损耗。

在串并联 RL 的情况下，传输线总是比任何一种 RC 情况都要长得多（$\theta_T \approx 150°$）。当主要考虑损耗时，并联 RC 网络是最佳选择[63]。

7.2.3　基于变压器的功率合成技术

利用无源变压器的功率合成网络已被证明是硅基集成放大器子系统的可行解决方案，这是一种早期在推挽架构中广泛使用的成熟技术，但仍有许多特性适用于高频系统[72-75]。

首先,变压耦合放大器提供了一种在单端和差分信号之间进行转换的简单方法,可实现功率合成和分配。此外,上述过程实现输入和输出阻抗同时转换以达到两端匹配。在功率放大器设计方面,使用差分信号本质上是有益的,因为射频信号虚拟接地减少了对附加旁路电容的需求。虚拟地对于毫米波放大器来说是非常有用的,因为射频接地中的不完美匹配很容易导致附加的寄生电感,降低了放大器的整体性能。另一个有利的方面是,直流偏置电压可以通过中心抽头变压器直接馈送到器件,这就降低了偏置电路的设计要求。因此,该技术大大降低了对隔直电容和射频扼流圈电感的要求。最后,毫米波放大器的变压器尺寸非常小,进一步提高了集成解决方案的可能性[46,76,77]。图 7.29 为此类功率放大器结构图。

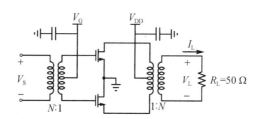

图 7.29　差分变压功率合成放大器

两个功率晶体管由一路差分信号的两侧驱动,在输出端使用二级变压器将其转换回单端信号。由于变压器经过了优化,放大器的输入和输出端口都是同时匹配的。最后,偏置电压通过变压器中心抽头直接馈送到器件上。相关的变化也可参照图 7.30 中的耦合电感结构。图中初级线圈和次级线圈的匝数比为 $1:N$。两个电感器 L_P 和 L_S 是磁耦合的,因此晶体管电流流过 L_P(初级电感)产生的磁场会在次级电感 L_S 中产生感应电压[54]。

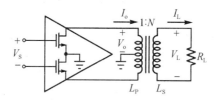

图 7.30　功率合成放大器中使用的耦合电感变压器

假设耦合系数无穷大,次级电感 L_S 中的感应电压为

$$V_L = 2NV_o \tag{7-95}$$

式中,V_o 是晶体管电路的输出电压。相应的电流为

$$I_L = \frac{I_o}{N} \tag{7-96}$$

式中，I_o 是晶体管电路的输出电流。因此，V_L 和 I_L 表示驱动负载电阻 R_L 的耦合电压和耦合电流。晶体管放大电路的输出阻抗由负载和变压器性质确定，将有助于实现最大功率传输的最佳输出阻抗可用下式表示：

$$R_{\text{opt}} = \frac{V_o}{I_o} = \frac{1}{2N^2}R_L \qquad (7-97)$$

上述两个功率晶体管中单个器件提供的功率为

$$P_{\text{opt}} = \frac{V_o^2}{2R_{\text{opt}}} \qquad (7-98)$$

由上式可知，传递给负载 R_L 的功率为

$$P_L = \frac{1}{2} \cdot \frac{V_L^2}{R_L} \qquad (7-99)$$

$$= \frac{1}{2} \cdot \frac{N^2 2^2 V_o^2}{2N^2 R_{\text{opt}}} \qquad (7-100)$$

$$= 2 \cdot \frac{1}{2} \cdot \frac{V_o^2}{R_{\text{opt}}} \qquad (7-101)$$

$$= 2P_{\text{opt}} \qquad (7-102)$$

因此，总输出功率就是两个功率器件所产生的功率之和（变压合成）。输出功率可以通过实现电压变压合成或电流变压合成方法进一步提高。

1）电压变压功率合成

基于变压器的并联式电压合成技术的概念如图 7.30 所示，每个功率器件的输出电压通过变压器叠加构成，示意图如图 7.31 所示。

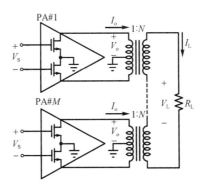

图 7.31　具有电压变压合成的堆叠功率放大器电路

当有 M 个功率放大器模块组成放大部分，其各自的输出通过电压合成变压器耦合到负载[54,62]。与图 7.30 中的结构相似，堆叠结构使用的功率放大器单元由差分阻抗为 R_{opt} 的两

个功率器件组成。如前所述，R_{opt} 为与最大传输功率相对应的输出阻抗。同理，假设耦合系数是理想的（即无限大），则负载电压为

$$V_L = MN \cdot 2V_o \tag{7-103}$$

相应的电流为

$$I_L = \frac{I_o}{N} \tag{7-104}$$

可实现最大功率传输的最佳阻抗为

$$R_{opt} = \frac{1}{2MN^2}R_L \tag{7-105}$$

单个功率器件在最佳负载条件下产生的传输功率如式（7-98）所示。与前文相似，作用于负载的功率为

$$P_L = \frac{V_L^2}{2R_L} \tag{7-106}$$

那么可以得到总功率为

$$P_L = 2MP_{opt} \tag{7-107}$$

因此，理论上总输出功率可以增加 M 倍。上述这类变压器在毫米波电路中的布局如图 7.32 所示[75,78,79]。

图 7.32　变压合成器布局（匝数比为 1∶1），黑色和灰色区域代表两个相邻的金属层

尽管式（7-107）表达出通过增加合成方案中放大器单元的数量 M，就可以使输出功率相应增加 M 倍，但有很多原因造成了对合成放大器数量的实际限制。对于特定的负载阻抗，如 $R_L = 50\ \Omega$，假设有四路合成，根据式（7-105），每个功率设备的最佳输出阻抗应为

$$R_{opt} = \frac{R_L}{2MN^2} \tag{7-108}$$

$$= \frac{50}{2 \cdot 4 \cdot 1^2} \tag{7-109}$$

$$R_{opt} = 6.25\ \Omega \tag{7-110}$$

对于低压小尺寸 CMOS 工艺，这是一个非常低的阻抗值，同时也需要大功率器件。因此，超过 $M \approx 4$ 时，最佳负载阻抗变得非常小，在大功率器件中几乎是不实用的，因此这种情况下，电压合成方法并不是首选技术。

2）电流变压功率合成

电流功率合成是毫米波合成放大器可采用的有效替代方法之一。在这种技术中，采用并联耦合变压器来增加输出电流，从而实现输出功率的增加[54]。这种放大器中含有若干并联的 1∶N（匝数比）的变压器，其原理图如图 7.33 所示。

再次假设耦合系数为无穷大，则耦合负载电压 V_L 为

$$V_L = 2NV_o \qquad (7-111)$$

耦合负载电流 I_L 为

$$I_L = \frac{M}{N}I_o \qquad (7-112)$$

其中，M 表示并联合成的放大器单元的数量（实际上相当于 $2M$ 个功率器件），N 是次级线圈的匝数比。在此情况下，每个功率器件的最佳输出阻抗为

$$R_{opt} = \frac{M}{N^2}R_L \qquad (7-113)$$

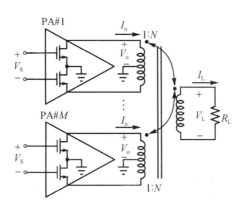

图 7.33　电流变压功率合成放大器

类似地，每个器件的输出功率保持不变（$P_{opt}=V_o^2/2R_{opt}$），那么总输出功率变为

$$P_L = 2MP_{opt} \qquad (7-114)$$

一组 M 个放大器模块相当于 $2M$ 个功率器件，因此这种结构的输出功率可提高 M 倍。

图 7.34 展示了电流变压功率合成器结构的另一种变化，其中变压器直接合成，增加了输出电流，从而增加了输出功率[54]。图 7.34 中电路的阻抗和功率关系与图 7.33 中电路的阻抗和功率关系相同，两者的关键区别在于器件布局的实现方式。

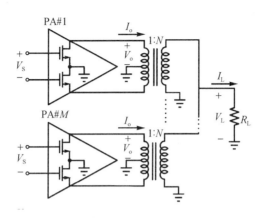

图 7.34　改进型电流变压功率合成放大器

如图 7.35 所示为改进型电流变压功率合成器的布局,该布局避免了直流电流路径的交叉。这样的交叉是有问题的,因为需要一个额外的金属层,而大多数 CMOS 工艺只提供单一的顶部金属层来实现互连。此外,以图 7.33 所示的方式组合两个以上的功率放大器单元就需要非对称布局,而以图 7.34 所示的方式则在包含更多功率放大器单元时也可保持对称布局。

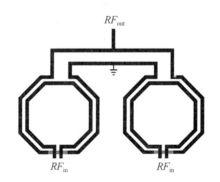

图 7.35　图 7.34 所示改进型 1∶1 变压功率合成器网络的布局

3) 电流-电压-电流变压功率合成

电压合成方法的主要限制是可合成功率器件的数量较低,而电流合成方法的局限性在于所需的匝数比很大,降低了自谐振频率和功率传输效率。将上述两种结构混合就可得到所谓电流-电压变压功率合成器,如图 7.36 所示[78,80-82]。

图 7.36 所示的结构使用 K 组串联变压合成器直接组合若干功率放大器单元(标记为 M)。每个功率放大器模块仍然由两个差分驱动功率器件组成。同理,假设为理想耦合,则耦合负载电压和电流信号由式(7-115)和式(7-116)表示。

$$V_L = 2MNV_o \qquad (7-115)$$

$$I_L = \frac{K}{N}I_o \qquad (7-116)$$

理想输出电阻为

$$R_{opt} = \frac{K}{2MN^2}R_L \qquad (7-117)$$

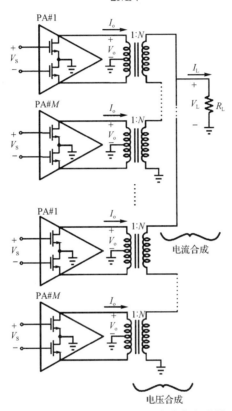

图 7.36 电流-电压-电流互感功率合成器

输出功率为

$$P_{opt} = \frac{V_o^2}{2R_{opt}} \qquad (7-118)$$

综合上述公式可知,传输给负载电阻的功率为

$$P_L = 2MK \cdot P_{opt} \qquad (7-119)$$

因此,上述结构的输出功率可以按 MK 进行缩放调整。此变压合成器的布局如图 7.37 所示。

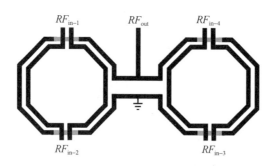

图 7.37　四路电压-电流变压功率合成器的布局

4）变压耦合功率合成器网络小结

表 7.2 中总结了变压耦合功率合成器的设计方程。

表 7.2　变压耦合功率合成器的特征方程比较

	V_L	I_L	R_L	P_L
电压合成器	$2MN \cdot V_o$	I_o/N	$2MN^2 R_{opt}$	MV_o^2/R_{opt}
电流合成器	$2N \cdot V_o$	$M/N \cdot I_o$	$2N^2/M \cdot R_{opt}$	MV_o^2/R_{opt}
电压-电流-电压合成器	$2MN \cdot V_o$	$K/N \cdot I_o$	$2MN^2/K \cdot R_{opt}$	KMV_o^2/R_{opt}

7.2.4　三维功率合成

一个影响平面功率合成效率的特征是当放大器模块数量增多时,如式(7-74)所示的面积效率显著下降。当工作频率达到毫米波范围时,这就变成一个更大的问题,因为需要组合越来越多的功率放大器模块以提供所需的输出功率。最近出现的三维功率合成技术可解决大尺寸功率放大器模块的功率合成方面的困难[83]。

绝大多数集成功率放大器的布局可以描述为二维(平面)架构。正如我们已经讨论过的,同相位功率合成需要严格的布局对称,这限制了设计电路时的自由度,也使得布局复杂。此外,功率合成网络一般小于功率分配网络,这主要是由于后者需要差分驱动而造成的复杂性增加。

7.2.5　空间功率合成

虽然与放大器设计没有直接关联,但空间合成自由空间信号是片上功率合成的一种主流实现,并具有从毫米波发射机输出更大功率的潜力。考虑到硅基固有损耗和在实现功率合成网络时所导致的效率下降,通过天线设计进行空间合成是一种可行的方法,可将场效应功率放大器模块的输出在空间合成,在 45 GHz 下可产生 26.2 dBm 的等效全向辐射功率(EIRP)以及 14.2 dBm 的平均射频输出功率[84,85]。

7.2.6　功率合成放大器的比较

表 7.3 总结了一些毫米波功率合成放大器的关键性能指标。

表 7.3　文献报道的毫米波功率合成放大器性能比较

参考文献	[63]	[86]	[87]	[88]	[89]	[90]
f_0(GHz)	77~110	71~81	101~117	70~85	85~100	73~97
电源(V)	1.2	1	1.2	1.8	1.2	2.5
BW(GHz)	33	10	16	15	15	24
N	4	8	4	2	4	4
工艺	65 nm CMOS	65 nm CMOS	65 nm CMOS	0.12 um SiGe	65 nm CMOS	0.13 um SiGe
P_{sat}(dBm)	14	19.3	14.8	17.5	13	21
G_p(dB)	18	24.2	14	17	10	8
P_{1dB}(dBm)	12	16.4	11.6	14.5	7	—
PAE(%)	4.5	19.2	9.4	12.8	4	3.6

7.3　宽带放大器与带宽改善技术

理想的放大器是在工作带宽上表现出恒定的增益特性和完美阻抗匹配的放大器。共轭匹配是导致电路窄带特性的原因,降低增益会导致放大器阻抗匹配变差,即使增益-带宽积有所改善[41,61]。上述问题与高频晶体管和 50 Ω 标准电阻的不良匹配有关。此外,典型晶体管的正向增益$|S_{21}|$随着频率的增加而衰减,速率约为 6 dB/八倍频。在设计宽带放大器的过程中,这些情况都是需要认真考虑的。毫米波波段在这方面是有利的,因为该波段放大器带宽的占比相对射频和微波系统的要大得多。通常,增加的带宽是通过牺牲其他性能指标获得的,比如降低增益或增加复杂性。下面是常用的带宽增强技术:

- 负反馈技术。正如本章前面所讨论的,负反馈回路的加入除了改善匹配和稳定性外,还有助于抑制放大器增益响应中的纹波。但这种方法牺牲了增益和噪声系数性能。

- 阻性匹配电路。这种电路以降低增益和增加噪声值为代价来提供良好的匹配。增益降低是由于额外的功率损失,在多数情况下,这种电路因传输损耗大,并不适用于毫米波系统设计。

- 补偿匹配电路。在匹配部分中引入额外的元器件,以补偿随着频率增加而出现的$|S_{21}|$衰减。但是,这种方法通常会降低匹配的总体准确度,并且附加元件引入了大量的寄生参数,可能会对功率放大器性能产生连锁影响。

- 分布式放大器。这种方法可以与堆叠放大器相比较,晶体管并不是并联组合,而是沿着传输线实现串联组合。分布式放大器通常具有较大的带宽以及良好的增益和匹配。与堆叠晶体管功率放大器相比,分布式放大器在使用相同数量的器件时无法实现相同的功率增益。

· 差分放大器。差分信号方案在高频设计中非常普通,它能有效地将器件容抗串联起来,从而使 f_T 大致增加一倍。此外,差分放大器提供的最大电压摆幅(理想情况下)是单端器件的两倍,并可改善噪声性能。

· 对称放大器。对称放大器使用 $90°$ 混合耦合器来抵消由两个相同的放大器产生的反射。与单一功率放大器相比,对称放大器在大带宽条件下可以提供非常好的匹配,但是会有额外的功耗而无增益改善。

7.3.1　差分放大器

差分放大器由两个极性相反的信号线驱动,其结构与单端放大器的对比如图 7.38 所示。

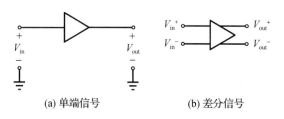

(a) 单端信号　　　　　　　　　(b) 差分信号

图 7.38　单端信号与差分信号对比

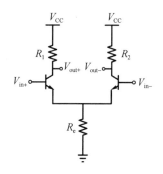

图 7.39　差分放大器典型电路

差分拓扑与单端拓扑相比有几个明显的优势。共模干扰在高度集成电路中非常突出,采用差分信号在很大程度上能抑制它。此外,差分放大器能够获得大约两倍于单端放大器的输出电压摆幅。使用这种拓扑的主要缺陷是器件数量增加和功耗更高[41]。图 7.39 给出了双极晶体管实现的差分放大器电路。发射极电阻 R_e(类似于差分场效应晶体管电路中的源电阻)通常是一个作为电流源的附加晶体管。放大器的输入由极性相反、振幅相等的两个信号组成(记为 V_{in+} 和 V_{in-}),从而形成奇模或差模激励。来自干扰源的信号在输入端口通常以相同的极性和振幅出现,从而产生偶模或共模激励[41]。

7.3.2 对称放大器

在设计放大器时,当增益小于可能获得的最大增益,通常会令工作频带中增益响应较为平坦。然而,上述措施会削弱输入和输出匹配的质量。如图 7.40 所示的对称放大器被设计用于消除两个相同放大器在输入和输出端口的反射。

输入端的 3 dB 90°混合电路将输入信号分割成具有相等振幅和 90°相对相位偏移的两部分。这两个信号经相应的放大器放大,然后在 90°混合电路中合并。尽管对称放大器的实现更加复杂,在增益-带宽积上也没有提供任何改进,但它确实有一些优势[91]:首先,在系统输入和输出端口使用混合耦合器意味着两个放大器可以在噪声或增益平坦度方面分别优化,而不必担心输入和输出端口的匹配问题;其次,连接到耦合器端口的 Z_0 端用于吸收反射,这有利于放大器的稳定性,从而进一步改善匹配度;再次,即使其中一个放大器停止工作,系统也能保持运行,但会伴随 6 dB 的增益下降。最后,总带宽的主要限制因素是耦合带宽,而实际的对称放大器往往采用紧凑、宽带的 Lange 耦合器,在硅基毫米波工艺中合成 Lange 耦合器的能力对实现毫米波频率下的对称放大器有很大的影响[92-97]。

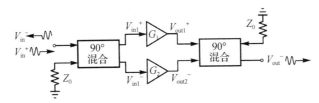

图 7.40 用 90°混合耦合器实现的对称放大器的框图(正上标和负上标分别表示入射波和反射波)

7.3.3 分布式放大器

有效地利用毫米波波段依赖于能够覆盖多个频段的单个放大器的设计方案。超宽带放大器广泛应用于宽带收发系统、成像和仪器仪表等领域。在过去几十年间,分布式拓扑在宽带放大器中已经很常见了[98]。分布式放大器不受传统宽带调谐放大器固有的增益带宽限制,而且它们能够实现明显更大的带宽。随着硅基技术的不断扩展,具有几百千兆赫截止频率的晶体管很容易得到,但是在大带宽上提取高输出功率是一项具有挑战性的任务。因此,传统的分布式放大器不适用于宽带功率放大。效率的改进可通过减小集电极传输线阻抗及在增益级上使用更小尺寸的放大器件实现[99,100]。然而,上述方法造成了更大的线路损耗和额外的反射,导致阻抗不匹配和增益降低,严重限制了可级联的放大器的数量。

图 7.41 所示电路是一个简单的具有 N 个串联器件的双极分布式放大器。晶体管的集电极端口与特征阻抗为 Z_c、电气长度为 L_c 的传输线相连。同样,连接基极端口的传输线的阻抗为 Z_b,电气长度为 L_b。调控传输线的特性以使其输出信号同相合成。这里所用器件与

此类放大器的后续高级应用不相关,即图 7.41 中的晶体管易被替换为场效应管。

每个器件的放大输出信号以行波的形式出现在集电极传输线路上。这种结构通常被称为行波放大器。

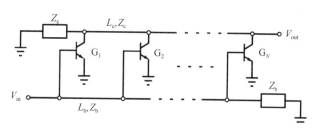

图 7.41　N 级分布式放大器

1) 分布式放大器的效率限制

假设输入信号沿基极传输线传输,利用分布式放大器来实现沿集电极传输线的输出电流的同相合成。理想情况下,这样的放大器可以在保持原有带宽的同时,随着级数的增加而实现增益的线性增加。本节将对均匀分布式放大器进行分析,其电路图如图 7.42 所示。

寄生电容(图 7.42 中的 C_p)被引入到传输线中,这有效地形成了一系列串联的 T 型 k 滤波器[101]。基极端口由长度为 $l_s/2$ 的传输线连接,单位长度的电感和电容分别为 L_B 和 C_B。T 型网络的特征阻抗和截止频率由下式给出:

$$Z_{0l} = \sqrt{\frac{L_B l_s}{C_B l_s + C_p}} \tag{7-120}$$

$$f_{cl} = \frac{1}{\pi \sqrt{(L_B l_s)(C_B l_s + C_p)}} \tag{7-121}$$

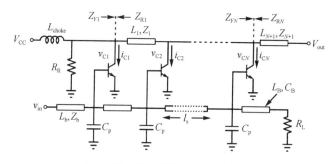

图 7.42　均匀低通分布式放大器

大多数传统的分布式放大器效率低是由许多因素造成的,每个器件的集电极端口在正向(Z_{FN})和反向(Z_{RN})都有相同的阻抗,而大约一半的集电极电流 i_{CN} 将流向反向端口[100,101]。然而,反向电流并不一定会相互抵消,从而导致功率损耗。此外,由于这种拓扑结构的宽带特性,每个晶体管的输出负载不能进行谐波调整,这妨碍了器件的高效工作。最后,当集电极电流通过分布式网络时,电压将在相位上增加以使得每一级的电压摆幅不相等。由于所有的集电极都是连接在同一个偏置电源上,所以在后部放大级的电压摆幅增加会造成大量的动态余量。

每级集电极上的电压摆幅为 v_n,电流摆幅为 i_{Cn},意味着第 n 级的集电极的阻抗为

$$Z_{Cn}(\omega) = \frac{v_n(\omega)}{i_{Cn} \prod\limits_{m=1}^{n} \mathrm{e}^{-\mathrm{j}\theta_{bm}(\omega)}} \tag{7-122}$$

$$= \frac{v_{Fn}(\omega) + v_{Rn}(\omega) + v_{Cn}(\omega)}{i_{Cn} \prod\limits_{m=1}^{n} \mathrm{e}^{-\mathrm{j}\theta_{bm}(\omega)}} \tag{7-123}$$

式中,v_{Fn} 是前级电流产生的正向行波电压,v_{Rn} 是反向行波电压,v_{Cn} 是器件感应电压。上述电压分别为

$$v_{Fn}(\omega) = \sum_{k=1}^{n-1} \left[v_{Ck}(\omega) \sqrt{\frac{Z_{Fn}(\omega)}{Z_{Fk}(\omega)}} \prod_{m=k+1}^{n} \mathrm{e}^{-\mathrm{j}\theta_{Cm}(\omega)} \right] \tag{7-124}$$

$$v_{Rn}(\omega) = \sum_{k=n+1}^{N} \left[v_{Ck}(\omega) \sqrt{\frac{Z_{Rn}(\omega)}{Z_{Rk}(\omega)}} \prod_{m=n}^{k} \mathrm{e}^{-\mathrm{j}\theta_{Cm}(\omega)} \right] \tag{7-125}$$

$$v_{Cn}(\omega) = i_{Cn} [Z_{Fn}(\omega) \parallel Z_{Rn}(\omega)] \prod_{m=1}^{n} \mathrm{e}^{-\mathrm{j}\theta_{Bm}(\omega)} \tag{7-126}$$

影响 v_{Cn} 感应电压的阻抗为小信号阻抗,Z_{Rn} 是集电极反向端口的阻抗(如图 7.42 中的 R_R),而 Z_{Fn} 为作用于负载 R_L 的阻抗。反向阻抗 Z_{Rn} 的计算公式如下:

$$Z_{Rn}(\omega) = Z_n \frac{Z_{R(n-1)}(\omega) + \mathrm{j}Z_n \tan L_n(\omega)}{Z_n + \mathrm{j}Z_{R(n-1)}(\omega) \tan L_n(\omega)} \tag{7-127}$$

正向阻抗为

$$Z_{Fn}(\omega) = Z_{n+1} \frac{Z_{F(n+1)}(\omega) + \mathrm{j}Z_{n+1} \tan L_{n+1}(\omega)}{Z_{n+1} + \mathrm{j}Z_{F(n+1)}(\omega) \tan L_{n+1}(\omega)} \tag{7-128}$$

式中,Z_n 和 L_n 为第 n 级左侧的特征阻抗和电气长度。与单级放大器相比,集电极阻抗 $Z_{Cn} = v_{Cn}/i_{Cn}$ 不受行波的影响。Z_{Cn} 是使得负载最大功率传输的阻抗,但这只适用于单级放大器。分布式放大器的均匀特性意味着 $Z_{Fn} = Z_{Rn} = Z_0$ 和 $L_C = L_B = \theta$,那么集电极阻抗为

$$Z_{Cn}(\omega) = \frac{Z_0}{2} \left[\sum_{k=1}^{n-1} \frac{i_{Ck}}{i_{Cn}} + 1 + \sum_{k=n+1}^{N} \frac{i_{Ck}}{i_{Cn}} \mathrm{e}^{-\mathrm{j}2(k-n)\theta(\omega)} \right] \tag{7-129}$$

如果每个器件贡献的电流都是相等的(即 $i_{Ck} = i_C$),那么阻抗可进一步简化为

$$Z_{Cn}(\omega) = \frac{Z_0}{2} \left\{ n + \mathrm{e}^{-\mathrm{j}(N+1-n)\theta(\omega)} \frac{\sin\{\theta(\omega)[N-n]\}}{\sin\theta(\omega)} \right\} \tag{7-130}$$

上式中,集电极的复阻抗实部随频率线性增加,此外,该阻抗的虚部也随频率变化,导致相位和幅值的波动与频率有关。在均匀分布式放大器的所有级的阻抗和输出电压都表现出

周期性的频率依赖性[78,100,102]。

一般来说,在非均匀分布式放大器中,负载调制特性与 v_{Fn} 和 v_{Rn} 在相关阶的频率特性相关。此外,如式(7-126)所示,与频率相关的 Z_{Fn} 和 Z_{Rn} 影响 v_{Cn}。

由单一电源供电的器件组成的均匀分布式放大器(即 $V_{Cn}=V_{CC}$)的最佳负载线阻抗为

$$Z_{optn} = \frac{V_{CC} - V_K}{I_C} \tag{7-131}$$

式中,I_C 为偏置电流,V_K 为与器件工艺相关的拐点电压。由于不能保证反向行波完美地同相合成,均匀分布式放大器的负载线阻抗至少等于式(7-123)中所给出的最优阻抗。假设甲类工作模式下,集电极电压最大值为 $v_n=V_{CC}-V_K$,集电极电流最大值 $i_{Cn}=I_C$。将集电极阻抗设置为与式(7-131)中给出的负载阻抗相匹配的值,则

$$Z_{optn} = \frac{\max(v_n)}{\max(i_{Cn})} = Z_{Cn} \tag{7-132}$$

但是无论集电极电流是否稳定,放大器后续级输出端都将有不同的电压摆幅,所以均匀拓扑的负载线匹配将不是最优的。通过阻抗衰减的方法有可能解决此问题[98],该方法选取了集电极静态时的阻抗值和长度值,使得 v_{Rn} 和 i_{Rn} 均为零。所以,所有产生的功率都将直传到输出端,削减了对反向抑制的需求。因此,阻抗渐变传输线在电路中的每个晶体管上实现了负载牵引机制,对应式(7-131)所述的阻抗 Z_{optn},其上电压摆幅保持恒定。在硅基和Ⅲ-Ⅳ族化合物半导体工艺中,通过阻抗渐变已经实现了相当可观的效率提升[103,104]。然而,这些方法确实需要进一步优化,因为负载牵引效应与频率有关,而且效率的提升只能在窄带中可以观察到。除此之外,放大器前级往往有更高的负载阻抗,这意味着传输线截面应该很窄,而过窄的截面更容易造成损耗[68],且这类传输线更难制造。

2) 分布式放大器中的供电比例缩放

为了避免使用渐变传输线和随之而来的困难,可以在整个集电极传输线保持 50 Ω 的特征阻抗的情况下使用供电比例缩放。在放大器的工作带宽内,平均集电极电压呈线性增加趋势。相比之下,阶梯分布式放大器的集电极电压和阻抗随频率变化时表现出更不稳定的变化。供电比例缩放具有独立调整集电极电压来匹配每一级 v_n 最大值的能力,并且除了放大器最后一级外,剩余的动态余量都不会被浪费。这种方法有效地将每个有源器件的负载线转移到直流功耗的最优点,而不需要对无源网络进行额外的调优。对应的最优阻抗为

$$Z_{optn} = \frac{V_{Cn} - V_K}{I_{Cn}} = \frac{v_{Fn} + v_{Rn}}{i_{Cn}} + \frac{Z_0}{2} \tag{7-133}$$

供电比例缩放所产生的负载调制效应类似于使用了渐变传输线,改进了放大器的一些重要宽带特性。这种方法避免了阻抗过高的线路,且频率敏感度比使用渐变阻抗方法的要低。同理,假设甲类工作模式下,理想的分布式放大器将能够实现对频率不敏感的输出功率,那么在第 N 个集电极观察到的输出功率的表达式为

$$P_{out} = \frac{Ni_{Cn}}{2\sqrt{2}} \cdot \frac{v_{Cn}}{\sqrt{2}} = \frac{1}{8} N^2 I_C^2 Z_0 \tag{7-134}$$

此外,式(7-135)给出了各级所消耗的直流功率:

$$P_{DCn} = V_{Cn} I_C \tag{7-135}$$

在均匀分布式放大器中,$V_{Cn} = V_{CN}$ 处的集电极效率将达到的峰值为

$$\eta_C = \frac{P_{out}}{N P_{DCn}} = 25\% \tag{7-136}$$

这个效率是经典甲类放大器所能获得的效率值的一半。另一种方法是缩放电源电压,使 $V_{Cn} = n(V_{CN} - V_K)/N$,那么此时集电极效率为

$$\eta_C = \frac{N^2 I_C V_{C1}}{4 I_C V_{C1} \sum_{n=1}^{N} n} = \frac{N}{2(N+1)} \tag{7-137}$$

当 N 变大时,式(7-137)中的集电极效率就会接近 50%。但是实际上,集电极传输线的损耗以及非零拐点电压将限制这个效率值,并且为分布式放大器的每一级提供单独的供电通道并不可行。

3) 带通分布式放大器设计方法

本节将讨论 Fang 等人提出的关于毫米波带通分布式放大器的设计方法[101,105]。经典分布式放大器的特点是集电极传输线和所有增益级共享同一直流偏置。为了避免功率损耗并提高整体效率,放大器必须通过射频扼流圈向集电极提供偏置电流来抑制真正的直流性能。T 型偏置可以实现类似相同的效果,且这两种方法都不需要反向终端。某些放大应用并不需要放大部分都连到直流电源,因此可以在相邻放大级之间隔离偏置电压。选择带通拓扑是为了避免使用繁琐的 T 型偏置并实现独立的偏置。带通方法在传输线之间增加了馈电电感和直流模块,这些模块也是 T 型滤波器的一部分。

在考虑到寄生电容会降低阻抗的情况下,若能将式(7-120)中的 Z_{0l} 设置为 50 Ω,传输线阻抗($Z_{0T} = \sqrt{L_b/C_b}$)将会略大于 50 Ω[41,68]。传输线损耗将进一步削弱各级增益,这些损耗以单位长度 α_{tl} 表示,作为传播常数 $\gamma_{tl} = \alpha_{tl} + \beta_{tl}$ 的一部分。总衰减可以通过将 α_{tl} 与传输线长度(l_s)相乘得到,其目标是在实现 Z_0 最大化的同时,使寄生电容负载尽可能的大。从理论上讲,这两项改进将使放大器每一级都可产生最大增益。

带通结构的一部分是一个嵌入的高通滤波器,用于在每一级隔离直流电压。具有合成带通滤波器的电路如图 7.43 所示。

R_L 表示并联电感对应的寄生电阻值,与偏置通路连接相关的寄生电容和电阻值分别用 C_{ox} 和 R_C 表示。最后,串联高通电容用 C_{HP} 表示,由此产生的特征阻抗为

$$Z_{0H} = \sqrt{\frac{L_{HP}}{C_{HP}}} \tag{7-138}$$

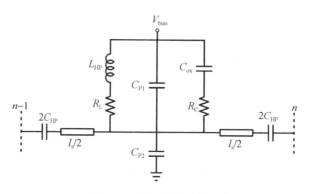

图 7.43　带通传输线模型

低频截止频率为

$$f_{cH} = \frac{1}{4\pi\sqrt{L_{HP}C_{HP}}} \qquad (7-139)$$

设置 $Z_{0H} = Z_{01} = 50\ \Omega$，截止频率为 8 GHz，那么得到 $L_{HP} = 500$ pH 和 $C_{HP} = 200$ fF。在图 7.43 所示的模型中，应仔细确认附加寄生器件对高频性能的影响并准确量化。线圈电感和衬底泄漏导致 L_{HP} 在基础电感之上引入额外容性和传导性寄生参数。并联电容 C_{P1} 和 C_{ox} 的存在通常会与 L_{HP} 形成自谐振，但它们是作为高通 T 型网络的一部分。在实现偏置电路的同时，上述特点会限制器件的大小，可能导致 f_T、P_{1dB} 和 P_{sat} 降低。因此，减少引脚电感，并尽可能降低并联容抗是至关重要的。

为了尽量减小寄生接地电容，可以减小转弯直径和线宽，但是线宽的减小会导致更大的电阻损耗。这可能是一种可行的方法，因为在高频下，电感已呈现出了一个相当大的阻抗值，因此寄生电阻的影响可以忽略不计。在品质因子至少为 10 的感性带通放大器中，$G_{shunt} = 1/R_{shunt}$，可以由下式计算得出：

$$G_{shunt} = \frac{1}{R_s\left[1 + \left(\frac{\omega L_s}{R_s}\right)^2\right]} \qquad (7-140)$$

$$= \frac{R_s}{R_s^2 + (\omega L_s)^2} \qquad (7-141)$$

$$\approx \frac{R_s}{(\omega L_s)^2} \qquad (7-142)$$

频率的增加能够有效降低寄生电阻引起的损耗 $(\omega L_s)^2 \gg R_s^2$，从而得到与式(7-142)相近的结果。这意味着，放大器使用相对低品质因子和高匝数的方形螺旋电感是可以接受的，这相当于一个更小的引脚。在 20 GHz 以上，电感电导小于 2 mS，这明显低于晶体管电导，因此对放大器性能的影响可以忽略不计[76,106,107]。

采用类似由串联隔直电容引入对地电容的方法，将并联电容引入低通传输线，可以忽略器件大小的影响。SiGe 工艺技术能够实现高密度金属-绝缘体-金属(MIM)电容,而对应的寄生电容值通常约为 2.5 fF[101]。

采用现代 90 nm BiCMOS 工艺制备的 HTB 的 f_T 指标通常可以达到峰值略高于 300 GHz[108]。这些 HBT 的一个主要问题是非零基极电阻导致的输入损耗,这极大地降低了器件的最大可能增益-带宽积;此外,输入电容和电导往往随着频率的增加而增加,造成阻抗失配和更多的寄生损耗[109-111]。器件底部的等效电容为

$$C'_{in} = \frac{C'}{1+\omega^2 C'^2 (r_b + R_E)^2} \tag{7-143}$$

其中,R_b 为基极电阻,R_E 为发射极退化电阻,以及

$$C' = \frac{C_{be}}{1 + g_m R_E} \tag{7-144}$$

C_{be} 为基极-发射极电容,g_m 为器件跨导。器件底部的电导为

$$G'_{in} = \frac{\omega^2 C'^2 (r_b + R_E)}{1 + \omega^2 C'^2 (r_b + R_E)^2} \tag{7-145}$$

由上式可见,R_E 的增加能降低等效输入电容 C'_{in},但 R_E 对 C_{in} 的影响在大于 10 Ω 时迅速减弱,并且较大的 R_E 使传输线的敏感度降低,也降低了跨导。降低 C_{in} 是至关重要的,因为这能够使更大的晶体管变得可行,进而降低了传输线滤波器中的分流损耗。然而,选择较大的 R_E 会增加电阻损耗,从而降低整体效率,但也有报道称在 R_E 为 20 Ω 时,以 1% 的功率附加效率为代价可以得到 80 GHz 的带宽[101]。

7.4 结束语

正如本章所强调的,毫米波功率放大器的性能正在稳步提高,这是因为 CMOS 和 HBT 技术不断改进以及在射频和微波频率下所不曾具备的新技术的发展。本章分析和比较了提高效率的技术及线性化毫米波功率放大器和提高其输出功率的方案。但有限的篇幅中,不能详尽讨论有关大功率毫米波放大器的所有技术和工艺手段,本章仅为读者提供了进一步研究和阅读的出发点。

参考文献

[1] Raab, F. H., Asbeck, P., Cripps, S., Kenington, P. B., Popović, Z. B., Pothecary, N., Sevic, J. F., Sokal, N. O.: Power amplifiers and transmitters for RF and microwave. IEEE Trans. Microw. Theory Tech. 50(3), 814-826 (2002).

[2] Walker, J. (ed.): Handbook of RF and Microwave Power Amplifiers. Cambridge University Press, Cambridge, United Kingdom (2013)

[3] Li, B., Kong, H.: A survey on mobile WiMAX [wireless broadband access]. IEEE Commun. Mag. 45(12), 70-75 (2007)

［4］ Doherty, W. H.: A new high efficiency power amplifier for modulated waves. Proc. IRE 24 (9), 1163-1182 (1936)

［5］ Tsai, J. -H., Huang, T. -W.: A 38-46 GHz MMIC Doherty power amplifier using post-distortion linearization. IEEE Microw. Wirel. Compon. Lett. 17(5), 388-390 (2007)

［6］ Kim, B., Kim, J., Kim, I., Cha, J., Hong, S.: Microwave Doherty power amplifier for high efficiency and linearity. In: 2006 International Workshop on Integrated Nonlinear Microwave Millimeter-Wave Circuits, INMMIC 2006—Proceedings, vol. 1, pp. 22-25 (2007)

［7］ Yang, L. -Y., Chen, H. -S., Chen, Y. -J. E.: A 2.4 GHz fully integrated cascode-cascade CMOS Doherty power amplifier. IEEE Microw. Wirel. Compon. Lett. 18(3), 197-199 (2008)

［8］ Colantonio, P., Giannini, F., Giofrè, R., Limiti, E., Piazzon, L.: An X-band GaAs MMIC Doherty power amplifier. In: 2010 Workshop on Integrated Nonlinear Microwave Millimetre-Wave Circuits, INMMiC 2010—Conference Proceedings, vol. 1, pp. 41-44 (2010)

［9］ Agah, A., Dabag, H. T., Hanafi, B., Asbeck, P. M., Buckwalter, J. F., Larson, L. E.: Active millimeter-wave phase-shift Doherty power amplifier in 45-nm SOI CMOS. IEEE J. Solid-State Circuits 48 (10), 2338-2350 (2013)

［10］ Wicks, B., Skafidas, E., Evans, R.: A 60-GHz fully-integrated Doherty power amplifier based on 0.13-lm CMOS process. In: IEEE Radio Frequency Integrated Circuits (RFIC) Symposium, pp. 69-72 (2008)

［11］ Akbarpour, M., Helaoui, M., Ghannouchi, F.: A 60 GHz CMOS class C amplifier intended for use in Doherty architecture. In: IEEE International Conference on Wireless Information Technology and Systems (ICWITS), no. 1, pp. 1-5 (2012)

［12］ Chen, W., Bassam, S. A., Li, X., Liu, Y., Rawat, K., Helaoui, M., Ghannouchi, F. M., Feng, Z.: Design and linearization of concurrent dual-band Doherty power amplifier with frequency-dependent power ranges. IEEE Trans. Microw. Theory Tech. 59(10 PART 1), 2537-2546 (2011)

［13］ Choi, J., Kang, D., Kim, D., Kim, B.: Optimized envelope tracking operation of Doherty power amplifier for high efficiency over an extended dynamic range. IEEE Trans. Microw. Theory Tech. 57 (6), 1508-1515 (2009)

［14］ Wang, F., Kimball, D. F., Popp, J. D., Yang, A. H., Lie, D. Y., Asbeck, P. M., Larson, L. E.: An improved power-added efficiency 19-dBm hybrid envelope elimination and restoration power amplifier for 802.11 g WLAN applications. IEEE Trans. Microw. Theory Tech. 54 (12), 4086-4098 (2006)

［15］ Yan, J. J., Presti, C. D., Kimball, D. F., Hong, Y. -P., Hsia, C., Asbeck, P. M., Schellenberg, J.: Efficiency enhancement of mm-Wave power amplifiers using envelope tracking. IEEE Microw. Wirel. Compon. Lett. 21(3), 157-159 (2011)

［16］ Asbeck, P., Larson, L., Kimball, D., Pornpromlikit, S., Jeong, J. H., Presti, C., Hung, T. P., Wang, F., Zhao, Y.: Design options for high efficiency linear handset power amplifiers. In: 2009 9th Topical Meeting on Silicon Monolithic Integrated Circuits in RF System, SiRF'09—Digest of Papers, pp. 233-236 (2009)

[17] Pengelly, R. S., Wood, S. M., Milligan, J. W., Sheppard, S. T., Pribble, W. L.: A review of GaN on SiC high electron-mobility power transistors and MMICs. IEEE Trans. Microw. Theory Tech. 60(6 PART 2), 1764-1783 (2012)

[18] Cripps, S. C.: RF Power Amplifiers for Wireless Communications, 2nd edn. Artech House Inc, Dedham, Massachussets (2006)

[19] Roblin, P., Myoung, S. K., Chaillot, D., Kim, Y. G., Fathimulla, A., Strahler, J., Bibyk, S.: Frequency-selective predistortion linearization of RF power amplifiers. IEEE Trans. Microw. Theory Tech. 56(1), 65-76 (2008)

[20] Wang, Z., Ma, X., Giannakis, G. B.: OFDM or single-carrier block transmissions? IEEE Trans. Commun. 52(3), 380-394 (2004)

[21] Rappaport, T. S., Murdock, J. N., Gutierrez, F.: State of the art in 60-GHz integrated circuits and systems for wireless communications. Proc. IEEE 99(8), 1390-1436 (2011)

[22] D'Andrea, A. N., Lottici, V., Reggiannini, R.: RF power amplifier linearization through amplitude and phase predistortion. IEEE Trans. Commun. 44(11), 1477-1484 (1996)

[23] Yu, C., Guan, L., Zhu, E., Zhu, A.: Band-limited volterra series-based digital predistortion for wideband RF power amplifiers. IEEE Trans. Microw. Theory Tech. 60(12), 4198-4208 (2012)

[24] Woo, Y. Y., Kim, J., Yi, J., Hong, S., Kim, I., Moon, J., Kim, B.: Adaptive digital feedback predistortion technique for linearizing power amplifiers. IEEE Trans. Microw. Theory Tech. 55(5), 932-940 (2007)

[25] Chowdhury, D., Ye, L., Alon, E., Niknejad, A. M.: An efficient mixed-signal 2.4-GHz polar power amplifier in 65-nm CMOS technology. IEEE J. Solid-State Circuits 46(8), 1796-1809 (2011)

[26] Muhonen, K. J., Kavehrad, M., Krishnamoorthy, R.: Look-up table techniques for adaptive digital predistortion: a development and comparison. IEEE Trans. Veh. Technol. 49(5), 1995-2002 (2000)

[27] Faulkner, M., Johansson, M.: Adaptive linearization using predistortion-experimental results. IEEE Trans. Veh. Technol. 43(2), 323-332 (1994)

[28] Stapleton, S. P., Costescu, F. C.: An adaptive predistorter for a power amplifier based on adjacent channel emissions. IEEE Trans. Veh. Technol. 41(1), 49-56 (1992)

[29] Rawat, M., Rawat, K., Ghannouchi, F. M.: Adaptive digital predistortion of wireless power amplifiers/transmitters using dynamic real-valued focused time-delay line neural networks. IEEE Trans. Microw. Theory Tech. 58(1), 95-104 (2010)

[30] Ding, L., Zhou, G. T.: Effects of even-order nonlinear terms on predistortion linearization. In: Proceedings of 2002 IEEE 10th Digital Signal Processing Workshop and 2nd Signal Processing Education Workshop, vol. 53, no. 1, pp. 1-6 (2002)

[31] Ding, L., Zhou, G. T., Morgan, D. R., Ma, Z., Kenney, J. S., Kim, J., Giardina, C. R.: A robust digital baseband predistorter constructed using memory polynomials. IEEE Trans. Commun. 52(1), 159-165 (2004)

[32] Raich, R., Qian, H., Zhou, G. T.: Orthogonal polynomials for power amplifier modeling and predistorter design. IEEE Trans. Veh. Technol. 53(5), 1468-1479 (2004)

[33] Tsai, J.-H., Wu, C.-H., Yang, H.-Y., Huang, T.-W.: A 60 GHz CMOS power amplifier with built-in pre-distortion linearizer. IEEE Microw. Wirel. Compon. Lett. 21(12), 676-678 (2011)

[34] Cho, K. J., Kim, J. H., Stapleton, S. P.: A highly efficient doherty feedforward linear power amplifier for W-CDMA base-station applications. IEEE Trans. Microw. Theory Tech. 53(1), 292-300 (2005)

[35] Burglechner, S., Springer, A., Shahed, A., Ghadam, H., Valkama, M., Hueber, G.: DSP oriented implementation of a feedforward power amplifier linearizer. In: Proceedings—IEEE International Symposium on Circuits Systems, pp. 1755-1758 (2009)

[36] Coskun, A. H., Demir, S.: Application of an analytical model to an actual CDMA system feedforward linearizer. In: Conference Proceedings—33rd European Microwave Conference, EuMC 2003, vol. 2, no. 2, pp. 773-776 (2003)

[37] Grant, S. J., Cavers, J. K., Goud, P. A.: A DSP controlled adaptive feedforward amplifier linearizer. In: Proceedings of 5th International Conference on Universal Personal Communications (ICUPC), no. July, pp. 788-792 (1996)

[38] Dawson, J. L., Lee, T. H.: Automatic phase alignment for a fully integrated cartesian feedback power amplifier system. IEEE J. Solid-State Circuits 38(12), 2269-2279 (2003)

[39] Kazimierczuk, M. K.: RF Power Amplifiers. Wiley, Inc., West Sussex, United Kingdom (2008)

[40] Oppenheim, A. V., Schafer, R. W.: Discrete-Time Signal Processing, 3rd edn. Prentice Hall, Upper Saddle River (2009)

[41] Pozar, D. M.: Microwave Engineering, 4th edn. Wiley, Inc., Hoboken, New Jersey (2012)

[42] Kaymaksut, E., Zhao, D., Reynaert, P.: Transformer-based Doherty power amplifiers for mm-wave applications in 40-nm CMOS. IEEE Trans. Microw. Theory Tech. 63(4), 1186-1192 (2015)

[43] Taur, Y., Buchanan, D. A., Chen, W., Frank, D. J., Ismail, K. E., Shih-Hsien, L. O., Sai-Halasz, G. A., Viswanathan, R. G., Wann, H. J. C., Wind, S. J., Wong, H. S.: CMOS scaling into the nanometer regime. Proc. IEEE 85(4), 486-503 (1997).

[44] Frank, D. J., Dennard, R. H., Nowak, E., Solomon, P. M., Taur, Y., Wong, H. S. P.: Device scaling limits of Si MOSFETs and their application dependencies. Proc. IEEE 89(3), 259-287 (2001).

[45] Poulain, L., Waldhoff, N., Gloria, D., Danneville, F., Dambrine, G.: Small signal and HF noise performance of 45 nm CMOS technology in mmW range. In: Digest of Papers—IEEE Radio Frequency Integrated Circuits Symposium, pp. 4-7 (2011).

[46] Shi, J., Kang, K., Xiong, Y. Z., Brinkhoff, J., Lin, F., Yuan, X. J.: Millimeter-wave passives in 45-nm digital CMOS. IEEE Electron Device Lett. 31(10), 1080-1082 (2010).

[47] Doan, C. H., Emami, S., Niknejad, A. M., Brodersen, R. W.: Millimeter-Wave CMOS design. IEEE J. Solid-State Circuits 40(1), 144-154 (2005)

[48] Jia, H., Chi, B., Kuang, L., Yu, X., Chen, L., Zhu, W., Wei, M., Song, Z., Wang, Z.: Research on CMOS mm-wave circuits and systems for wireless communications. China Commun. 12(5), 1-13 (2015)

[49] Ghim, J. G., Cho, K. J., Kim, J. H., Stapleton, S. P.: A high gain Doherty amplifier using embedded

drivers. In: IEEE MTT-S International Microwave Symposium Digest, pp. 1838-1841 (2006)

[50] Braithwaite, R. N., Carichner, S.: An improved Doherty amplifier using cascaded digital predistortion and digital gate voltage enhancement. IEEE Trans. Microw. Theory Tech. 57(12), 3118-3126 (2009)

[51] Zhao, Y. Z. Y., Iwamoto, M., Larson, L. E., Asbeck, P. M.: Doherty amplifier with DSP control to improve performance in CDMA operation. In: IEEE International Microwave Symposium Digest, vol. 2, pp. 687-690 (2003)

[52] Kaymaksut, E., Zhao, D., Reynaert, P.: E-band transformer-based Doherty power amplifier in 40 nm CMOS. In: IEEE Radio Frequency Integrated Circuits Symposium, pp. 167-170 (2014)

[53] Agah, A., Hanafi, B., Dabag, H., Asbeck, P., Larson, L., Buckwalter, J.: A 45 GHz Doherty power amplifier with 23% PAE and 18 dBm output power, in 45 nm SOI CMOS. In: IEEE MTT-S International Microwave Symposium Digest, pp. 1-3 (2012)

[54] Hashemi, H., Raman, S. (eds.): mm-Wave Silicon Power Amplifiers and Transmitters. Cambridge University Press, Cambridge, United Kingdom (2016)

[55] Bhat, R., Chakrabarti, A., Krishnaswamy, H.: Large-scale power-combining and linearization in watt-class mmWave CMOS power amplifiers. In: Digest of Papers—IEEE Radio Frequency Integrated Circuits Symposium, pp. 283-286 (2013)

[56] Chang, Kai, Sun, Cheng: Millimeter-wave power-combining techniques. IEEE Trans. Microw. Theory Tech. 31(2), 91-107 (1983)

[57] Bhat, R., Chakrabarti, A., Krishnaswamy, H.: Large-scale power combining and mixed-signal linearizing architectures for watt-class mmWave CMOS power amplifiers. IEEE Trans. Microw. Theory Tech. 63(2), 703-718 (2015)

[58] Russell, K. J.: Microwave power combining techniques. Microw. Theory Tech. IEEE Trans. 27, 472-478 (1979)

[59] Brehm, G. E.: Trends in microwave/millimeter-wave front-end technology. In: 1st European Microwave Integrated Circuits Conference (IEEE Cat. No. 06EX1410), no. September, p. 4 pp. |CD-pp. ROM (2006)

[60] Wilkinson, E. J.: An N-Way hybrid power divider. IEEE Trans. Microw. Theory Tech. 8(1), 116-118 (1960)

[61] Gonzalez, G.: Microwave Transistor Amplifiers: Analysis and Design, 2nd edn. Prentice Hall, Upper Saddle River (1996)

[62] Niknejad, A. M., Hashemi, H.: Mm-Wave Silicon Technology: 60 GHz and Beyond. Springer, US, New York City (2008)

[63] Wu, K., Lai, K., Hu, R., Jou, C. F., Niu, D., Shiao, Y.: 77-110 GHz 65-nm CMOS power amplifier design. IEEE Trans. Terahertz Sci. Technol. 4(3), 391-399 (2014)

[64] Eccleston, K. W., Ong, S. H. M.: Compact planar microstripline branch-line and rat-race couplers. IEEE Trans. Microw. Theory Tech. 51(10), 2119-2125 (2003)

[65] Filipovic, D. S., Popovic, Z., Vanhille, K., Lukic, M., Rondineau, S., Buck, M., Potvin, G., Fon-

taine, D., Nichols, C., Sherrer, D., Zhou, S., Houck, W., Fleming, D., Daniel, E., Wilkins, W., Sokolov, V., Evans, J.: Modeling, design, fabrication, and performance of rectangular l-coaxial lines and components. In: IEEE MTT-S International Microwave Symposium Digest, pp. 1393-1396 (2006)

[66] Bryant, T. G., Weiss, J. A.: Parameters of microstrip transmission lines and of coupled pairs of microstrip lines. IEEE Trans. Microw. Theory Tech. 16(12), 1021-1027 (1968)

[67] Gianesello, F., Gloria, D., Raynaud, C., Montusclat, S., Boret, S., Ciement', C., Tinella, C., Benech, P., Fournier, J. M., Dambrine, G.: State of the art integrated millimeter wave passive components and circuits in advanced thin SOI CMOS technology on high resistivity substrate. In: Proceedings—IEEE International SOI Conference, vol. 2005, pp. 52-53 (2005)

[68] Gupta, K. C., Garg, R., Bahl, I. J.: Microstrip Lines and Slotlines. Artech House, Inc., Dedham (1979)

[69] Wandinger, L., Nalbandian, V.: Millimeter-wave power combiner quasi-optical techniques. IEEE Trans. Microw. Theory Tech. vol. MTT-31(2), 189-193 (1983)

[70] Bohsali, M., Niknejad, A. M.: Current combining 60 GHz CMOS power amplifiers. In: Digest of Papers—IEEE Radio Frequency Integrated Circuits Symposium, pp. 31-34 (2009)

[71] Siligaris, A., Richard, O., Martineau, B., Mounet, C., Chaix, F., Ferragut, R., Dehos, C., Lanteri, J., Dussopt, L., Yamamoto, S. D., Pilard, R., Busson, P., Cathelin, A., Belot, D., Vincent, P.: A 65-nm CMOS fully integrated transceiver module for 60-GHz wireless HD applications. IEEE J. Solid-State Circuits 46(12), 3005-3017 (2011)

[72] Amplifiers, P. P., Wang, H., Lai, R., Biedenbender, M., Dow, G. S., Allen, B. R.: Novel W-band monolithic push-pull amplifiers. IEEE J. Solid-State Circuits 30(10), 1055-1061 (1995)

[73] Pfeiffer, U. R., Goren, D., Floyd, B. A., Reynolds, S. K.: SiGe transformer matched power amplifier for operation at millimeter-wave frequencies. In: 31st European Solid-State Circuits Conference, pp. 141-144 (2005)

[74] Ta, T. T., Matsuzaki, K., Ando, K., Gomyo, K., Nakayama, E., Tanifuji, S., Kameda, S., Suematsu, N., Takagi, T., Tsubouchi, K.: A high efficiency Si-CMOS power amplifier for 302 7 Performance Enhancement Techniques for Millimeter 60 GHz band broadband wireless communication employing optimized transistor size, no. October, pp. 151-154 (2011)

[75] Aoki, I., Member, S., Kee, S. D., Rutledge, D. B., Hajimiri, A.: Fully integrated CMOS power amplifier design using the distributed active-transformer architecture. Design 37(3), 371-383 (2002)

[76] Dickson, T. O., LaCroix, M. A., Boret, S., Gloria, D., Beerkens, R., Voinigescu, S. P.: 30-100-GHz inductors and transformers for millimeter-wave (Bi)CMOS integrated circuits. IEEE Trans. Microw. Theory Tech. 53(1), 123-132 (2005)

[77] LaRocca, T., Liu, J. Y. C., Chang, M. C. F.: 60 GHz CMOS amplifiers using transformer-coupling and artificial dielectric differential transmission lines for compact design. IEEE J. Solid-State Circuits 44(5), 1425-1435 (2009)

[78] Jen, Y. N., Tsai, J. H., Huang, T. W., Wang, H.: Design and analysis of a 55-71-GHz compact and

broadband distributed active transformer power amplifier in 90-nm CMOS process. IEEE Trans. Microw. Theory Tech. 57(7), 1637-1646 (2009)

[79] Liu, G., Haldi, P., Liu, T. -J. K., Niknejad, A. M.: Fully integrated CMOS power amplifier with efficiency enhancement at power back-off. IEEE J. Solid-State Circuits 43(3), 600-609 (2008)

[80] Thian, M., Tiebout, M., Buchanan, N. B., Fusco, V. F., Dielacher, F.: A 76-84 GHz SiGe power amplifier array employing low-loss four-way differential combining transformer. IEEE Trans. Microw. Theory Tech. 61(2), 931-938 (2013)

[81] Essing, J., Mahmoudi, R., Pei, Y., Van Roermund, A.: A fully integrated 60 GHz distributed transformer power amplifier in bulky CMOS 45 nm. In: IEEE Radio Frequency Integrated Circuits (RFIC) Symposium, vol. 1, no. 1, pp. 4-7 (2011)

[82] Farahabadi, P. M., Moez, K.: A 60-GHz dual-mode distributed active transformer power amplifier in 65-nm CMOS. IEEE Trans. Very Large Scale Integr. VLSI Syst. 24(5), 1909-1916 (2016)

[83] Yeh, J. F., Tsai, J. H., Huang, T. W.: A 60-GHz power amplifier design using dual-radial symmetric architecture in 90-nm low-power CMOS. IEEE Trans. Microw. Theory Tech. 61(3), 1280-1290 (2013)

[84] Dabag, H. T., Hanafi, B., Gurbuz, O. D., Rebeiz, G. M., Buckwalter, J. F., Asbeck, P. M.: Transmission of signals with complex constellations using millimeter-wave spatially power-combined CMOS power amplifiers and digital predistortion. IEEE Trans. Microw. Theory Tech. 63(7), 2364-2374 (2015)

[85] Hanafi, B., Gürbüz, O., Dabag, H., Buckwalter, J. F., Rebeiz, G., Asbeck, P.: Q-band spatially combined power amplifier arrays in 45-nm CMOS SOI. IEEE Trans. Microw. Theory Tech. 63(6), 1937-1950 (2015)

[86] Wang, K., Chang, T., Wang, C.: A 1 V 19.3 dBm 79 GHz power amplifier in 65 nm CMOS. In: IEEE International Solid-State Circuits Conference, pp. 216-217 (2012)

[87] Gu, Q. J., Xu, Z., Chang, M. F.: Two-way current-combining-band power ampli fi er in 65-nm CMOS. IEEE Trans. Microw. Theory Tech. 60(5), 1365-1374 (2012)

[88] Komijani, A., Hajimiri, A.: A wideband 77 GHz, 17.5 dBm power amplifier in silicon. Proc. Cust. Integr. Circuits Conf. 2005(8), 566-569 (2005)

[89] Sandström, D., Varonen, M., Kärkkäinen, M., Halonen, K. A. I.: W-band CMOS amplifiers achieving +10 dBm saturated output power and 7.5 dB NF. IEEE J. Solid-State Circuits 44(12), 3403-3409 (2009)

[90] Zhao, Y., Long, J. R.: A wideband, dual-path, millimeter-wave power amplifier with 20 dBm output power and PAE above 15% in 130 nm SiGe-BiCMOS. IEEE J. Solid-State Circuits 47(9), 1981-1997 (2012)

[91] Kajfez, D., Paunovic, Z., Pavlin, S.: Simplified design of lange coupler. IEEE Trans. Microw. Theory Tech. 26(10), 806-808 (1978)

[92] Tessmann, A., Kudszus, S., Feltgen, T., Riessle, M., Sklarczyk, C., Haydl, W. H.: A 94 GHz single-chip FMCW radar module for commercial sensor applications. In: IEEE MTT-S International

Microwave Symposium Digest, pp. 1851-1854 (2002)

[93] Gunnarsson, S. E., Kärnfelt, C., Zirath, H., Kozhuharov, R., Kuylenstierna, D., Fager, C., Alping, A.: Single-chip 60 GHz transmitter and receiver MMICs in a GaAs mHEMT technology. In: IEEE MTT-S International Microwave Symposium Digest, vol. 40, no. 11, pp. 801-804 (2006)

[94] Chi, C.-Y., Rebeiz, G. M.: Design of lange-couplers and single-sideband mixers using micromachining techniques. IEEE Trans. Microw. Theory Tech. 45(2), 291-294 (1997)

[95] Chirala, M. K., Floyd, B. A.: Millimeter-wave lange and ring-hybrid couplers in a silicon technology for E-band applications. IEEE MTT-S Int. Microw. Symp. Dig. 0(2), 1547-1550 (2006)

[96] Chua, L. H., Ng, A. C., Ng, G. I., Wang, H., Zhou, J., Nakamura, H.: Design and analysis of co-planar lange coupler for millimetre-wave applications up to 90 GHz. In: Asia-Pacific Microwave Conference Proceedings, pp. 392-395 (2000)

[97] Chirala, M. K., Nguyen, C.: Multilayer design techniques for extremely miniaturized CMOS microwave and millimeter-wave distributed passive circuits. IEEE Trans. Microw. Theory Tech. 54(12), 4218-4224 (2006)

[98] Ginzton, E. L., Hewlett, W. R., Jasberg, J. H., Noe, J. D.: Distributed amplification. Proc. IRE 36 (460), 956-969 (1948)

[99] Campbell, C., Lee, C., Williams, V., Kao, M. Y., Tserng, H. Q., Saunier, P., Balisteri, T.: A wideband power amplifier MMIC utilizing GaN on SiC HEMT technology. IEEE J. Solid-State Circuits 44(10), 2640-2647 (2009)

[100] Jiashu, C., Niknejad, A. M.: Design and analysis of a stage-scaled distributed power amplifier. IEEE Trans. Microw. Theory Tech. 59(5), 1274-1283 (2011)

[101] Fang, K., Levy, C. S., Buckwalter, J. F., Member, S.: Supply-scaling for efficiency enhancement in distributed power amplifiers. IEEE J. Solid-State Circuits 51(9), 1994-2005 (2016)

[102] Arbabian, A., Niknejad, A. M.: A broadband distributed amplifier with internal feedback providing 660 GHz GBW in 90 nm CMOS. In: Digest of Technical Papers—IEEE International Solid-State Circuits Conference, vol. 51, pp. 196-198 (2008)

[103] Sewiolo, B., Fischer, G., Weigel, R.: A 12-GHz high-efficiency tapered traveling-wave power amplifier with novel power matched cascode gain cells using SiGe HBT transistors. IEEE Trans. Microw. Theory Tech. 57(10), 2329-2336 (2009)

[104] Roderick, J., Hashemi, H.: A 0.13 um CMOS power amplifier with ultra-wide instantaneous bandwidth for imaging applications. In: IEEE International Solid-State Circuits Conference, pp. 374-376 (2009)

[105] Fang, K., Levy, C., Buckwalter, J. F.: A 105-GHz, supply-scaled distributed amplifier in 90-nm SiGe BiCMOS. In: Proceedings of the IEEE Bipolar/BiCMOS Circuits and Technology Meeting, vol. 2015-Nov, pp. 182-185 (2015)

[106] Yue, C. P., Wong, S. S.: On-chip spiral inductors with patterned ground shields for Si-based RF IC's. IEEE J. Solid-State Circuits 33(5), 743-752 (1998)

[107] Harame, D. L., Member, S., Ahlgren, D. C.: Current status and future trends of SiGe BiCMOS

technology. IEEE Trans. Electron Devices 48(11), 2575-2594 (2001)

[108] Pekarik, J. J., Adkisson, J., Gray, P., Liu, Q., Camillo-Castillo, R., Khater, M., Jain, V., Zetterlund, B., Divergilio, A., Tian, X., Vallett, A., Ellis-Monaghan, J., Gross, B. J., Cheng, P., Kaushal, V., He, Z., Lukaitis, J., Newton, K., Kerbaugh, M., Cahoon, N., Vera, L., Zhao, Y., Long, J. R., Valdes-Garcia, A., Reynolds, S., Lee, W., Sadhu, B., Harame, D.: A 90 nm SiGe BiCMOS technology for mm-wave and high-performance analog applications. In: Proceedings of the IEEE Bipolar/BiCMOS Circuits and Technology Meeting, pp. 92-95 (2014)

[109] Camillo-Castillo, R. A., Liu, Q. Z., Adkisson, J. W., Khater, M. H., Gray, P. B., Jain, V., Leidy, R. K., Pekarik, J. J., Gambino, J. P., Zetterlund, B., Willets, C., Parrish, C., Engelmann, S. U., Pyzyna, A. M., Cheng, P., Harame, D. L.: SiGe HBTs in 90 nm BiCMOS technology demonstrating 300 GHz/420 GHz fT/fMAX through reduced Rb and Ccb parasitics. In: IEEE Bipolar/BiCMOS Circuits and Technology Meeting (BCTM), pp. 227-230 (2013)

[110] Cressler, J. D.: SiGe HBT Technology: a New Contender for Si-Based RF and Microwave Circuit Applications. IEEE Trans. Microw. Theory Tech. 46(5), 572-589 (1998)

[111] Rodwell, M. J. W., Urteaga, M., Mathew, T., Scott, D., Mensa, D., Lee, Q., Guthrie, J., Betser, Y., Martin, S. C., Smith, R. P., Jaganathan, S., Krishnan, S., Long, S. I., Pullela, R., Agarwal, B., Bhattacharya, U., Samoska, L., Dahlstrom, M.: Submicron Scaling of HBTs. IEEE Trans. Electron Devices 48(11), 2606-2624 (2001)

第8章 毫米波功率放大器的架构

为了应对层出不穷的毫米波无线标准,射频和微波系统的开发技术与实施方案不可避免地需要重新规划。自适应功率放大器系统的大趋势使新技术雨后春笋般涌现,使得系统在工作期间可监测自身的性能,通过某些参数的调整以保持最佳的性能。自适应偏置或更广泛意义上的自修复能力展示了其在长时间工作以及环境和温度变化的情况下可显著提高功率放大器性能。这类技术通常需要对功率放大器系统进行架构上调整,这是本章的重点。

8.1 高频功率晶体管的偏置电路

高频功率晶体管及其振荡特性极大地增加了功率放大器设计的复杂度。器件的宽频带稳定特性受其偏置电路的影响较大,但这绝不是性能的唯一影响因素。

8.1.1 晶体管稳定性

本节重点讨论功率放大器的偏置网络,故将晶体管稳定性这一较宽泛的概念限制在适当的范围内分析,即仔细考虑在低频及通带外的不稳定性问题。如图 8.1 所示,其中的电路模型将用于分析低频稳定性。

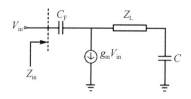

图 8.1 用于低频稳定性分析的电路模型

图 8.1 所示的反馈电容 C_F 和跨导 g_m 是低频稳定性分析中关键的两个元件。小隔直电容使网络输入端和输出端的匹配网络可被视作开路,且在响应频率范围内等效输入和输出容抗可以忽略不计。此外,偏置网络表示为通过阻抗 Z_L 连接到器件的去耦大电容 C。在上述分析过程中,我们假设任何频率下的负阻抗分量(容抗分量)都会对振荡过程构成稳定性冲击,

当在特定端口替换去耦电容时,就会出现上述情况。从设计角度来看,最安全的方法是尽可能抑制这类负阻抗。

在图 8.1 所示电路中,对输出端做全去耦处理,则其输入阻抗为

$$Z_{\mathrm{in}} = \frac{Z_{\mathrm{L}} + \dfrac{1}{\mathrm{j}\omega C_{\mathrm{F}}}}{1 + g_{\mathrm{m}} Z_{\mathrm{L}}} \tag{8-1}$$

在式(8-1)中假设出现开路或短路,即当 $Z_{\mathrm{L}} = \infty$ 时,有

$$Z_{\mathrm{in}} = \frac{1}{g_{\mathrm{m}}} \tag{8-2}$$

当 $Z_{\mathrm{L}} = 0$ 时,有

$$Z_{\mathrm{in}} = \frac{1}{\mathrm{j}\omega C_{\mathrm{F}}} \tag{8-3}$$

通常,去耦电容与晶体管输出端的连接处会感应较大的感抗,且电容本身也会引入寄生感抗。与其强行施加理想化的短路条件,不如使用更贴近实际情况的表述进行分析,取 $Z_{\mathrm{L}} = \mathrm{j}\omega L$,有

$$Z_{\mathrm{in}} = \frac{\mathrm{j}\left(\omega L - \dfrac{1}{\omega C_{\mathrm{F}}}\right)}{1 + \mathrm{j} g_{\mathrm{m}} \omega L} \tag{8-4}$$

假设 $\omega L \ll 1/\omega C_F$,则式(8-4) 中的阻抗变为

$$Z_{\mathrm{in}} = \frac{1}{(1 + g_{\mathrm{m}} \omega L)^2}\left(\frac{1}{\mathrm{j}\omega C_{\mathrm{F}}} - \frac{g_{\mathrm{m}} L}{C_{\mathrm{F}}}\right) \tag{8-5}$$

消去阻抗的虚部,同时做近似处理,即令 $g_{\mathrm{m}} \omega L \gg 1$ 时,有

$$\Re\{Z_{\mathrm{in}}\} = -\frac{1}{\omega C_{\mathrm{F}}} \cdot \frac{1}{g_{\mathrm{m}}} \cdot \frac{1}{\omega L} \tag{8-6}$$

有趣的是,假设输入端通过串联阻抗 Z_{L} 完全去耦,则输出阻抗表达式与式(8-1) 中的 Z_{in} 相同,即

$$Z_{\mathrm{out}} = \frac{Z_{\mathrm{L}} + \dfrac{1}{\mathrm{j}\omega C_{\mathrm{F}}}}{1 + g_{\mathrm{m}} Z_{\mathrm{L}}} \tag{8-7}$$

因此,当特定的感性网络接到输入端时[1],器件输出端将存在对应的负阻抗分量。与输出 Z_{L} 相比,输入 Z_{L} 在设定取值范围内的限制通常要小得多,这主要是因为器件输出端的调制电流分量要大得多。从式(8-6)可以看出,选择一个大的电感可以显著降低负阻抗。虽然这种方法在器件输入端可以接受,但在输出端,较大的调制电流加上大输出电感可能会导致灾难性的后果。实际上,对式(8-6)中的负阻抗的大小应谨慎处置。式中第一项和第二项与对应器件的尺寸成反比[1-2]。假设器件已确定,实际上可调控的唯一参数就是偏置电感 L。此外,输出偏置网络中的电感是最小化偏置调制的关键。因此,任何涉及调幅的应用都要求输出偏置电感尽可能小[3]。

从稳定性的角度来看,仅仅存在一个负阻抗分量本身并不是振荡发生的充分条件。当输入端口连接的负载具有特定模值和阻抗角时,振荡才会发生。然而,在大多数情况下,设计目标应该是尽可能减小负阻抗,而高频下负载阻抗角变化更快,则这个要求更加迫切。一个可能的解决方案是在去耦电容器和偏置点之间串联一个电阻,一定程度上可抑制负阻抗分量,这对场效应晶体管非常有效,因为其栅极电流很小[4-5]。然而,上述做法只在输入侧有作用,器件的输出侧结构需要更进一步的考虑。晶体管输出端的大漏极电流将导致串联电阻的明显分压,这是不允许的。在输入偏置网络中增加串联电阻确实简化了输出端的稳定性设计。式(8-7)中的串联输入阻抗应该包含串联电阻,如下所示:

$$Z = R + j\omega L \tag{8-8}$$

则输出偏置端口阻抗的实部修正为

$$Z_{\text{out}} = \frac{R(1 + g_{\text{m}}R) - \dfrac{g_{\text{m}}L}{C_{\text{F}}}}{(1 + g_{\text{m}}R)^2 + (g_{\text{m}}\omega L)^2} \tag{8-9}$$

若假设 $g_{\text{m}}R > 1$ 和 $R^2 > L/C$,则该值为正。例如,当 $L = 10$ nH 和 $C = 1$ pF 时,要求 $R > 100\ \Omega$,即使对于场效应晶体管器件而言这个值也是相当大的[1]。但是在实际应用中这些限制并不是绝对的,且电阻值可以进一步仿真优化。

8.1.2　电源调制

调幅应用中输入信号在一个较宽的范围内摆动时,甲乙类放大器从输出供电通道引出的电流会随之变化。偏置电源通路中的任何阻抗都会导致器件输出端出现某种形式的电压调幅,进而影响了放大器的增益和相位,引入额外的失真分量。因此,该阻抗应足够低,以确保上述的感应调制干扰不会显著影响输出信号。为了将电源引起的调制干扰降至最低,设计过程中必须考虑直流纹波容限,并关注扼流圈电感和旁路电容的参数,如尺寸和电流/电压调控特性。

8.1.3　偏置网络设计

如图 8.2 所示的功率放大器电路,在其输入和输出端都包含中频和射频匹配网络、旁路电容和隔直电容、对应偏置网络。

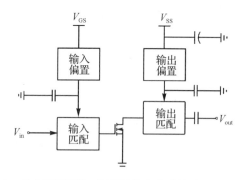

图 8.2　具有匹配网络、偏置网络和旁路的功率放大器电路

射频旁路电容为高频电流信号提供低阻抗接地,并作为输入偏置网络的接口点。在输出端,中间偏置网络通过合适的去耦电容将独立直流电源连接到功率放大器。如图 8.2 所示的输出偏置网络可以简化为用一个大电容并联作为旁路电容。然而,在宽带大功率应用中,即使是由该传输线引入的极小感抗也会导致显著的电源纹波。与之相反,这种感抗对小功率窄带放大应用没有太大影响。无论如何,对于在直流电源通路上是增加更大的储能电容还是降低串联电感仍存有争议[1]。

旁路网络通常由若干个电容来实现,而非如图 8.2 所示的独立电容。这种方法是可取的,因为高频电流分量可由较小的电容(电容值和封装尺寸都较小)提供,从而实现了更低的串联电感。针对低频分量需要较大的储能电容,这种情况下,更大的串联电感是可以承受的。旁路网络通常有一个低频谐振点,通过优化元件值,该谐振点可避开有效工作带宽。因此,计算机辅助设计(CAD)工具相对于过去更简单的功率放大器设计方案,其作用更加显著。

8.1.4　CMOS 功率放大器的自适应偏置

到目前为止,我们已经分析了影响晶体管稳定性的偏置电压供电设计。然而,在设计 CMOS 功率放大器时,有更多的细节需要考虑。由于低击穿电压以及缺少接地层的通路,瓦级 CMOS 功率放大器的设计与实现特别具有挑战性[6]。除此之外,可变包络信号使设计更加复杂,现有的很多方案集中于调整栅极偏压,以克服 CMOS 器件固有的限制[7]。在自适应偏置电压供电方案中,栅极偏压将跟随输入功率而变,如图 8.3 所示。

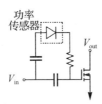

图 8.3　动态偏置的射频功率放大器

包络跟踪器探测并平均输入信号功率,然后相应地调整栅极偏置。因此,输入功率的增加将伴随着偏置电流的增加,这意味着检测器电路将移动功率放大器负载线以响应输入功率。该方法在不增加静态功耗的情况下显著降低了大信号失真[8]。

具有高电压包络的信号将导致栅极偏置增加至甲类放大器水平,尽管这改善了高功率区的效率,但其线性度并未得到改善。包络信号注入是一种相当流行的技术,用于解决线性问题[6,8-10]。注入的包络信号消除了 IMD 分量,在更宽的输入功率水平范围内改善了功率放大器的线性度。注入电路的实现相当具有挑战性,且通常需要较多的额外元件,这会导致空间浪费和功耗较大。或者,包络信号可以作为偏置网络的一部分注入,并且这种布置可与 CMOS 功率放大器集成在一起。注入包络信号对整体线性度的影响是间接的;Leung 等人对这个问题进行了广泛的分析[8]。在讨论自修复的章节中,我们将深入分析功率放大器系统的自适应监测和控制功能。

8.2　毫米波发射机架构

无线电发射机包含数量和种类繁多的电路组件：混频器、中频放大器、滤波器、合成器、振荡器，当然还有高功率放大器等。上述组件构成了所谓发射机架构。传统发射机架构仅包含简单的线性放大器和微波合成器，但近年来出现了更多的变化，如 Kahn 滤波、包络跟踪、异相、旁路、滑动中频和 Doherty 架构等[2]。相控阵系统的迅猛发展对发射机架构的影响也较大，相关内容将在本章中介绍。

现代无线系统通常被设计为可在多频带、多标准平台上运行，而随着无线系统复杂性的增加，功率放大器设计的复杂性也在增加。经典的超外差架构在镜像抑制和中频滤波器的基础上还需要两个本振源，因此很难实现单芯片解决方案。直接转换架构存在 I/Q 增益和相位不匹配的问题，需要额外的系统组件（硬件或固件）来提供 I/Q 校正。此外，这种架构易受本振泄漏和频率牵引问题的影响。

8.2.1　线性发射机架构

线性发射机由基带调制器、混频器和若干个功率放大器级组成。图 8.4 为典型二次变频发射机的原理图。

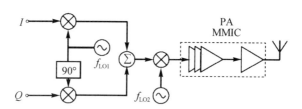

图 8.4　二次变频发射机原理图

增益级联可实现更高的功率增益，对于工作在多载波方案或调幅模式下的系统，每一级增益的线性度都是至关重要的。典型应用中甲类放大器用于驱动级，且工况为远低于其饱和功率水平。输出级（级联中最后的放大器）消耗最多的功率并需要最大的功率增益，放大器因而以乙类模式运行，以实现更高的效率。在某些情况下，线性度要求特别严格，即使牺牲效率，输出级仍需以甲类模式运行。

具有线性响应的放大器在一些应用中可能是有优势的。例如，复杂的信号处理方案在很大程度上取决于放大器的线性度，因为放大器应保持发射信号的增益和相位平衡，如果放大器在线性区域工作，实现上述要求要简单得多，这种依赖线性度的方案有 QAM、QPSK 和 OFDM。与之相反，恒定包络调制方案不需要线性放大就能达到最佳的潜在性能。峰值平均功率比（PAPR）是确定放大器线性特性的常用指标。此外，系统引入的带外干扰造成的频谱泄漏也会影响所需的线性度。

通信系统具备更高的频谱效率是有利的,使得线性化技术如反馈、数字预失真和前馈等得到了应用。在毫米波通信标准的早期草案中,如 GMSK 这样的恒定包络方案或如 QPSK 这样的极低 PAPR 值的方案基本不适用于线性放大器。随着 QAM 越来越受欢迎,例如在 4G/LTE 下行链路以及潜在的未来毫米波通信中,对线性放大的需求可能会促使相关线性电路和元器件的发展得到复兴。

将线性放大器与毫米波开关模式放大器进行比较,可以揭示这种架构的一些额外优势。由于谐波控制电路带来的额外复杂性,毫米波开关模式放大器的宽带性能非常难实现。此外,基于 Doherty 架构,线性放大器极有可能在相当大的功率水平范围内保持较高的效率。

Doherty 放大器

调幅系统中的线性放大器往往效率很低,因为这种方案的调制系数在 $0.2 \sim 0.3$[11]。Doherty 架构旨在解决高 PAPR(> 5 dB) 信号的效率问题,如与 OFDM、WCDMA 和 CMDA2000 相关的信号[12]。显然,由于这些调制技术被广泛应用于移动通信系统,Doherty 放大器有效地改善了系统功耗和电池寿命。在第 7 章中详细讨论了 Doherty 放大器的理论技术和器件实现。

简而言之,文献报道中的 Doherty 放大器主要分为变压耦合和有源相移两类。在变压耦合 Doherty 放大器中,一组丙类和甲乙类放大器与串联式合成变压器组合使用[13],如图 8.5 所示。

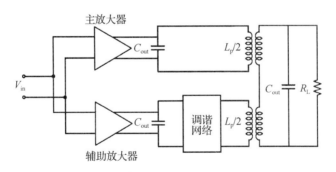

图 8.5 基于变压耦合的 Doherty 放大器电路示意图

这种结构中的主放大器对于输入端施加的任何驱动电平都是有效的,而辅助丙类放大器只对低于特定回退驱动电平的那部分输入有功率放大作用。当某些工作需要在较低的输出功率实现时,如之前讨论的那样,Doherty 放大器有助于降低功耗。变压耦合还需要具有高输出阻抗的放大器,以促进在回退功率水平下提升效率。然而,随着 CMOS 放大器的尺寸进一步减小,短沟道效应及寄生容抗使得高输出阻抗的实现更加困难[14-16]。

毫米波 CMOS 晶体管的高 f_T 值,配合缩减的传输线尺寸,有助于实现片上 Doherty 放大器。然而,较低的可实现增益对 Doherty 功率放大器的设计提出了不少特殊的挑战。单级放大器可以实现的电流增益受 $\omega_{\mathrm{T}}/\omega$ 限制,其中 $\omega_{\mathrm{T}} = 2\pi f_{\mathrm{T}}$ 表示短路增益截止频率。在 $R_{\mathrm{L}} = R_{\mathrm{S}}$ 的情况下,可以表明功率增益 G_{P} 被限制为

$$G_{\mathrm{P}} = \left(\frac{\omega_{\mathrm{T}}}{\omega}\right)^2 \qquad (8-10)$$

其中,R_{S} 是源极电阻[17]。例如,在工作频率为 45 GHz 和截止频率 $f_{\mathrm{T}} \approx 200$ GHz 的情况下,理想条件下,单级放大器产生的功率增益约 14 dB。然而,固态硅工艺器件中无源组件及其寄生参数对总损耗系数的贡献很大,因此其增益不太可能达到 $7 \sim 8$ dB 以上。此外,就功率附加效率而言,对于最大输入驱动下增益为 6 dB 的放大器,增益降低 2 dB 会使其功率附加效率降低 13%。对应增益为 16 dB 的放大器,降低相同的增益只会使功率附加效率降低 1.5%。因此,只要单级放大器初始为低增益的,则功率增益增幅不大也会对功率附加效率产生显著影响。

导致增益问题的另一个因素是硅工艺无源组件固有的低品质因子。在 45 GHz 的工作频率下,四分之一波长传输线会引入约 0.7 dB 的损耗[18-20]。有不少方法都能应对增益问题,如增加驱动前置放大器或将附加级引入主放大器和辅助放大器中[21]。然而在这些结构中,由于回退驱动电平而形成的效率损失可能会很大。有源相移方法则通过用引入类似相移的前置放大器取代四分之一波长传输线来解决这个问题。这种放大器网络的框图如图 8.6 所示。

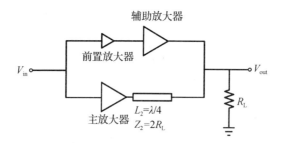

图 8.6　相移 Doherty 放大器实施

在图 8.6 中,主放大器输出端传输线的阻抗为 $Z_2 = 2R_{\mathrm{L}}$,当辅助放大器闲置时,主放大器的阻抗将变为

$$Z_{\mathrm{main,LP}} = \frac{Z_0^2}{R_{\mathrm{L}}} = 4R_{\mathrm{L}} \qquad (8-11)$$

实际上,辅助放大器的作用会逐渐变得突出;当辅助放大器超前作用并将其最大输出电流的 10% 推至负载时,由于 Doherty 架构[17]的负载推挽作用,主放大器的阻抗会降低。因此,总效率降低了 10%。解决这个问题的一个方法是将辅助放大器偏置到丙类模式,但这会导致增益显著降低。自适应偏置方案将监测输入功率并相应地改变栅极偏置电压,目的是保持放大器在较低功率水平下工作在丙类模式,在较高功率水平下切换到甲乙类模式[22-24]。其结果是,辅助放大器在低输入功率水平下完全闲置,而在较高驱动电平下可获得足够的功率增益。

8.2.2　功率合成放大器

功率放大器架构设计中通常会面临应该采用单一大功率放大器还是小功率放大器组合的抉择。小功率放大器通常具备更好的相位线性、更低的成本、更大的带宽(由于匹配品质因子 Q 相对较低)和更高的增益[25-27]。此外,小功率器件的散热措施更加简单。不过,增加的元件数量、更加复杂的装配方案以及相应增加的印刷电路板(PCB)面积是使用小功率放大器的缺陷。7.2 节中已全面讨论了功率合成放大器的实现方案及相应的性能指标。图 8.7 为包含合成器和分配器网络的功率合成放大器。

在如图 8.7 所示的架构中,功率的分配和合并分两步完成。功率放大器模块之间通过混合合成器相互隔离,确保在结构中的某个放大器发生故障时系统仍可工作。正交功率合成器将在一个功率放大器模块的输入端注入 $90°$ 的相移,在另一个功率放大器模块的输出端注入另一个 $90°$ 相移。这样做是为了产生恒定的输入阻抗,并有助于消除奇模谐波失真。这种架构可以扩展到包括四个以上的放大器,前提是合成器和分配器网络可以调整为接受额外的输入或产生额外的输出(通常情况下)。

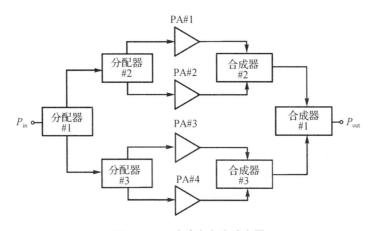

图 8.7　四路功率合成放大器

1) 片上功率合成的性能指标

片上功率合成技术的性能主要由输出功率方面的空间效率评估,包括两个不同的指标:面积效率和空间功率密度[25-26,28-31]。

在毫米波 CMOS 中实现的复杂多路功率合成器和分配器往往会导致芯片总面积呈指数级增长。同时,由于多路合成器网络中的复合损耗[28],毫米波功率合成放大器往往会表现出输出功率饱和。因此,量化所谓的面积效率是确定实际芯片面积的一个有用指标,计算方式如下:

$$\eta_{\text{AREA}} = \frac{\text{有效面积(分配器} + \text{合成器)}}{\text{合成 PA 单元的数量}} \text{mm}^2 \tag{8-12}$$

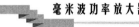

从合成器和散热设计的角度来看,更高的输出功率需要更大的芯片面积。用于计算空间功率密度的芯片面积应该包括合成器和分配器的面积。

空间功率密度或面积功率密度可以计算为

$$空间功率密度 = \frac{P_{out}}{有效面积(分配器 + 合成器)} \quad mW/mm^2 \quad (8-13)$$

2) 容性合成器

相控阵系统中的空间功率合成能够提高辐射效率和输出功率。最近,容性功率合成被认作是电压合成和电流合成的一种优化组合[32]。两种容性合成器的实现方法如图 8.8 所示。容性功率合成电路通常设计有等效串联 RC 阻抗终端。

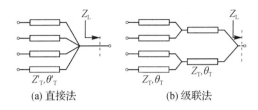

图 8.8 四路功率合成

3) 变压耦合功率合成

基于无源变压器的功率合成网络已被证明是硅基集成放大器子系统的有效解决方案。作为在推挽架构中广泛使用的成熟技术,其许多特性仍适合高频应用场合[33-36]。首先,变压耦合放大器提供了一种在单端信号和差分信号之间进行转换的简单方法,旨在完成功率合成与分配。上述功能是在输入阻抗和输出阻抗映射在两侧并达成匹配条件的同时完成的。

就功率放大器设计而言,使用差分信号放大本质上是有优势的,因为射频信号的虚拟接地可以减少设计方案中对附加旁路电容的需求。虚拟接地对毫米波放大器更有用,因为射频接地方案中的缺陷很容易产生额外的寄生电感,从而降低放大器的整体性能。另一个好处是,直流偏置电压可以通过变压器的中心抽头直接馈入器件,这降低了对偏置网络的设计要求和随之而来的一系列问题。因此,该技术减少了设计方案中对隔直电容和射频扼流圈电感的技术需求。最后,应用于毫米波放大器的变压器尺寸较小,有助于实现方案的集成[18,37-38]。图 8.9 为差分变压功率合成放大器架构。

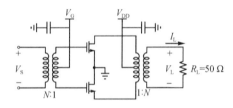

图 8.9 差分变压功率合成放大器

　　图中的两个功率晶体管由一路差分信号的两侧驱动,输出端使用二级变压器转换回单端信号。由于变压器经过优化,相关放大器的输入和输出端口同时实现匹配。最后,如前所述,偏置电压通过变压器中心抽头直接馈入器件。

　　图 8.10 为类似的一种感性变压耦合功率合成放大器结构。图中初级线圈和次级线圈的匝数比是 $1:N$。两个电感器 L_P 和 L_S 是磁耦合的,因此流经 L_P 的晶体管电流可在 L_S 中激励出感应电压[28]。

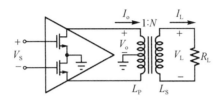

图 8.10　功率合成放大器中使用的耦合电感变压器

　　变压耦合放大器可以实现为电压合成器、电流合成器或两者的混合。表 8.1 总结了基于变压器的功率合成放大器的设计方程。

表 8.1　变压耦合功率合成技术的特征方程比较

	V_L	I_L	R_L	P_L
电压合成器	$2MN \cdot V_o$	I_o/N	$2MN^2 R_{opt}$	MV_o^2/R_{opt}
电流合成器	$2N \cdot V_o$	$(M/N) \cdot I_o$	$(2N^2/M) \cdot R_{opt}$	MV_o^2/R_{opt}
电压-电流-电压合成器	$2MN \cdot V_o$	$(K/N) \cdot I_o$	$(2MN^2/K) \cdot R_{opt}$	KMV_o^2/R_{opt}

8.2.3　异相发射机

　　功率放大器对发射机的整体功率预算有很大贡献,其设计目的是保持高效率的线性运行(具体情况因应用而异)。传统的正交调制被认为是一种复调制方案,因为调相和调幅都被应用于基带信号。可变包络信号已被证实对于功率放大器的设计是相当有问题的。一方面,为了保持足够的线性度,放大器通常工作在功率回退状态,大约在 P_{1dB} 以下的 $3\sim6$ dB之间。然而,这种工作状态往往会降低效率。

　　如第 7 章已讨论的应用闭环 DPD 技术来消除由于 AM-AM 和 AM-PM 失真而产生的不必要分量。DPD 技术的一个显著缺点是很难在大带宽范围内保持系统稳定性,除了 PAE 提高了 $3\%\sim5\%$ 之外,它们通常还能实现约 $1\sim2$ dB 的 P_{1dB} 改善。信号包络与相位隔离的极化调制方式通过开关放大器(工作效率极高)来实现信号相位信息的放大[39]。上述结构中的包络调制器通常工作频率较低,基本在调制带宽内,因而功耗非常小。此外,该调制器将功率信号馈入开关放大器,从而恢复信号的调幅。在高速通信系统(如短程60 GHz 链路)中,平衡相位和包络信号路径之间的传输延迟非常困难,实现宽带高效包络调制器是另一个需要解决的技术难题。

Doherty 线性化技术将甲乙类主功率放大器和丙类辅助功率放大器相结合以提高整体效率。Doherty 放大器的主要问题之一是,当输入功率较高时,主功率放大器仍处于饱和区。尽管辅助放大器可以补偿主功率放大器相应的增益损失,但对总相位失真的补偿量却不确定,而且微小偏置电流的变化往往都会引起其变化。Doherty 放大器中的两条信号通路也极为不平衡,在高速通信系统中这可能是有问题的。

最近一段时间异相架构开始得到重视,但实际上这一概念已经存在了几十年[40]。在这种技术中,系统通过两个相同的功率放大器分支的向量叠加完成线性放大。两个功率放大器都只处理无幅度变化的相位调制信号,这意味着使用线性饱和功率放大器或功率开关放大器都可以工作。因此,异相发射机具有线性功率最大化的潜力,达到 $P_{\text{lin}} = P_{\text{sat}}$,从而使 $PAE_{\text{lin}} = PAE_{\text{max}}$[28]。两个功率放大器的路径相同,所以它们是对称的,与极化发射机相比,更适用于高速通信系统。

近年来,随着硅基器件技术的持续进步,可集成毫米波 multi-Gb/s 系统已成为事实。晶体管器件尺寸缩小和不断优化的建模设计方法是毫米波系统组件稳步发展的两大驱动力。毫米波发射机的主要问题是如何通过复调制方案获得高效率。这是非常令人困扰的,考虑到数据吞吐量和频谱效率特性,诸如 64-QAM 及其他幅相调制方案需要被广泛应用[41-43]。通常,毫米波功率放大器无法获得高平均效率是因为其需要显著的功率回退来满足误差向量幅度(EVM)和频谱掩模要求[28]。例如,一个 6 dB 的回退操作通常与 9~10 dBm 的输出功率和大约 5% 的功率附加效率相关。这种方案在不少毫米波 CMOS 功率放大器中都得到应用[19,44-46]。毫米波发射机的优化设计通常局限于元器件级别,其中功率放大器、混频器和传输线的问题要分别处理。与之不同,新近发展的异相发射机已经能够实现 40 nm 的 CMOS 工艺,且在 60 GHz 频段达到大约 25 dBm 的输出功率,功率附加效率达到 25%[47,48]。

基于异相发射机,各功率放大器分支能够在峰值效率(以及峰值输出功率)下工作,这大大提高了各分支在复调制信号驱动下的效率。图 8.11 为典型异相发射机的简化架构。

通常有两种异相发射机。首先,LINC(采用非线性元件的线性放大)发射机由一个隔离合成器组成,可将两个包络幅度恒定的信号组合在一起。这使得放大器在异相角改变时可维持一个恒定的输出阻抗。利用这种架构可以获得足够的效率和线性度,但在回退下,其效率或多或少与甲类放大器相同。额外的输出功率基本上在合成器中被消耗了[28]。

Chireix 功率合成技术是解决这个问题的一个建议方案[40]。非隔离功率合成网络被用来合成输出信号,形式上通常为变压合成器。在开关放大器中可以看到,当改变异相角会导致电抗发生变化。这进而降低了开关放大器中的射频和直流功率,从而提高了回退效率。在最新的毫米波技术发展中,异相发射机是一个陈旧的概念,但它被重新考虑用于毫米波应用,应用前景可观[47]。在毫米波频率下,实现这种发射机设计方案的主要挑战就是 I/Q 不平衡,此时所需带宽非常大且相位非常复杂,需要增益平衡来最大限度地降低失配损耗。

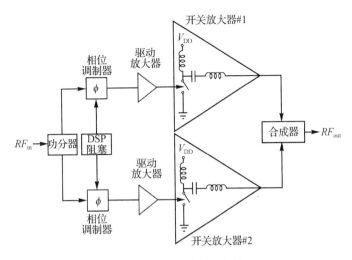

图 8.11　异相发射机架构

1)工作原理

任一同时调幅和调相的信号都可以被分解为两路恒定包络信号,如图 8.12 所示。

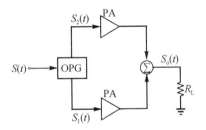

图 8.12　异相概念示意图

输入信号的分解,用 $S(t)$ 表示,由异相信号发生器执行;这个组件有时被称为信号分量分离器[49]。输入信号可表示为

$$S(t) = A(t) e^{j[\omega_c t + \theta(t)]} \qquad (8-14)$$

两路异相信号分量为

$$S_{1(t)} = \frac{A_M}{2} e^{j[\omega_c t + \theta(t) + \phi(t)]} \qquad (8-15)$$

$$S_{2(t)} = \frac{A_M}{2} e^{j[\omega_c t + \theta(t) - \phi(t)]} \qquad (8-16)$$

其中，$A(t)$ 的峰值幅度是 A_M，ω_c 是系统载波频率，$\theta(t)$ 是相位调制，$\phi(t)$ 是异相角，有

$$\phi(t) = \arccos\left[\frac{A(t)}{A_M}\right] \tag{8-17}$$

$S_{1(t)}$ 和 $S_{2(t)}$ 在各自的信号链中分别被放大，并在发射机的输出端合成，此时 $+\phi(t)$ 和 $-\phi(t)$ 将相互抵消。这种合成用于恢复 $S_{1(t)}$ 中存在的原始振幅和相位调制。

2）异相信号的生成

生成如式(8-17)所示的异相信号需要一些非线性运算过程。对应的模拟或数字处理过程会限制系统带宽并降低整体线性度。图 8.12 中的流程也可以使用向量图表达(图 8.13)。

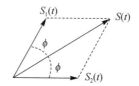

图 8.13 异相信号分解相量图

在图 8.13 中，异相信号可以通过向量叠加或向量旋转生成。向量叠加表示两个信号分量可以分别写成

$$S_{1(t)} = \frac{1}{2}S(t) + e(t) \tag{8-18}$$

$$S_{2(t)} = \frac{1}{2}S(t) - e(t) \tag{8-19}$$

其中，$e(t)$ 为

$$e(t) = \frac{\mathrm{j}}{2}S(t)\sqrt{\frac{A_M^2}{|S(t)|^2} - 1} \tag{8-20}$$

为了确定其振幅，我们可以给 $e(t)$ 添加一个 $90°$ 的相位旋转因子。由于 $90°$ 旋转因子产生的偏离将削弱 $S_{1(t)}$ 和 $S_{2(t)}$ 信号路径之间的匹配度，当 $e(t)$ 的相位离理想点较大时，会造成线性度下降[28]。式(8-20) 中的开方运算已通过多种方式实现，如跨导线性电路[50-52]、反馈技术[53] 和查找表(LUT)。

向量叠加法也可以通过正交混频来实现。将 $S(t)$ 分解成其 I 和 Q 分量，即 $S_{I(t)}$ 和 $S_{Q(t)}$，会得到两组基带 IQ 配对，即

$$S_{1I(t)} = \frac{1}{2}S_I(t) + e_I(t) \tag{8-21}$$

$$S_{1Q(t)} = \frac{1}{2}S_Q(t) + e_Q(t) \tag{8-22}$$

和

$$S_{2I(t)} = \frac{1}{2}S_I(t) - e_I(t) \tag{8-23}$$

$$S_{2Q(t)} = \frac{1}{2} S_Q(t) - e_Q(t) \qquad (8-24)$$

此外,基于式(8-20)描述的 $e(t)$,由于正交上变频,它将变化为

$$e(t) = \left[\frac{\mathrm{j}}{2} S_I(t) - \frac{1}{2} S_Q(t) \right] \sqrt{\frac{A_M^2}{\mid S(t) \mid^2} - 1} \qquad (8-25)$$

如式(8-25)中方括号内的表述,$S_I(t)/S_Q(t)$ 与 $e_I(t)/e_Q(t)$ 之间的相位差为 $180°$,可利用逆变器或延迟线结构来实现[28,53]。

除了向量叠加法之外,向量旋转也可以生成异相信号。如图 8.13 所示,分解的信号分量如式(8-15)和式(8-16)所示。用向量旋转法生成异相信号可以分两步。第一步,从原始信号中获得对应的相位分量。这一过程中所体现的本征非线性意味着在基带上完成会更好,即通过 LUT 映射、多项式逼近、CORDIC(Coordinate Rotation Digital Computer,坐标旋转数字计算方法)处理器或这些方法的组合来实现[28]。第二步,将归一化的 $S(t)$ 按前面步骤计算的相位角进行旋转。调制相位通过相位调制器施加到载波信号上。锁相环相位调制器可在低频系统中应用,但带宽非常有限(在 10 MHz 范围内)。

3) 信号合成

异相系统需要三端口功率合成器来完成两路异相信号的重构。异相功率放大器以最大效率运行,因此合成器架构方案将显著影响系统整体效率。由于不存在隔离的无损三端口合成器,因此方案中一般必须选择有损隔离或无损非隔离合成器。Wilkinson 合成器方案实现了端口到端口的隔离(如图 8.14 所示),足以满足大多数异相应用的需求。

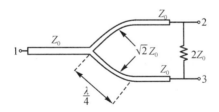

图 8.14　Wilkinson 功率分配器/合成器

隔离电阻的存在使 Wilkinson 功率分配器的功率传输效率相对较低,但在这种配置下,两个功率放大器分支中的负载恒定。移除该隔离电阻会使隔离性能下降,但会明显改善功率传输特性。此外,增加并联电抗可以进一步提高功率回退下的性能。具体来说,在功率回退下运行的两个异相功率放大器会引起寄生电抗,从而明显降低了效率。综上所实现的合成器最早是由 Chireix 提出[2,40,54],如图 8.15 所示。

一般来说,Chireix 合成器在功率回退下具有足够的线性度,还能实现更好的效率。然而,这也并非没有问题,片上无源元件在毫米波波段的损耗既会使布局变得复杂,也会削弱无功功率回退效果,进而降低了效率提升幅度。此外,当异相功率放大器中的两路信号偏离

理想的对称特性时,功率合成效率会受到影响。

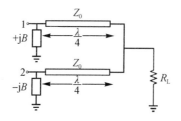

图 8.15　Chireix 功率合成器

变压合成器广泛应用于毫米波系统,其紧凑的特性和互连长度使相关损耗也有所降低。事实上,串联变压合成器适用于异相功率放大器,次级绕组将两个信号链的输出相加。变压合成异相功率放大器的输出级如图 8.16 所示。

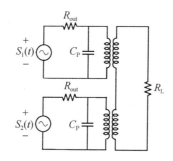

图 8.16　变压合成异相功率放大器

上述两路功率放大器在饱和状态下工作,可以表示为理想电压源 $S_{1(t)}$ 和 $S_{2(t)}$ 以及对应的输出阻抗 R_{out}。寄生电容表示为 C_P,它可与变压器的磁感共同作用形成谐振。合成输出信号为

$$V_o = A(t) \cdot e^{j[\omega_c t + \theta(t)]} \cdot \frac{R_L}{R_L + 2R_{out}} \tag{8-26}$$

正常情况下,合成输出调制信号幅度具备线性因子 $R_L/(R_L + 2R_{out})$。在异相结构中,每个功率放大器的输出阻抗应尽可能低,因为这会产生更大的输出功率。然而,这个阻抗不是线性的。如果令 $R_{out} \ll R_L$,则可以将由负载阻抗变化产生的失真降至最低。因此,丁类功率放大器是异相工作的一个很好的选择,其在大部分工作期间保持输出阻抗较低,且一致性好。遗憾的是,采用现有的 CMOS 工艺,开关模式丁类功率放大器性能仍然落后于甲类和甲乙类功率放大器。

合成器端口之间采用受限的隔离会令电源电流和异相角之间具有一定的相关性。即使功率放大器以恒定电压幅度饱和运行,也会出现这种情况。每个功率放大器上的负载阻抗包

含了异相角,有

$$Z_1 = \frac{R_L}{2}\left[1 - j\left(1 + \frac{2R_{out}}{R_L}\right)\tan\phi\right]$$ (8-27)

和

$$Z_2 = \frac{R_L}{2}\left[1 + j\left(1 + \frac{2R_{out}}{R_L}\right)\tan\phi\right]$$ (8-28)

Z_1 和 Z_2 因此形成等效并联阻抗,该阻抗随着异相角的变大(对应于较低的输出功率)而增加,并进而导致电源电流幅度的减小。在功率回退时,这种负载调制效应可降低功耗,这是在 LINC 系统上使用有损隔离合成器的异相功率放大器的主要优点[47,55,56]。

本节讨论的最后一种异相信号合成方法是通过波束成形进行空域合成。波束成形通过提高阵列增益和方向性来提高可达到的频谱效率[57]。与前面使用片上合成的方法不同,波束成形系统在空间中合成两路异相信号输出。这种发射机架构如图 8.17 所示。

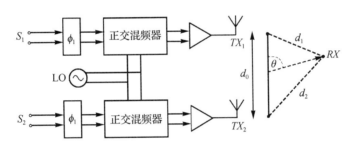

图 8.17　波束成形异相发射机

两路基带信号 S_1 和 S_2 分别由各自独立的正交混频器调制,并由功率放大器在峰值输出功率下进行放大。这样做是为了实现更高的效率。在这种波束成形的特殊应用中,d_1 和 d_2 必须相等,即 $\theta = 90°$,以实现最佳空间合成。图 8.17 中的基带移相器的插入是为了将每个信号链的相位调整到适当的值,这样当 $\theta \neq 90°$ 时也可以得到最佳合成[58]。

8.2.4　极坐标发射机

极坐标发射机也被称为包络消除和恢复(EER)以及 Kahn 发射机[2,59,60]。在极坐标架构中,从漏极侧观察到的开关放大器为线性的,能够支持复调制方案。图 8.18 为传统极坐标发射机的框图。

图示中射频输入信号的调制分解为幅度和相位分量,相位调制应用于开关放大器的输入端,而幅度调制应用于该放大器的电源侧。极坐标发射机需要额外的带宽,通常是原始调制信号所占带宽的 3~5 倍,这无疑使系统实现变得复杂[28]。带宽的增加主要是因为原始调制(包含不同的 I 和 Q 分量)和极坐标发射机中出现的幅相分离之间的变换是非线性的。因此,可以想象,毫米波波段的带宽通常是千兆赫量级的,这令情况变得更加糟糕。

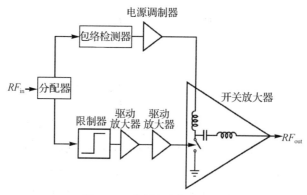

图 8.18 传统极坐标发射机

数字极坐标发射机

近年来,数字极坐标发射机架构越来越流行[61-67]。这种架构的框图如图 8.19 所示。

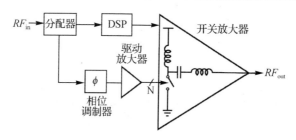

图 8.19 数字极坐标发射机架构

图 8.19 中开关放大器的输入端连接了 N 位二进制编码开关阵列,每个开关都可以通过数字控制信号单独访问。通过改变在给定时间点导通的开关数量来控制输出信号的幅度。数字调制能够更严格地控制调幅信号和调相信号之间的相位延迟。最近,这种类似数模转换器的开关放大器在毫米波技术研究中得到了重视[68]。

8.2.5　相控阵发射机架构

在过去的几十年里,硅基电路的集成水平以惊人的速度增长,硅工艺及器件最近也被证明可用于极高频率系统,是高速宽带传感通信和成像系统发展的强大驱动力。在毫米波频率下,硅集成具有众多优势,特别是大幅缩短了元件互连,使得极复杂的架构可集成到单片中,降低了系统总成本。另一方面,在毫米波频率下有足够的功率输出仍然是一个必须面对的挑战,因为通过器件尺寸缩放获得了器件速度的提升,但同时也降低了其击穿电压。在无线系统中,空间功率合成是提高输出功率的有效方法之一[69-73]。然而,为了使这种技术在通信和雷达应用中体现出高度的灵活性,天线波束必须是可操控的。

1）发射机概述

如图 8.20 所示的相控阵系统中每个天线单元由独立的相移合成功率放大器驱动,依次连接的各单元的相移是递增的。各单元束实现了空间合成,因为输出信号将在指定方向上相干叠加[74]。在图 8.20 所示的系统中,指向下方孔径的波束意味着移相器 ϕ_1 的相移最大,而 ϕ_N 的相移最小。

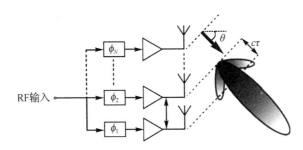

图 8.20　相控阵发射机的架构

相控阵可以看作多天线排列的一种特殊情况,它们能够精确地控制天线波束。此外,相控阵架构降低了接收机噪声系数(从而降低了系统信噪比),并实现了更高的等效全向辐射功率(EIRP)[75]。近年来,集成相控阵的发展一直受到广泛关注。

2）功率分配

从单个混频器向大量射频前端分配足够的功率非常具有挑战性,特别是在线性度和带宽要求之外,还需要平衡芯片尺寸和功耗等性能要求。相控阵系统主要使用三种功率分配方法:串联本振、串联射频和组合馈电分配[76]。

如图 8.21 所示为一种串联本振方法。

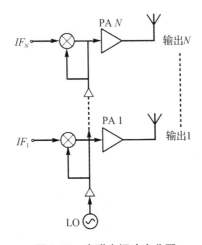

图 8.21　串联本振功率分配

60 GHz CMOS工艺已可以实现串联本振功率分配[77]，也适用于串联射频方案。一般来说，串联功率合成方法可使信号链路所需的 PCB 面积最小化。然而，信号幅度会随着传输逐渐远离本振源而逐步降低，增益和 OP_{1dB} 也会降低。增加信号缓冲器可以缓解上述情况，但会增加有源电路的布线复杂度，还需要更多的 PCB 空间。串联射频方法如图 8.22 所示。

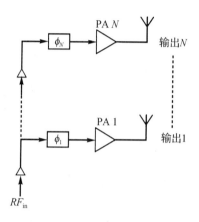

图 8.22　串联射频功率分配

对称的问题可以通过使用组合馈电架构来解决，即馈电网络在一个平面上是对称的，这意味着在天线组件上仅有的相位和振幅偏差将是由制造误差和组件非理想状态引起的。组合馈电网络如图 8.23 所示。在更大的阵列中，通常将组件分成组(子阵列)以减少所需的移相器，即每个子阵列的相位由单个移相器控制，而不是每个组件都要有各自的移相器。这使得器件的面积更小且损耗更少，但是这种方式的波束控制精度有所下降[78]。

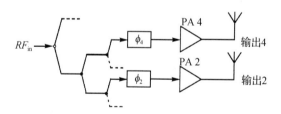

图 8.23　组合馈电分配

组合馈电分配通常采用无源 Wilkinson 分配器网络，与串联技术相比，它们需要更多的通路。这也意味着该网络实际上可以用于功率分配的天线单元的数量有限，因为馈电网络损耗很大[79]。除每个双路分配器上存在 3 dB 功率损耗外，传输损耗和分配器本身的非理想特性将进一步增加总损耗。因此，这种无源的方法很难满足大多数 OP_{1dB} 规范，而组合分配法的有源形式可以在一定程度上缓解这一问题[80]。但有源组件的级联会降低系统带宽，且与无源实现方法相比，系统功耗会显著增加。解决这个问题的一个方法是使用有源和无源混合的功率分配,如图 8.24 所示。

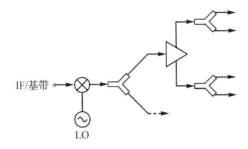

图 8.24　混合型有源分配放大器与无源双路分配器

一个 16 单元阵列需要 5 个分配放大器和两级有源级联(放大)[76]。对该架构可进行调整,用无源功率分配器取代第一级分配放大器,这样做可以减少有源级联级的数量并提高带宽。然而,正如预期的那样,OP_{1dB} 也会降低。在每个前端模块设计实现更高的功率增益可以在一定程度上补偿 OP_{1dB} 的损耗,但这将增加系统总功耗。有源放大和无源功率分配级的配置可实现足够的线性度,也可以隔离分配放大器输出端,从而满足这些放大器的间距要求。在阵列中所有单元不完全匹配的情况下,相应的隔离在一定程度上可确保交叉耦合不会产生随机的相移。

3) 大阵列的带宽限制

如图 8.25 所示为 N 单元相控阵天线,阵列单元的间距 d 相等($d = \lambda_0/2$),系统中心频率为 f_0。V_s 为射频输入信号,它是带宽为 $f_0 \pm \Delta f$(对应于 $f_{BW} = 2\Delta f$)的带限信号,可以写为

$$V_s = A\sin(2\pi \mid f_0 + \Delta f \mid t) \tag{8-29}$$

$$= A\sin\left(2\pi f_0\left[1 + \frac{\Delta f}{f_0}\right]t\right) \tag{8-30}$$

此外,第 n 个单元的相位延迟由下式给出:

$$\Delta\phi_n = n2\pi f_0\left[1 + \frac{\Delta f}{f_0}\right]\Delta\tau \tag{8-31}$$

其中,$\Delta\tau = d\sin\theta_0/c$ 是相邻单元之间的时延差[81]。注意 $k = 2\pi/\lambda_0$,式(8-31)可进一步扩展,得到

$$\Delta\phi_n = nkd\sin\left[\theta_0\left(1 + \frac{\Delta f}{f_0}\right)\right] \tag{8-32}$$

频域和空域中每个单元的相位延迟从 $\Delta\phi_0$ 到 $\Delta\phi_{N-1}$ 线性增加,这是阵列保持最佳实时延(True-Time-Delay,TTD)的必要特征[74,82,83]。这个条件仅意味着整个阵列的输出信号在 θ_0 方向上同相(即在时间上一致)。芯片面积的限制使相移范围只能覆盖 0~360°,且与频率变化无关,导致相位量化误差[81]。在一定频率 f_0 下每个单元的精确相移量由下式给出:

$$\Delta\phi_{0,n} = \mid nkd\sin\theta_0 - \mathrm{mod}(2\pi) \mid \tag{8-33}$$

量化误差为

$$\Delta\phi_{\text{error},n} = \big| \Delta\phi_n - \Delta\phi_{0,n} \big| \tag{8-34}$$

$$= \left| nkd\sin\left(\theta_0 \frac{\Delta f}{f_0} \right) - \text{mod}(2\pi) \right| \tag{8-35}$$

当系统频率 f_0 变化时,此量化误差会导致主波束中的方向误差。一般来说,θ_e 应保持低于 3 dB 波束宽度的一半[76,81,84]。既定尺寸阵列可获得的最大允许带宽可表示为

$$\frac{f_{\text{BW}}}{f_0} \leqslant 0.886 \frac{\lambda_0}{L\sin\theta_0} \tag{8-36}$$

其中,L 是线性阵列的总长度($L=Nd$)。在扫描角度为零时($\theta_0=0°$),阵列可以实现无限的带宽。一旦这个角度偏离 0°,对于在 0~360°变化的移相器,其 3 dB 带宽与 $1/L\sin\theta_0$ 成正比。

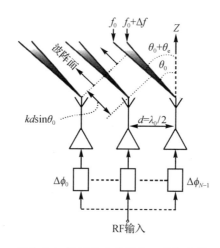

图 8.25　用于带宽分析的 N 元相控阵

4）相移

相控阵系统中相移的精确实现对系统的设计有重要影响。本振源(基带)[83,85]、中频[86]和射频[81,82,87]相移都可以在毫米波硅基器件中得以实现。与其他方案相比,射频相移和功率合成确实具有一些优势,其中低功耗和小芯片尺寸是该方法的两个主要优势。移相器的性能至关重要,噪声、损耗和线性度出现微小偏差都会降低整个系统的性能。设计紧凑且损耗最小的移相器是射频相移和功率合成方案中的一个关键点,另一个则是实现低损耗分配网络。

5）非均匀阵列中的振幅渐变

非均匀阵列中构成单元的信号振幅各不相同[88]。这里的分析中假设构成单元的间距保持不变,即不讨论使用非均匀间距的阵列。此外,只考虑阵列单元线性分布。对于不同的最终目标有几种实现非均匀激励的方法,如在特定角度放置零点、减小主波束宽度、抑制旁瓣等。均匀阵列通常会产生最小的 3 dB 波束宽度,其次是切比雪夫阵列和二项式阵列[78]。

另一方面,二项式阵列通常产生最低的旁瓣电平,其次是切比雪夫阵列,然后是均匀阵列。显然,为了提高阵列性能,实现非均匀激励函数是有好处的,并且对于给定的应用,设计者关心的是旁瓣电平与波束宽度的平衡。泰勒级数渐变函数是一个额外的选择。

实现非均匀幅度分布有多种方法,这里将讨论一种可能的简化版 —— 实现匹配的 T 型功率分配网络。T 型结构解决了锥形阵列中 Wilkinson 分配器出现的一些问题。首先,不均匀功率分配的平面实现需要传输线交叉,使工艺制造变得复杂。T 型功率分配器不会造成功率损耗,但并非所有端口都能匹配[89]。双路 T 型功率分配器如图 8.26 所示。

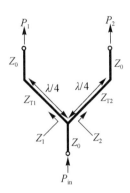

图 8.26 T 型功率分配器

输出端的信号功率不一定相等,这里的 P_1 和 P_2 代表每个端口所需的输出功率。输入功率 P_{in} 按照由两个传输线 Z_{T1} 和 Z_{T2} 确定的比率实现分配,即

$$P_1 = \frac{1}{2}\frac{V_0^2}{Z_1} \tag{8-37}$$

和

$$P_2 = \frac{1}{2}\frac{V_0^2}{Z_2} \tag{8-38}$$

其中,阻抗 Z_1 和 Z_2 是从结点处看进去的输出端口的等效阻抗。此外,V_0 表示该结点的电压。因为我们关心的是不对等的功率分配,故又可以写为

$$P_1 = KP_{\text{in}} \tag{8-39}$$

和

$$P_2 = (1-K)P_{\text{in}} \tag{8-40}$$

其中,K 代表分配因子(0~1),阻抗 Z_1 和 Z_2 可以通过将式(8-39)和式(8-40)中的比值代入式(8-37)和式(8-38)中的功率表达式来确定,从而得出第一个支路所需的等效阻抗为

$$Z_1 = \frac{Z_0}{K} \tag{8-41}$$

同样,第二个支路所需的输入阻抗为

$$Z_2 = \frac{Z_0}{1 - K} \tag{8-42}$$

然后,我们可以使用以下公式确定图 8.26 中每条四分之一波长传输线的目标阻抗:

$$Z_{T1} = \sqrt{\frac{Z_0^2}{K}} \tag{8-43}$$

和

$$Z_{T2} = \sqrt{\frac{Z_0^2}{1 - K}} \tag{8-44}$$

从这一点出发,馈电网络可以通过选择适当的渐变函数(二项式、泰勒式、切比雪夫式等)并使用功率系数来确定传输线长度。随着阵列中单元数量的增加,这个过程变得更加繁琐,所幸上述过程很容易实现自动化。

8.2.6　滑动中频发射机

本章开头已经介绍了与超外差和直接变频架构相关的问题。直接 I/Q 调制实现起来相当简单,但是对 I/Q 不匹配的敏感度很高,因此镜像抑制能力会降低。如果中频和射频相位不匹配是相同的(实际上并不尽然),那么 Weaver 架构在一定程度上解决了这一问题,并且镜像信号得到了显著抑制[90]。滑动中频发射机最近在应对传统架构的集成和多频段性能的发展中有所发力,经典滑动中频系统框图如图 8.27 所示。

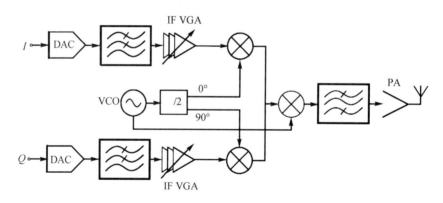

图 8.27　滑动中频发射机架构

这样的架构基本上要求对 I/Q 不平衡不敏感,因为它应该支持多频工作模式[91]。鉴于在基于 IEEE 802.15.3c 的系统中得到广泛应用[76,92,93],滑动中频架构的这种特性已被证明是非常有效的。

与传统的超外差和直接变频法相比,支持滑动中频的双变频发射机具有许多优势。然而,这种架构在处理多频段信号时确实会带来独特的问题。对于射频前端,其带外衰减会严重影响系统的镜像抑制性能。通常,中频应设置在 $0.5f_0$ 或 $0.3f_0$ 左右,以使中频-射频混频器能够充分抑制镜像信号[91]。但过高的中频值意味着发射机会对 I/Q 不平衡越来越敏感。此

外,中频分量的谐波可能与基波分量重叠。滑动中频信号中各频率分量之间的关系可以描述为

$$f_{IF} = \frac{f_{RF}}{N+1} \qquad (8-45)$$

和

$$f_{LO} = \frac{N}{N+1} f_{RF} \qquad (8-46)$$

因此,除前端衰减外,还应仔细考虑本振、中频和射频的频率(如果规范中没有规定)。

图 8.27 中的系统可以通过添加直流偏移和 I/Q 相位校正模块进行修改,并引入中频回环功能,该功能可用于校准和独立测试。最终的架构如图 8.28 所示。

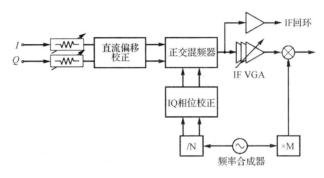

图 8.28　改进型滑动中频架构(具有中频回环以及直流偏移和 I/Q 相位校正)

可编程衰减器允许动态控制 I/Q 信号幅度。直流偏移和 I/Q 相位误差校正模块的实现根据系统的架构而有所不同。例如,与 FPGA 固件紧密连接的收发机通常利用在 FPGA 结构本身实现校正过程。收发机硬件和软件之间的可靠接口有助于系统中混频器和振荡器的自动校准,提高了这些系统的长期稳定性和性能。图 8.28 中的正交混频器也可以实现为支持 802.15.3c 信令的最小频移键控(MSK)调制器[94]。频率合成器的配置取决于具体应用。例如,表 8.2 中描述了由 Valdes-Garcia 等人提出的与 802.15.3c 规范相关的频率分配规划[76]。频率单位为 GHz,f_0 和 f_{IF} 分别表示系统中心频率和中频。

表 8.2　IEEE 802.15.3c 发射机的频率合成器配置

通道序号	f_0	滑动中频频率	倍频输出	f_{IF}	VCO 频率
1	58.32	8.331	49.989	41.657	16.663
2	60.48	8.640	51.840	43.200	17.280
3	62.64	8.949	53.691	44.743	17.897
4	64.80	9.257	55.543	46.286	18.514

本节所示的架构与相控阵天线兼容,射频混频器输出信号很可能直接馈入功率分配网络。

8.2.7 多级功率放大器

到目前为止,本书主要集中在分析线性和开关模式放大器的单晶体管配置,以及放大器性能指标的讨论。除了第6章讨论的堆叠晶体管结构和第7章讨论的功率合成放大器外,对特定放大器架构的讨论相当有限。本章将通过介绍多级放大器设计、分布式和推挽放大器以及其他新的架构。另外,在阻抗匹配、互连方案和封装方面,将详细讨论与多级放大器设计相关的挑战。

功率放大器组件通常分为三个部分:增益级、驱动放大器级和实际功率放大级[1,3,89,95-97]。功率放大器级的性能与驱动器、驱动功率和驱动器线性度紧密相关。举个例子,在饱和状态下工作的功率放大器级不需要特别注意驱动器的线性度,但实际上,为了实现高增益(大约40 dB或更高)的驱动器链,依赖于线性驱动放大器并不少见。当线性度要求比较突出时,驱动器链必须从功率放大器整体出发进行更严格的设计。这主要是因为需要保持系统的功率和效率等级,同时限制非线性分量。考虑到每一级提供的增益,每个驱动放大器的外设选定似乎相当简单。假设输出级在某种回退功率水平下运行,所有的驱动器都要以相同的相对功率运行[2]。驱动器回退方面的一些限定可确保非线性分量主要源自功率放大器的输出级。如图8.29所示为三级功率放大器链。

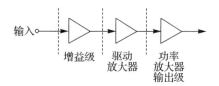

输入

增益级　　驱动　　功率
　　　　　放大器　放大器
　　　　　　　　　输出级

图8.29　三级功率放大器框图

在大多数情况下,对驱动器线性度的附加要求往往会增加器件外设和电流消耗。因此,驱动放大器可设计为在相同的输入功率水平下达到1 dB压缩点,使输出级超过1分贝压缩功率P_{1dB}。

每个放大器级配置后的下一步通常是设计级间匹配网络。原则上,在目标阻抗为50 Ω的情况下,输出功率匹配可以通过与任何其他类型的阻抗变换相同的方式来实现。然而,在单端功率放大器设计中,如果没有足够的重视,匹配网络会带来许多问题。目标阻抗(在此情况下为下一级的输入阻抗)通常有一个电抗分量,它与频率相关,并且偏离了传统的50 Ω阻抗终端设计。低通网络可能有助于放大器的工作带宽,但该网络很可能会有导致潜在不稳定性的带外响应。稳定性通常可以通过加入串联衰减器来恢复,但这会增加驱动放大器的功耗。此外,偏置插入进一步增加了匹配过程的复杂性。因此,除了直流模块之外,级间匹配网络还必须包括输入端口和输出端口的偏置插入网络。事实上,级间网络的性能通常是功率放大器性能不佳的原因,因为它的设计与输出匹配网络的设计一样具有挑战性(如果不是更具挑战性的话)。

8.2.8 推挽技术

互补推挽放大器电路由一对互补晶体管(例如 NMOS 和 PMOS、NPN 和 PNP)、一个耦合电容和一个并联谐振电路组成,如图 8.30 所示。

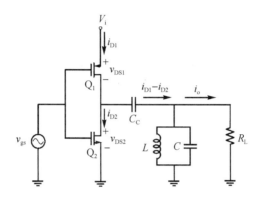

图 8.30 互补推挽式 CMOS 放大器

互补拓扑中的晶体管器件一般是匹配的,它们通常被视为压控电流源[33,98,99]。图 8.30 中电路的实际工作特点与本章已讨论的其他放大器有所不同。例如,乙类工作模式中一个晶体管实现输入信号正周期的放大,而另一个则实现输入信号负周期的放大。推挽结构在毫米波电路中的应用时间相对较晚,主要是因为适用的高 f_T 值 P 沟道场效应晶体管器件工艺最近才趋于成熟[100]。

甲类、甲乙类、乙类和丙类放大器的变压耦合推挽拓扑如图 8.31 所示。顾名思义,输入和输出网络通过中心抽头变压器与推挽晶体管电路实现耦合[34,101-103]。

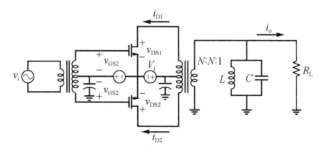

图 8.31 变压耦合推挽拓扑

8.3 毫米波功率放大器的自修复

固态器件的性能不断提高，随着技术的进步，不可避免地会出现一些新的挑战，其中一个特别的挑战即为在同一个芯片上应用不同的晶体管工艺。随机掺杂扰动（Random Dopant Fluctuation，RDF）是场效应晶体管沟道固有的，是器件产生不一致性的主要源由。例如，130 nm CMOS 工艺的沟道区域有数百个掺杂原子是很常见的，但在典型的 32 nm 工艺中，器件特性仅由数十个掺杂原子决定，因此，可以比较掺杂原子的百分比变化对晶体管特性的影响，而 32 nm 工艺受到的影响要严重得多[14]。线宽的控制是工艺变化的另一个典型来源，光刻工艺造成不同的线宽及精度（Line Edge Roughness，LER），从而对阈值电压、叠加电容和漏极诱势垒下降产生影响[14-16,28]。在较大尺度的节点上工艺变化更易于管理，随着工艺尺度的减小，掺杂原子的数量变得更少，器件沟道变得更窄，工艺变化的负面影响也变得更突出。数字芯片市场的巨大规模使得代工厂的工艺普遍针对数字器件，这样的工艺在毫米波器件的制造中并不可靠[28]。单个芯片上温度的动态变化可能会导致电源电压的变化和亚阈值泄漏，这两种情况都会直接影响系统的性能。一旦不稳定性被引入电力电子设备（尤其是供电电路），其后果就是性能下降。这种不稳定性表现在温度波动和器件性能随时间下降，以及天线与环境间的相互作用引发的电压驻波比（VSWR）变化。这些问题至关重要，且在相控阵系统中变得更加突出，这是因为来自各隔离单元的干扰信号可以直接耦合到阵列的其他部分。

有两种主要的方法可用来处理上述变化导致的性能下降。第一种方法是使用对工艺变化不太敏感的架构、流程和组件。但是在纳米级 CMOS 工艺中，这种补偿的实现更具挑战性。第二种方法是采用能够感知系统性能下降的技术，并使用各种控制调整来抵消这种影响。从根本上说，这是一种更稳定的方法，而且在运行过程中能够检测关键系统模块并调整参数，这就免除了不必要且复杂的第一种电路设计方案。这种技术被称作自修复技术[104]。它利用最先进的 CMOS 工艺的强大潜力来实现系统参数动态调整，从而使性能在更长的时间内达到最优化。自修复控制回路如图 8.32 所示。

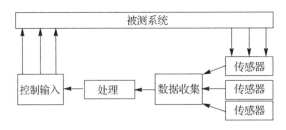

图 8.32　自修复架构的控制框图

这一结构的第一个关键组件是集成传感器。对这些传感器的实现需要密切关注,因为它们集成在需要被实时监测的芯片上面,同样容易受到上述工艺变化的影响。因此,传感器的设计应使其能够反映使主电路性能降低的变化,并且其读数能准确反映电路的性能。然后,有一个集成数字内核接收由模数转换器(ADC)数字化的性能参数,该内核还负责对测量数据进行算法优化,并提供控制输出以应用所需的校正。这些校正通过分布在整个系统中的多个执行器来实现,并且它们的分布应当以这样的方式来规划,即它们的性能影响被最小化,同时它们仍然能够有效地应用校正信号。

8.3.1　自修复系统组件的设计

1) 传感器

鲁棒性在自修复传感器件的设计中至关重要[28,104,105]。毫米波电路是最先进的研究发展方向,这意味着毫米波器件的设计正在挑战工艺极限。器件的差异性很大程度上影响了系统的性能,并且这种不可预测的影响是不可接受的。幸运的是,自修复回路不需要在高速下运行(至少不需要达到与系统其他部分同量级的速度),并且可以周期往复运行。这种做法降低了处理器内核和传感器本身的功耗。此外,与系统的其他部分相比,传感器可以更保守一些,采用比较稳健的技术。设计传感器时首先要确定需要测量的关键系统参数,这些参数需要按优先级排列。此外,还应该确定是否应该最小化、最大化某个特定参数,以及特定场景中相关参数值的重要性。例如毫米波功率放大器中输出功率基本上是受限的,就需要知道它的确切值,但另一方面,我们又总是希望达到效率的最大化。考虑到参数不一定是有界的,传感器必须是单调变化的,这可以使优化算法不会受制于一些虚设的极值点[28]。在这种情况下,从传感器中得到的精确值并不重要,因为算法总是试图最小化或最大化所涉及的指标,这取决于系统具体的构造。相反,有界指标将需要更具鲁棒性的传感器,因为处理器会尝试强制系统进入一个基于测量绝对值的特定设定点。

2) 控制执行器

执行器需要执行由优化算法得到的控制信号。虽然执行器极有可能会对系统总体性能产生负面影响,但就成本、功耗和所占面积而言,理想情况下它们不会对系统性能产生影响。因此,在设计执行器时,需要考虑到参数变化的影响并谨慎地布放。阈值电压和寄生电容是功率放大器电路器件工艺确定的两个主要特征元素,而环境变量则涉及温度、老化以及负载匹配[106]。通常情况下,执行器匹配网络的工作条件设置为与放大器晶体管一致。

功率放大器系统中涉及的执行器分为四类,由设计中的大多数可控的放大器参数区分。第一个区分参数是放大晶体管栅极的直流偏压,即调控晶体管的工作点,进而影响晶体管的增益、线性度、稳定性、最大频率、直流电流和饱和功率等特性[95]。同理,在堆叠式晶体管设计中,通过独立施加栅极偏置电压可实现对上述任意参数的调控。

第二种执行器用来实现无源网络的调优,主要是功率合成和匹配网络。阻抗调谐可使功率放大器在工作周期内都是最佳匹配的,而输出匹配在功率合成放大器中进行调整以保证最佳合成的。第三种执行器用来实现功率放大器的电源电压调控,以保持晶体管的高效率,同时可实现功率回退,但是这种方法受到电源特性的限制,因此需要调谐。许多现代电源管理器件具有可编程输出电压的特点,但这种技术能否在毫米波功率放大器中实现是另一个问题。

最后,功率放大器中晶体管的物理尺寸是另外一个参数,将多个不同尺寸的晶体管并联放置,在工作和不工作的状态之间切换。这项技术需要十分复杂的阻抗匹配,因为不同大小的器件有不同的 S 参数,更不用说还会引入额外的开关损耗。

3)数据转换器

模数转换器(ADC)需要实现传感器模拟信号的数字输出,同理,数模转化器(DAC)可使处理器数字信号转换为模拟控制信号。在模数转换器方面,测量精度取决于转换器本身以及传感器的累计变化。在数模转换器方面,建议使用低功率电流模式数模转换器,以最小化功耗[104,105]。然而,使用可调传输线作为执行器是有可能的,它们直接采用数字信号输入,因此不需要数模转换器。

4)数字信号处理器(DSP)内核

处理器接收传感器数据,并基于这些数据获得一组控制输出,使系统更接近最佳工作点。传感器数据首先用于调整系统性能,一段时间后优化算法介入,算法的性质取决于被测系统。此外,处理器固件可以被分离成独立的模块,用于传感器读取、执行优化、向执行器写入数据和执行全局控制。全局控制模块将从模数转换传感器获取数据,然后优化算法介入处理数据。算法确定一组与传感器数据相关的性能指标,并确定需要执行的执行器状态。然后全局控制组件获取此状态信息并将其传递给写入执行器数据的组件,该组件将所需的输出发送到控制数模转换器或直接发送(使用数字执行器)。将处理器设计成独立功能模块可以提高未来设计的复用性。

8.3.2 传感器特性与性能指标

传感器的设计涉及许多特性的平衡。总的目标是实现集成和可靠的传感器。本节讨论其中的一些特性以及它们如何相互影响。

1)响应度和延迟

传感器的响应特性与模数转换器分辨率息息相关,它表示引起传感器输出单比特变化的被监测参数的最小变化[104]。传感器的实际性能与伴随的噪声有关,因此独立测试有局限性。增益级联有望提高响应度,但这也会增加噪声功率,使信噪比下降。因此,器件感知其要检测的任何参数的机制是一个需要优化的重要特性。

传感器响应时间(或延迟)定义为特定系统参数的变化与传感器检测到该变化之间的时间差。此外,响应时间受传感器稳定时间的影响,并且是自修复机制运行速度的一个限制因素。更快的响应时间与更大的带宽相关,因此在传感器输出中也有更高的噪声功率。

2）噪声和灵敏度

噪声和灵敏度是紧密相关的。由于传感器电路中的无源器件和模数转换量化噪声，灵敏度受到了噪声谱密度的抑制。采用相关双采样、截断等技术可以有效地防止$1/f$噪声为主的噪声谱密度[28]。传感器输出信号通常被转换成直流信号，这样可对噪声高频部分实现低通滤波，分辨率仅受模数转换分辨率影响。灵敏度要与响应时间平衡，因为更短的处理时间带来了额外的噪声。

3）动态范围

传感器的动态范围和响应度通常是相互竞争的，需要平衡这两个指标，如使用对数放大器实现 dB 级增益检测。如果功率放大器允许，传感器响应可维持线性。在这种情况下，输入和输出功率以及电流的测量值应在相当小的范围内变化，例如在 $0\sim100$ mW 和 $0\sim80$ mA 范围内[107]。

4）线性度和单调性

自修复算法确定了每个传感器的线性度要求、需要优化的指标以及是否要定期校准。假设不进行校准并且功率放大器被强制进入最大输出功率状态，射频功率传感器的单调性将对算法能否收敛到期望值起重要作用。另一方面，如果自修复算法需要使功率附加效率最大化，那么射频功率传感器应具有线性响应。这样的响应在测量偏移量和响应度的片上校准过程中也很有用。

5）功率和性能开销

传感器的布局和功耗是确保传感器不影响系统性能的重要考虑因素。在某些情况下，如在测量功耗时，将电流传感器与 DC-DC 转换器集成是有利的[108]。此外，数字处理器内核的布局也可以优化，因为在功率合成或 Doherty 放大器中功率放大器路径之间可能存在空区[109]。

8.3.3 传感测量

1）直流功率和效率

测量高频功率放大器的功耗是比较困难的。一种方法是使用一个小的串联电阻来测量功率放大器消耗的直流电流。这个概念如图 8.33 所示，其中串联电阻 R_{sense} 与输出近似负载电流 I_L 的检测电流放大器相接。

较大的功率放大器电流会导致额外的功率损失和寄生效应，且与更高功率相适应的电阻往往只能采用较大的尺寸和外形。另一种解决方案是通过辅助路径使功率放大器产生镜像电流，并在负载中检测镜像电流。为了防止电路牺牲效率并保证准确的电流读数，相关的晶体管被严格保持在三极管线性工作区[108]。

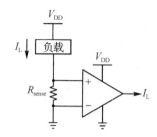

图 8.33　电流检测电路示意图

2）射频功率

在功率放大器输入和输出端口上的功率传感器用于估算传递给负载的功率以及功率放大器的总增益。在负载保持恒定的情况下,可以在设备输出端放置简单的电压传感器来检测射频功率。由于环境变化和阻抗不匹配,负载阻抗很少能维持在 50 Ω 的稳定值。耦合线传感器适用于毫米波应用,简单的二极管功率探测器也被证明是有效的。在自修复方案中,耦合度应保持较小,以免干扰正常的功率放大器工作。因此,这些传感器不需要像传统耦合器那样的四分之一波长传输线[89],而且传感器在功率和尺寸方面必须是高效的。图 8.34 为耦合线传感器的一种设计方案。

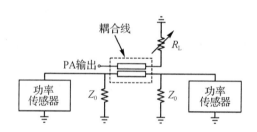

图 8.34　耦合线路功率传感器

射频功率在耦合和隔离端口(两者匹配)转换为电压后,由 RMS 电压检测器完成测量[104]。RMS 电压检测器已在双极型器件[110]和 CMOS 器件[111,112]中得到应用。该传感器偏置在截止区,利用器件的非线性传递特性产生与输入功率成正比的直流电流。这个电流可以用传导角 α 表示为

$$i_{\mathrm{D}}(\theta) = \frac{i_{\max}}{1 - \cos\left(\dfrac{\alpha}{2}\right)}\left[\cos\theta - \cos\left(\frac{\alpha}{2}\right)\right] \tag{8-47}$$

其中,$i_{\max}$ 代表峰值电流,i_{D} 的直流部分由式（8-48）给定:

$$i_{\mathrm{DC}} = \frac{i_{\max}}{2\pi}\int_{-\alpha}^{\alpha} i_{\mathrm{D}}(\theta)\,\mathrm{d}\theta = \frac{i_{\max}}{\pi} \tag{8-48}$$

然后信号经低通滤波后传递到电流放大器。利用晶体管的非线性特性通常会导致多个集成电路样本中的功率传感器输出发生变化。例如,在处理输出功率最小化的优化算法中,传感器的单调性通常是足够收敛的。另一方面,当使用需要针对特定输出功率需求进行优化的自修复算法时,设计人员可以根据多个传感器的测量数据进行保守估计。此外,耦合线传感器电路是宽带的(相比于功率放大器),因此它对工艺变化和不匹配条件的敏感度要低得多。

3) 温度

功率放大器的功率附加效率可以通过电流感应法测量,如前所述,也可以通过局部温度感应来间接估计。其原理是:功率损耗将导致设备周围温度的局部升高,这个温度与功率损耗成正比,因此可以用来估计功率附加效率。在热仿真工具的帮助下,可以预测温度变化,以确定适合放置热传感器的区域。

8.3.4　处理器接口

数据转换是自修复功率放大器的一个重要组成部分。它们为传感器输出和执行器输入提供与处理器之间的接口。

1) 数字化模拟传感器输入

片上模数转换器应该尽可能地减少功耗,同时仍然具备足够快的转换时间来优化处理器。通常情况下,功耗和速度需要适当地平衡,以满足应用需求,在自修复机制中,我们关注的是低功耗。此外,模数转换器的分辨率直接影响优化算法的精度。分辨率通常是根据各种传感器的响应度以及系统对执行组件的敏感度来确定的。闪存型模数转换器架构是迄今为止最快的,因为它产生并行输出,但这种架构的功耗非常大[113]。此外,并行输出使处理器接口有些复杂,因为通常需要更大尺寸的芯片来处理多个并行输入。上述因素令闪存型架构不适用于自修复系统。

流水线型模数转换器亦是一种选择,但往往需要更大的器件尺寸和器件功率。与此不同,逐次逼近型(SAR)模数转换器具有许多理想的特性:低功耗、足够高的分辨率和较低的器件尺寸要求[114]。这种模数转换器架构如图 8.35 所示。

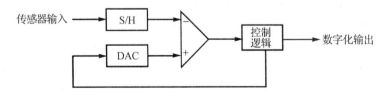

图 8.35　逐次逼近型 ADC 框图

逐次逼近型数模转换器往往在很大程度上影响模数转换器的线性度和单调性,需要重点关注[115]。

2）生成模拟执行器输入

工艺和温度变化可引起静态工作点波动,这对毫米波功率放大器有显著影响。事实上,大部分功率放大器的性能指标都直接或间接地由偏置电流确定。虽然一般情况下,功率放大器被设计为工作在饱和功率或最高效率的模式中,但在典型的通信系统中,峰值功率工作状态维持的时间很短。自适应偏置功率放大器解决了这两个问题,因为它可以削减功率回退时的功率消耗,并优化功率放大器以获得最佳性能。这两种变化都可以显著提高效率。共源偏置和共栅偏置对系统整体性能影响较大,通过电流型数模转换器可实现自适应偏置控制[116]。同样,这些数模转换器应该消耗最少的功率,但它们也需要在输出级高速驱动晶体管,这限制了修复时间。

8.3.5 执行器

执行器响应处理器内核基于算法提供的控制输入以保持最佳的性能。这些执行器的动态范围必须涵盖所需的预期变化,这样由优化算法确定的最佳工作点就不会超出驱动器的控制范围。

1）用于栅极偏压调整的执行器

栅极偏压驱动是最简单经济的修复机制之一。晶体管的工作点可以动态调整,这意味着由温度波动引起的静态工作点变化可以很容易地得到校正。另外,CMOS 晶体管的高栅极电阻意味着可以在不消耗过多直流功率的情况下进行栅极电压调整。作为甲乙类工作模式的一般规则,偏置点应该改变以获得最大的 f_{max}[28]。然而,这个偏置点很大程度上取决于器件的阈值电压,并且对于相同的过程,它可能会有很大的变化。通过对栅极偏压的控制,既可以降低总功耗,又可以在甲乙类饱和状态下优化性能。

2）无源网络调谐

无源调谐执行器的目标是在制备完成后对匹配网络进行动态调谐,以补偿可变寄生,从而优化放大晶体管的输出匹配。执行器可以添加到任何类型的无源网络中,通常作为可调谐传输线实现。

在输出匹配网络中,损耗最小化是优先考虑的,由于系统的这一部分处理的是最大的功率,因此将分贝级衰减损耗替换为瓦级衰减损耗。此外,放大晶体管工作时非常接近各自的击穿电压,并且输出网络需要将一个非常小的阻抗变换到 50 Ω。这意味着输出网络中的电压摆幅远远超过晶体管击穿电压,执行器晶体管的设计和放置也应避免击穿的发生。在输出网络中实现晶体管开关也会导致在器件大小方面的潜在权衡。低损耗开关往往更大,但这反过来又增加了关断电容。这可能会导致一种设计,在引入额外开关损耗的基础上又给放大器增加容性负载。克服这些现实的一种方法是限制对传输线的调谐,因为有效传输线长度可以通过在适当的位置短路来控制[117]。

通过将开关靠近传输线的末端,可以扩大执行范围,当开关关闭时,由于靠近线路短路的末端,将保持低电压摆幅。

3) 直流电源和晶体管架构的协调

降低放大晶体管的供电电压是降低直流功耗的一种方法。然而,仅仅通过将功率注入终端电阻或开关晶体管来降低电压并不能降低功耗,还需要一个可调谐的、高效的 DC-DC 转换器[108]。本章前面已经讨论了连接不同大小的晶体管来转换信号的可能性,但是这往往会使匹配网络的实现变得过于复杂,并且会消耗大量的空间。

8.4 结束语

本章总结了与功率放大器架构相关的三个极其广泛的研究领域。首先,自适应偏置网络作为解决纳米级器件工艺不稳定性问题的技术路线已经变得越来越普遍。针对通信系统的复调制趋势,本章讨论了毫米波发射机架构的最新发展趋势,介绍了若干宽带毫米波无线系统架构,此外,对波束成形线性化、异相功率放大器和相控阵技术方面的最新发展也有所涉及。最后,讨论了自修复功率放大器的最新进展,以及在毫米波自修复架构中通常遇到的一系列设计需求和约束条件。

参考文献

[1] Cripps, S. C.: RF Power Amplifiers for Wireless Communications, 2nd edn. Artech House, Inc., Dedham (2006)

[2] Raab, F. H., Asbeck, P., Cripps, S., Kenington, P. B., Popović, Z. B., Pothecary, N., Sevic, J. F., Sokal, N. O.: Power amplifiers and transmitters for RF and microwave. IEEE Trans. Microw. Theory Tech. 50(3), 814-826 (2002)

[3] Gonzalez, G.: Microwave Transistor Amplifiers: Analysis and Design, 2nd edn. Prentice Hall, Upper Saddle River (1996)

[4] Neamen, D. A.: Microelectronics: Circuit Analysis and Design, 4th edn. McGraw-Hill, New York City (2010)

[5] Neamen, D. A.: Semiconductor Physics and Devices: Basic Principles. McGraw-Hill, NewYork City (2003)

[6] Koo, B., Na, Y., Hong, S.: Integrated bias circuits of RF CMOS cascode power amplifier for linearity enhancement. IEEE Trans. Microw. Theory Tech. 60(2), 340-351 (2012)

[7] Lee, K., Eo, Y.: High efficiency 5 GHz CMOS power amplifier with adaptive bias control circuit. In: IEEE Radio Frequency Integrated Circuits (RFIC) Symposium Digest, pp. 575-578 (2004)

[8] Leung, V. W., Deng, J., Gudem, P. S., Larson, L. E.: Analysis of envelope signal injection for improvement of RF amplifier intermodulation distortion. IEEE J. Solid-State Circuits 40(9), 1888-1894 (2005)

[9] Bulja, S., Mirshekar-Syahkal, D.: Combined low frequency and third harmonic injection in power amplifier linearization. IEEE Microw. Wirel. Components Lett. 19(9), 584-586(2009)

[10] Serhan, A., Lauga-Larroze, E., Fournier, J.-M.: Efficiency enhancement using adaptive bias control for 60 GHz power amplifier. In: IEEE 13th International New Circuits and Systems Conference (NEWCAS), pp. 1-4 (2015)

[11] Kazimierczuk, M. K.: RF Power Amplifiers. Wiley, West Sussex (2008)

[12] Oppenheim, A. V., Schafer, R. W.: Discrete-Time Signal Processing, 3rd edn. Prentice Hall, Upper Saddle River (2009)

[13] Kaymaksut, E., Zhao, D., Reynaert, P.: Transformer-based Doherty power amplifiers for mm-wave applications in 40-nm CMOS. IEEE Trans. Microw. Theory Tech. 63(4), 1186-1192 (2015)

[14] Taur, Y., Buchanan, D. A., Chen, W., Frank, D. J., Ismail, K. E., Shih-Hsien, L. O., Sai-Halasz, G. A., Viswanathan, R. G., Wann, H. J. C., Wind, S. J., Wong, H. S.: CMOS scaling into the nano-meter regime. Proc. IEEE 85(4), 486-503 (1997)

[15] Frank, D. J., Dennard, R. H., Nowak, E., Solomon, P. M., Taur, Y., Wong, H. S. P.: Device scaling limits of Si MOSFETs and their application dependencies. Proc. IEEE 89(3), 259-287 (2001)

[16] Poulain, L., Waldhoff, N., Gloria, D., Danneville, F., Dambrine, G.: Small signal and HF noise performance of 45 nm CMOS technology in mmW range. In: Digest of Papers—IEEE Radio Frequency Integrated Circuits Symposium, pp. 4-7, (2011)

[17] Agah, A., Dabag, H. T., Hanafi, B., Asbeck, P. M., Buckwalter, J. F., Larson, L. E.: Active millimeter-wave phase-shift Doherty power amplifier in 45-nm SOI CMOS. IEEE J. Solid-State Circuits 48(10), 2338-2350 (2013)

[18] Shi, J., Kang, K., Xiong, Y. Z., Brinkhoff, J., Lin, F., Yuan, X. J.: Millimeter-wave passives in 45-nm digital CMOS. IEEE Electron Device Lett. 31(10), 1080-1082 (2010)

[19] Doan, C. H., Emami, S., Niknejad, A. M., Brodersen, R. W.: Millimeter-wave CMOS design. IEEE J. Solid-State Circuits 40(1), 144-154 (2005)

[20] Jia, H., Chi, B., Kuang, L., Yu, X., Chen, L., Zhu, W., Wei, M., Song, Z., Wang, Z.: Research on CMOS mm-wave circuits and systems for wireless communications. ChinaCommun. 12(5), 1-13 (2015)

[21] Ghim, J. G., Cho, K. J., Kim, J. H., Stapleton, S. P.: A high gain Doherty amplifier using embedded drivers. In: IEEE MTT-S International Microwave Symposium Digest, pp. 1838-1841 (2006)

[22] Braithwaite, R. N., Carichner, S.: An improved Doherty amplifier using cascaded digital predistortion and digital gate voltage enhancement. IEEE Trans. Microw. Theory Tech. 57(12), 3118-3126 (2009)

[23] Cho, K. J., Kim, J. H., Stapleton, S. P.: A highly efficient Doherty feedforward linear power amplifier for W-CDMA base-station applications. IEEE Trans. Microw. Theory Tech. 53(1), 292-300 (2005)

[24] Zhao, Y. Z. Y., Iwamoto, M., Larson, L. E., Asbeck, P. M.: Doherty amplifier with DSP control to improve performance in CDMA operation. In: IEEE International Microwave Symposium Digest, vol. 2, pp. 687-690 (2003)

[25] Bhat, R., Chakrabarti, A., Krishnaswamy, H.: Large-scale power combining and mixed-signal

linearizing architectures for watt-class mmWave CMOS power amplifiers. IEEE Trans. Microw. Theory Tech. 63(2), 703-718 (2015)

[26] Russell, K. J.: Microwave power combining techniques. IEEE Trans. Microw. Theory Tech. 27, 472-478 (1979)

[27] Mader, T. B., Bryerton, E. W., Markovic, M., Forman, M., Popovic, Z.: Switched-mode high-efficiency microwave power amplifiers in a free-space power-combiner array. IEEE Trans. Microw. Theory Tech. 46(10, PART 1), 1391-1398 (1998)

[28] Hashemi, H., Raman, S. (eds.): mm-Wave Silicon Power Amplifiers and Transmitters. Cambridge University Press, Cambridge (2016)

[29] Bhat, R., Chakrabarti, A., Krishnaswamy, H.: Large-scale power-combining and linearization in watt-class mmWave CMOS power amplifiers. In: Digest of Papers—IEEE Radio Frequency Integrated Circuits Symposium, pp. 283-286 (2013)

[30] Chang, Kai, Sun, Cheng: Millimeter-wave power-combining techniques. IEEE Trans. Microw. Theory Tech. 31(2), 91-107 (1983)

[31] Brehm, G. E.: Trends in microwave/millimeter-wave front-end technology. In: 1st European Microwave Integrated Circuits Conference (IEEE Cat. No. 06EX1410), September, p. 4 pp. |CD-pp. ROM (2006)

[32] Wu, K., Lai, K., Hu, R., Jou, C. F., Niu, D., Shiao, Y.: 77-110 GHz 65-nm CMOS power amplifier design. IEEE Trans. Terahertz Sci. Technol. 4(3), 391-399 (2014)

[33] Amplifiers, P. P., Wang, H., Lai, R., Biedenbender, M., Dow, G. S., Allen, B. R.: Novel W-band monolithic push-pull amplifiers. IEEE J. Solid-State Circuits 30(10), 1055-1061(1995)

[34] Pfeiffer, U. R., Goren, D., Floyd, B. A., Reynolds, S. K.: SiGe transformer matched power amplifier for operation at millimeter-wave frequencies. In: 31st European Solid-State Circuits Conference, pp. 141-144 (2005)

[35] Ta, T. T., Matsuzaki, K., Ando, K., Gomyo, K., Nakayama, E., Tanifuji, S., Kameda, S., Suematsu, N., Takagi, T., and Tsubouchi, K.: A high efficiency Si-CMOS power amplifier for 60 GHz band broadband wireless communication employing optimized transistor size," in Proceedings of the 41st European Micorwave Conference, 2011, pp. 151-154

[36] Aoki, I., Member, S., Kee, S. D., Rutledge, D. B., Hajimiri, A.: Fully integrated CMOS power amplifier design using the distributed active-transformer architecture. Design 37(3), 371-383(2002)

[37] Dickson, T. O., LaCroix, M. A., Boret, S., Gloria, D., Beerkens, R., Voinigescu, S. P.: 30-100-GHz inductors and transformers for millimeter-wave (Bi)CMOS integrated circuits. IEEE Trans. Microw. Theory Tech. 53(1), 123-132 (2005)

[38] LaRocca, T., Liu, J. Y. C., Chang, M. C. F.: 60 GHz CMOS amplifiers using transformer-coupling and artificial dielectric differential transmission lines for compact design. IEEE J. Solid-State Circuits 44(5), 1425-1435 (2009)

[39] Asbeck, P., Larson, L., Kimball, D., Pornpromlikit, S., Jeong, J. H., Presti, C., Hung, T. P., Wang, F., Zhao, Y.: Design options for high efficiency linear handset power amplifiers. In:2009 9th

Topical Meeting on Silicon Monolithic Integrated Circuits in RF System, SiRF'09—Digest of Papers, pp. 233-236 (2009)

[40] Chireix, H.: High power outphasing modulation. Proc. IRE 23(11), 1370-1392 (1935)

[41] Dabag, H. T., Hanafi, B., Gurbuz, O. D., Rebeiz, G. M., Buckwalter, J. F., Asbeck, P. M.: Transmission of signals with complex constellations using millimeter-wave spatially power-combined CMOS power amplifiers and digital predistortion. IEEE Trans. Microw. Theory Tech. 63(7), 2364-2374 (2015)

[42] Shahramian, S., Baeyens, Y., Kaneda, N., Chen, Y. K.: A 70-100 GHz direct-conversion transmitter and receiver phased array chipset demonstrating 10 Gb/s wireless link. IEEE J. Solid-State Circuits 48(5), 1113-1125 (2013)

[43] Sarmah, N., Grzyb, J., Statnikov, K., Malz, S., Rodriguez Vazquez, P., Föerster, W., Heinemann, B., Pfeiffer, U. R.: A fully integrated 240-GHz direct-conversion quadrature transmitter and receiver chipset in SiGe technology. IEEE Trans. Microw. Theory Tech. 64(2), 562-574 (2016)

[44] Sandström, D., Varonen, M., Kärkkäinen, M., Halonen, K. A. I.: W-Band CMOS amplifiers achieving +10 dBm saturated output power and 7.5 dB NF. IEEE J. Solid-State Circuits 44(12), 3403-3409 (2009)

[45] Park, J. D., Kang, S., Thyagarajan, S. V., Alon, E., Niknejad, A. M.: A 260 GHz fully integrated CMOS transceiver for wireless chip-to-chip communication. In: IEEE Symposium VLSI Circuits, Digest of Technical Papers, vol. 2, pp. 48-49 (2012)

[46] Yao, T., Gordon, M. Q., Tang, K. K. W., Yau, K. H. K., Yang, M. T., Schvan, P., Voinigescu, S. P.: Algorithmic design of CMOS LNAs and PAs For 60-GHz radio. IEEE J. Solid-State Circuits 42(5), 1044-1056 (2007)

[47] Zhao, D., Kulkarni, S., Reynaert, P.: A 60-GHz outphasing transmitter in 40-nm CMOS. IEEE J. Solid-State Circuits 47(12), 3172-3183 (2012)

[48] Reynaert, P., Zhao, D.: Efficiency enhancement techniques for mm-Wave CMOS PAs: a tutorial. In: IEEE International Symposium on Radio-Frequency Integration Technology, pp. 1-3 (2016)

[49] Li, Y., Li, Z., Uyar, O., Avniel, Y., Megretski, A., Stojanovic, V.: High-throughput signal component separator for asymmetric multi-level outphasing power amplifiers. IEEE J. Solid-State Circuits 48(2), 369-380 (2013)

[50] Shi, B., Sundström, L.: A translinear-based chip for linear LINC transmitters. In: Symposium of VLSI Circuits, pp. 58-61 (2000)

[51] Shi, B., Sundstrom, L.: A novel design using translinear circuit for linear LINC transmitters. In: IEEE International Symposium on Circuits and Systems—Emerging Technologies for the 21st Century, vol. 1, pp. 64-67 (2000)

[52] Shi, B., Sundström, L.: A 200-MHz IF BiCMOS signal component separator for linear LINC transmitters. IEEE J. Solid-State Circuits 35(7), 987-993 (2000)

[53] Panseri, L., Romanò, L., Levantino, S., Samori, C., Lacaita, A. L.: Low-power signal component separator for a 64-QAM 802.11 LINC transmitter. IEEE J. Solid-State Circuits 43(5), 1274-1285

(2008)

[54] Pengelly, R. S., Wood, S. M., Milligan, J. W., Sheppard, S. T., Pribble, W. L.: A review of GaN on SiC high electron-mobility power transistors and MMICs. IEEE Trans. Microw. Theory Tech. 60(6, PART 2), 1764-1783 (2012)

[55] Fritzin, J., Jung, Y., Landin, P. N., Handel, P., Enqvist, M., Alvandpour, A.: Phase predistortion of a class-D outphasing RF amplifier in 90 nm CMOS. IEEE Trans. Circuits Syst. II Express Briefs 58 (10), 642-646 (2011)

[56] Chung, S., Godoy, P. A., Barton, T. W., Huang, E. W., Perreault, D. J., Dawson, J. L.: Asymmetric multilevel outphasing architecture for multi-standard transmitters. In: Digest of Papers—IEEE Radio Frequency Integrated Circuits Symposium, vol. 2, pp. 237-240 (2009)

[57] Hall, P. S., Vetterlein, S. J.: "Review of radio frequency beamforming techniques for scanned and multiple beam antennas", IEE Proc. H Microwaves, Antennas Propag. 137(5), 293(1990)

[58] Liang, C., Razavi, B.: Transmitter linearization by beamforming. IEEE J. Solid-State Circuits 46 (9), 1956-1969 (2011)

[59] Raab, F. H.: Intermodulation distortion in Kahn-technique transmitters. IEEE Trans. Microw. Theory Tech. 44(12, PART 1), 2273-2278 (1996)

[60] Raab, F. H., Mountain, G.: Drive modulation in Kahn-technique transmitters. In: IEEE MTT-S International Microwave Symposium Digest, pp. 811-814 (1999)

[61] Staszewski, R. B., Wallberg, J. L., Rezeq, S., Hung, C. M., Eliezer, O. E., Vemulapalli, S. K., Fernando, C., Maggio, K., Staszewski, R., Barton, N., Lee, M. C., Cruise, P., Entezari, M., Muhammad, K., Leipold, D.: All-digital PLL and transmitter for mobile phones. IEEE J. Solid-State Circuits 40(12), 2469-2480 (2005)

[62] Staszewski, R. B., Wallberg, J., Rezeq, S., Eliezer, O., Vemulapalli, S., Staszewski, R., Barton, N., Cruise, P., Entezari, M., Muhammad, K., Leipold, D.: All-digital PLL and GSM/edge transmitter in 90 nm CMOS. IEEE Solid-State Circuits Conference (ISSCC) 51(11), 316-318 (2005)

[63] Wang, F., Kimball, D. F., Popp, J. D., Yang, A. H., Lie, D. Y., Asbeck, P. M., Larson, L. E.: An improved power-added efficiency 19-dBm hybrid envelope elimination and restoration power amplifier for 802. 11 g WLAN applications. IEEE Trans. Microw. Theory Tech. 54(12), 4086-4098 (2006)

[64] Kavousian, A., Su, D. K., Hekmat, M., Shirvani, A., Wooley, B. A.: A digitally modulated polar CMOS power amplifier with a 20-MHz channel bandwidth. IEEE J. Solid-State Circuits 43(10), 2251-2258 (2008)

[65] Choi, J., Yim, J., Yang, J., Kim, J., Cha, J., Kang, D., Kim, D., Kim, B.: A sigma-delta-digitized polar RF transmitter. IEEE Trans. Microw. Theory Tech. 55(12), 2679-2690 (2007)

[66] Chowdhury, D., Ye, L., Alon, E., Niknejad, A. M.: An efficient mixed-signal 2. 4-GHz polar power amplifier in 65-nm CMOS technology. IEEE J. Solid-State Circuits 46(8), 1796-1809(2011)

[67] Marcu, C., Chowdhury, D., Thakkar, C., Park, J. D., Kong, L. K., Tabesh, M., Wang, Y., Afshar, B., Gupta, A., Arbabian, A., Gambini, S., Zamani, R., Alon, E., Niknejad, A. M.: A 90 nm

CMOS low-power 60 GHz transceiver with integrated baseband circuitry. IEEE J. Solid-State Circuits 44(12), 3434-3447 (2009)

[68] Balteanu, A., Sarkas, I., Dacquay, E., Tomkins, A., Rebeiz, G. M., Asbeck, P. M., Voinigescu, S. P.: A 2-bit, 24 dBm, millimeter-wave SOI CMOS power-DAC cell for watt-level high-efficiency, fully digital m-ary QAM transmitters. IEEE J. Solid-State Circuits 48(5), 1126-1137 (2013)

[69] Heydari, B., Bohsali, M., Adabi, E., Niknejad, A. M.: A 60 GHz power amplifier in 90 nm CMOS technology. In: IEEE Custom Integrated Circuits Conference, no. CICC, pp. 769-772 (2007)

[70] Sanchez-Hernandez, D., Robertson, I.: 60 GHz-band active patch antenna for spatial power combining arrays in European mobile communication systems. In: 24th European Microwave Conference, pp. 1773-1778 (1994)

[71] Benet, J. A., Perkons, A. R., Wong, S. H., Zaman, A.: Spatial power combining for millimeterwave solid state amplifiers. In: IEEE MTT-S International Microwave Symposium Digest, pp. 619-622 (1993)

[72] Emrick, R. M., Volakis, J. L.: On chip spatial power combining for short range millimeter-wave systems. In: IEEE Antennas and Propagation Society International Symposium, pp. 1-4 (2008)

[73] Liu, C.-C., Moussounda, R., Rojas, R. G.: A 60-GHz active-integrated antenna oscillator. In: US National Committee of URSI National Radio Science Meeting (USNC-URSI NRSM), pp. 1-1 (2013)

[74] Mailloux, R.: Phased Array Antenna Handbook, 2nd edn. Artech House, Inc., Norwood(2005)

[75] Tabesh, M., Chen, J., Marcu, C., Kong, L., Kang, S., Niknejad, A. M., Alon, E.: A 65 nm CMOS 4-element sub-34 mW/element 60 GHz phased-array transceiver. IEEE J. Solid-State Circuits 46(12), 3018-3032 (2011)

[76] Valdes-Garcia, A., Nicolson, S. T., Lai, J. W., Natarajan, A., Chen, P. Y., Reynolds, S. K., Zhan, J. H. C., Kam, D. G., Liu, D., Floyd, B.: A fully integrated 16-element phased-array transmitter in SiGe BiCMOS for 60-GHz communications. IEEE J. Solid-State Circuits 45 (12), 2757-2773 (2010)

[77] Natarajan, A., Floyd, B., Hajimiri, A.: A bidirectional RF-combining 60 GHz phased-array front-end. In: IEEE International Solid-State Circuits Conference (ISSCC), pp. 202-204(2007)

[78] Balanis, C. A.: Antenna Theory: Analysis and Design, 3rd edn. Wiley, Hoboken (2005)

[79] Wilkinson, E. J.: An N-way hybrid power divider. IEEE Trans. Microw. Theory Tech. 8(1)116-118 (1960)

[80] May, J. W., Rebeiz, G. M.: A 30-40 GHz 1:16 Internally matched SiGe active power divider for phased array transmitters. In: IEEE Custom Integrated Circuits Conference, pp. 765-768 (2008)

[81] May, J. W., Rebeiz, G. M., Koh, K.-J.: A millimeter-wave (40-45 GHz) 16-element phased-array transmitter in 0.18-lm SiGe BiCMOS technology. IEEE J. Solid-State Circuits 44 (5), 1498-1509 (2009)

[82] Valdes-Garcia, A., Nicolson, S., Lai, J., Natarajan, A., Chen, P. Y., Reynolds, S., Zhan, J. H. C., Floyd, B.: A SiGe BiCMOS 16-element phased-array transmitter for 60 GHz communications. In: IEEE Solid-State Circuits Conference (ISSCC), pp. 218-220 (2010)

[83] Natarajan, A., Komijani, A., Guan, X., Babakhani, A., Hajimiri, A.: A 77-GHz phased-array

transceiver with on-chip antennas in silicon: transmitter and local LO-path phase shifting. IEEE J. Solid-State Circuits 41(12), 2807-2818 (2006)

[84] Hajimiri, A., Hashemi, H., Natarajan, A., Guan, X., Komijani, A.: Integrated phased array systems in silicon. Proc. IEEE 93(9), 1637-1654 (2005)

[85] Chan, W. L., Long, J. R.: A 60 GHz-band 2×2 phased-array transmitter in 65 nm CMOS. IEEE J. Solid-State Circuits 45(12), 2682-2695 (2010)

[86] Kishimoto, S., Orihashi, N., Hamada, Y., Ito, M., Maruhashi, K.: A 60-GHz band CMOS phased array transmitter utilizing compact baseband phase shifters. In: IEEE Radio Frequency Integrated Circuits Symposium, pp. 215-218 (2009)

[87] Cohen, E., Jakobson, C. G., Ravid, S., Ritter, D.: A Bidirectional TX/RX four-element phased array at 60 GHz With RF-IF conversion block in 90-nm CMOS process. IEEE Trans. Microw. Theory Tech. 58(5), 1438-1446 (2010)

[88] Jackson, D. R., Oliner, A. A.: Modern Antenna Handbook. Wiley, New York City (2008)

[89] Pozar, D. M.: Microwave Engineering, 4th edn. Wiley, Hoboken (2012)

[90] Elmala, M. A. I., Embabi, S. H. K.: Calibration of phase and gain mismatches in weaver image-reject receiver. IEEE J. Solid-State Circuits 39(2), 283-289 (2004)

[91] Ko, Y., Stapleton, S. P., Sobot, R.: Ku-band image rejection sliding-IF transmitter. IEEE Trans. Microw. Theory Tech. 59(8), 2091-2107 (2011)

[92] Baykas, T., Sum, C. S., Lan, Z., Wang, J., Rahman, M. A., Harada, H., Kato, S.: IEEE 802.15. 3c: the first IEEE wireless standard for data rates over 1 Gb/s. IEEE Commun. Mag. 49(7), 114-121 (2011)

[93] Natarajan, A., Reynolds, S. K., Tsai, M., Nicolson, S. T., Zhan, J. C., Kam, D. G., Liu, D., Huang, Y. O., Valdes-garcia, A., Floyd, B. A.: A fully-integrated 16-element phased-array receiver in SiGe BiCMOS for 60-GHz communications. IEEE J. Solid-State Circuits 46(5), 1059-1075 (2011)

[94] Valdes-Garcia, A., Reynolds, S., Beukema, T.: Multi-mode modulator and frequency demodulator circuits for Gb/s data rate 60 GHz wireless transceivers. In: Proceedings of the Custom Integrated Circuits Conference, pp. 639-642 (2008)

[95] Maas, S. A.: Nonlinear Microwave and RF Circuits, 2nd edn. Artech House, Inc., Norwood, Massachusetts (2003)

[96] Ludwig, R., Gene, B.: RF Circuit Design: Theory and Applications, 2nd edn. Pearson Education, Inc., Upper Saddle River (2009)

[97] Walker, J. (ed.): Handbook of RF and Microwave Power Amplifiers. Cambridge University Press, Cambridge, United Kingdom (2013)

[98] Yazdi, A., Green, M. M.: A 40 GHz differential push-push VCO in 0.18 CMOS for serial communication. IEEE Microw. Wirel. Components Lett. 19(11), 725-727 (2009)

[99] Hsu, P., Nguyen, C., Kintis, M.: Uniplanar broad-band push-pull FET AMPLIFIERS. IEEE Trans. Microw. Theory Tech. 45(12), 2150-2152 (1997)

[100] Ampli, P., Kim, J., Dabag, H., Member, S., Asbeck, P., Buckwalter, J. F.: Q-band and W-band

power amplifiers in 45-nm CMOS SOI. IEEE Trans. Microw. Theory Tech. 60(6), 1870-1877 (2012)

[101] Jen, Y. N., Tsai, J. H., Huang, T. W., Wang, H.: Design and analysis of a 55-71-GHz compact and broadband distributed active transformer power amplifier in 90-nm CMOS process. IEEE Trans. Microw. Theory Tech. 57(7), 1637-1646 (2009)

[102] Wu, P. S., Wang, C. H., Huang, T. W., Wang, H.: Compact and broad-band millimeter-wave monolithic transformer balanced mixers. IEEE Trans. Microw. Theory Tech. 53(10), 3106-3113 (2005)

[103] Kuang, L., Chi, B., Jia, H., Jia, W., Wang, Z.: A 60-GHz CMOS dual-mode power amplifier with efficiency enhancement at low output power. IEEE Trans. Circuits Syst. Express Briefs 62(4), 352-356 (2015)

[104] Bowers, S. M., Sengupta, K., Dasgupta, K., Parker, B. D., Hajimiri, A.: Integrated self-healing for mm-wave power amplifiers. IEEE Trans. Microw. Theory Tech. 61(3), 1301-1315 (2013)

[105] Liu, J. Y. C., Berenguer, R., Chang, M. C. F.: Millimeter-wave self-healing power amplifier with adaptive amplitude and phase linearization in 65-nm CMOS. IEEE Trans. Microw. Theory Tech. 60(5), 1342-1352 (2012)

[106] Niknejad, A. M., Hashemi, H.: mm-Wave Silicon Technology: 60 GHz and Beyond. Springer US, New York City (2008)

[107] Bowers, S. M., Sengupta, K., Dasgupta, K., Hajimiri, A.: A fully-integrated self-healing power amplifier. In: IEEE Radio Frequency Integrated Circuits (RFIC) Symposium, pp. 221-224 (2012)

[108] Lee, C. F., Mok, P. K. T.: A monolithic current-mode CMOS DC-DC converter with on-chip current-sensing technique. IEEE J. Solid-State Circuits 39(1), 3-14 (2004)

[109] Tang, A., Hsiao, F., Murphy, D., Ku, I. N., Liu, J., D'Souza, S., Wang, N. Y., Wu, H., Wang, Y. H., Tang, M., Virbila, G., Pham, M., Yang, D., Gu, Q. J., Wu, Y. C., Kuan, Y. C., Chien, C., Chang, M. C. F.: A low-overhead self-healing embedded system for ensuring high yield and long-term sustainability of 60 GHz 4 Gb/s radio-on-a-chip. In: IEEE International Solid-State Circuits Conference (ISSCC), vol. 55, June 2011, pp. 316-317 (2012)

[110] Yin, Q., Eisenstadt, W. R., Fox, R. M., Zhang, T.: A translinear RMS detector for embedded test of RF ICs. IEEE Trans. Instrum. Meas. 54(5), 1708-1714 (2005)

[111] Valdes-Garcia, A., Venkatasubramanian, R., Silva-Martinez, J., Sánchez-Sinencio, E.: A broadband CMOS amplitude detector for on-chip RF measurements. IEEE Trans. Instrum. Meas. 57(7), 1470-1477 (2008)

[112] De La Cruz-Blas, C. A., López-Martín, A., Carlosena, A., Ramírez-Angulo, J.: 1. 5-V current-mode CMOS true RMS-DC converter based on class-AB transconductors. IEEE Trans. Circuits Syst. II Express Briefs 52(7), 376-379 (2005)

[113] Shahramian, S., Voinigescu, S. P., Carusone, A. C.: A 35-GS/s, 4-bit flash ADC with active data and clock distribution trees. IEEE J. Solid-State Circuits 44(6), 1709-1720 (2009)

[114] Jiang, T., Liu, W., Zhong, F. Y., Zhong, C., Chiang, P. Y.: Single-channel, 1. 25-GS/s, 6-bit,

loop-unrolled asynchronous SAR-ADC in 40 nm-CMOS. In: IEEE Custom Integrated Circuits Conference (CICC), pp. 1-4 (2010)

[115] Sengupta, K., Dasgupta, K., Bowers, S. M., Hajimiri, A.: On-chip sensing and actuation methods for integrated self-healing mm-wave CMOS power amplifier. In: IEEE MTT-S International Microwave Symposium Digest, pp. 30-32 (2012)

[116] Pfeiffer, U. R., Goren, D.: A 20 dBm fully-integrated 60 GHz SiGe power amplifier with automatic level control. IEEE J. Solid-State Circuits 42(7), 1455-1463 (2007)

[117] Gupta, K. C., Garg, R., Bahl, I. J.: Microstrip Lines and Slotlines. Artech House, Inc., Dedham, Massachussets (1979)